> 华为ICT认证系列丛书

U0125709

华为技术认证

HCIA-WLAN
学习指南

华为技术有限公司 主编

人民邮电出版社
北京

图书在版编目（ＣＩＰ）数据

HCIA-WLAN学习指南 / 华为技术有限公司主编. --
北京：人民邮电出版社，2023.10
（华为ICT认证系列丛书）
ISBN 978-7-115-61668-5

Ⅰ．①H⋯ Ⅱ．①华⋯ Ⅲ．①无线电通信－局域网－
指南 Ⅳ．①TN92-62

中国国家版本馆CIP数据核字(2023)第071315号

内 容 提 要

　　本书首先对无线局域网的发展和标准进行了概述；其次从无线协议发展的角度讲解了无线局域网的基础知识；接着介绍了无线局域网组网模型和基于场景的配置案例；然后针对实际应用介绍了一系列改进优化的高级技术，其中包含无线局域网安全、无线局域网射频资源管理及无线局域网用户漫游等；还介绍了部署及运维无线局域网过程中，故障发现及排除的原则和基本方法；另外，又对无线局域网的重要组件——天线，进行了详细的介绍，并对天线安装的要求和技巧做出了案例说明；最后结合典型应用案例讲解综合技术应用，使读者既可以掌握一定的技术原理，又可以具备一定的动手操作技能。

　　本书作为华为 HCIA-WLAN 认证的指导用书，适合参加华为 HCIA-WLAN 认证考试的人员学习，也适合具备有线网络基础的网络工程师在实施无线网络项目时参考。

◆ 主　　编　华为技术有限公司
　　责任编辑　李　静
　　责任印制　马振武
◆ 人民邮电出版社出版发行　　北京市丰台区成寿寺路 11 号
　　邮编　100164　电子邮件　315@ptpress.com.cn
　　网址　https://www.ptpress.com.cn
　　三河市兴达印务有限公司印刷
◆ 开本：775×1092　1/16
　　印张：17　　　　　　　　　2023 年 10 月第 1 版
　　字数：405 千字　　　　　　2023 年 10 月河北第 1 次印刷

定价：109.80 元

读者服务热线：**(010)81055493**　印装质量热线：**(010)81055316**
反盗版热线：**(010)81055315**
广告经营许可证：京东市监广登字 20170147 号

编 委 会

序　言

乘"数"破浪　智驭未来

当前，数字化、智能化成为经济社会发展的关键驱动力，引领新一轮产业变革。以5G、云、AI 为代表的数字技术，不断突破边界，实现跨越式发展，数字化、智能化的世界正在加速到来。

数字化的快速发展，带来了数字化人才需求的激增。《中国 ICT 人才生态白皮书》预计，到 2025 年，中国 ICT 人才缺口将超过 2000 万人。此外，社会急迫需要大批云计算、人工智能、大数据等领域的新兴技术人才；伴随技术融入场景，兼具 ICT 技能和行业知识的复合型人才将备受企业追捧。

在日新月异的数字化时代中，技能成为匹配人才与岗位的最基本元素，终身学习逐渐成为全民共识及职场人保持与社会同频共振的必要途径。联合国教科文组织发布的《教育 2030 行动框架》指出，全球教育需迈向全纳、公平、有质量的教育和终身学习。

如何为大众提供多元化、普适性的数字技术教程，形成方式更灵活、资源更丰富、学习更便捷的终身学习推进机制？如何提升全民的数字素养和 ICT 从业者的数字能力？这些已成为社会关注的重点。

作为全球 ICT 领域的领导者，华为积极构建良性的 ICT 人才生态，将多年来在 ICT 行业中积累的经验、技术、人才培养标准贡献出来，联合教育主管部门、高等院校、教育机构和合作伙伴等各方生态角色，通过建设人才联盟、融入人才标准、提升人才能力、传播人才价值，构建教师与学生人才生态、终身教育人才生态、行业从业者人才生态，加速数字化人才培养，持续推进数字包容，实现技术普惠，缩小数字鸿沟。

为满足公众终身学习、提升数字化技能的需求，华为推出了"华为职业认证"，这是围绕"云-管-端"协同的新 ICT 技术架构打造的覆盖 ICT 领域、符合 ICT 融合技术发展趋势的人才培养体系和认证标准。目前，华为职业认证内容已融入全国计算机等级考试。

教材是教学内容的主要载体、人才培养的重要保障，华为汇聚技术专家、高校教师、培训名师等，倾心打造"华为 ICT 认证系列丛书"，丛书内容匹配华为相关技术方向认证考试大纲，涵盖云、大数据、5G 等前沿技术方向；包含大量基于真实工作场景的行业案例和实操案例，注重动手能力和实际问题解决能力的培养，实操性强；巧妙串联各知识点，并按照由浅入深的顺序进行知识扩充，使读者思路清晰地掌握知识；配备丰富的学习资源，如 PPT 课件、练习题等，便于读者学习，巩固提升。

在丛书编写过程中，编委会成员、作者、出版社付出了大量心血和智慧，对此表示诚挚的敬意和感谢！

千里之行，始于足下，行胜于言，行而致远。让我们一起从"华为 ICT 认证系列丛书"出发，探索日新月异的 ICT 技术，乘"数"破浪，奔赴前景广阔的美好未来！

华为 ICT 战略与 Marketing 总裁

前　言

随着无线局域网标准的更新与发展，无线局域网的接入速率稳定且快速提高，费用也在迅速减少。无线终端接入和移动办公爆发式的增长，使得无线接入已经从有线接入的从属地位演变为主要的接入方式，无线局域网的建设成为企业网络必不可少的组成部分。

华为技术有限公司的职业认证体系设定了从 HCIA、HCIP 到 HCIE 的 3 个级别，WLAN 认证是其中重要的组成部分，分别对应 HCIA-WLAN、HCIP-WLAN 和 HCIE-WLAN。本书以 HCIA-WLAN 官方考试大纲为基础进行编写，旨在帮助读者迅速掌握华为 HCIA-WLAN 认证考试所要求的知识和技能。鉴于 HCIA-WLAN 证书持有者需要具备实际操作技能，本书着重增加了实际应用案例。无线网络工程师可以参考本书的无线局域网设计案例，为行业客户规划和设计符合要求的无线接入网络。

由于编者水平有限，加之时间仓促，疏漏之处在所难免，敬请读者批评指正！

本书配套资源可通过扫描封底的"信通社区"二维码，回复数字"616685"获取。

关于华为认证的更多精彩内容，请扫码进入华为人才在线官网了解。

华为人才在线

目　录

第1章
无线局域网概述

本章主要内容

本章简述无线通信的历史，介绍无线局域网从产生到标准化的过程，以及为了实现不同厂商无线设备互联而形成的联盟。由于无线射频频段是有限的资源，因此一些国家（地区）成立了相应的管理机构进行监管，本章将对这些机构进行说明。本章还对无线局域网标准进行重点介绍，特别对当前企业网中正大量部署的 Wi-Fi 6 进行详细的介绍。

1.1 无线局域网简介

1.1.1 无线局域网的价值

无线局域网（WLAN）是指利用无线通信技术拓展有线局域网，在不依赖有线连接的情况下为移动终端及特定环境下的通信设备提供接入网络的途径。这里提到的无线通信技术不仅包含标准无线局域网 Wi-Fi，还有红外、蓝牙、物联网（IoT）等。通过 WLAN 技术，用户可以方便地接入无线网络，并在无线网络覆盖区域内自由移动，彻底摆脱有线网络的束缚，实现任何时间、任何地点不间断的网络连接。

随着互联网的快速发展，无线局域网同样发生着潜移默化的变化。第一个显而易见的变化是通过无线接入网络，播放音频、浏览视频更加流畅了；第二个变化是网络接入灵活而随意，具备了超强的可移动性，只要在无线接入点的信号覆盖范围内，无线终端设备就可以不间断地接入网络；第三个重要的变化是双向互动的音频和视频内容可以即时通过无线承载，极大地促进了视频直播这种新的媒体传播方式。

无线局域网的主要特征和价值有以下几点。

① 不间断的网络连接。无线信号利用电磁波在空中发送，不受有线电缆的束缚，无线终端可以在任何时间、在无线覆盖区域内接收信号，不因移动而中断连接。

② 组网快捷。无线接入点不需要铺设电缆就可以连接就近的交换机，实现组网。在 PoE 交换机的支持下，接入点不需要额外的供电电缆。无线控制器还可以直接和交换机集成，快捷地和无线接入点组网，比有线网络节省部署的时间，减少大量有线电缆的放装；另外还可以通过桥接和中继等方式，跨越道路和桥梁拓展网络楼宇之间的网络。

③ 运维成本低。用户设备的连接不用铜缆，节省了资源；无线接入点采取吸顶、挂墙、吊装等方式，节省了空间；企业拓展新的园区站点或者异地安装部署，节省了配线工程费用。

④ 接入速率高。在有线以太网万兆速率接入渐成主流的大背景下，无线接入点展示了与之相适应的带宽能力，提供了一个拥有良好用户应用感知和业务体验的高速率。

⑤ 开放和兼容性好。无线局域网和物联网融合部署组成了开放的网络架构，在单个统一企业无线局域网络上，端到端支持物联网协议，如消息队列遥测传输（MQTT）协议等，可以实现双协议平面的业务区分，实时保障物联网业务的高感知和高效率。

当然无线局域网也有一定的局限性，比如：接入速率有限，这一点正被 Wi-Fi 6 和未来的 Wi-Fi 7 所克服；无线网络安全问题，数据信号在开放的空间传播很容易被窃听，这一点正被新推出的安全标准 Wi-Fi 保护接入 3（WPA3）克服；相同的无线频率和相同的服务集标识符（SSID）都是无线网络中潜在的安全隐患，需要运维工程师在日常维护工作中重视。

1.1.2 无线网络发展历程

无线局域网是利用无线电波来传输数据的。这个看不见摸不着的神秘载体，究竟是如何工作的呢？那么让我们缅怀一下那些伟大的科学家和发明家。

英国天文学家弗雷德里克·威廉·赫舍尔发现了不可见光——红外线。红外线的发现为电磁波理论指明了方向。

丹麦物理学家、化学家汉斯·克里斯琴·奥斯特是首个在实验室发现电流的磁效应现象的人，他的重要论文在 1920 年被整理出版，书名是《奥斯特科学论文》。

詹姆斯·克拉克·麦克斯韦是英国物理学家，他在库仑定律、毕奥-萨伐尔定律、法拉第电磁感应定律的基础上，通过微分方程组为电磁学奠定了理论基础，即麦克斯韦电磁理论。

"1875 年 6 月 2 日，电话在这里诞生。"美国波士顿法院路 109 号的一块青铜牌子上这样写着。世界上第一台电话由美国发明家亚历山大·贝尔和他的助手发明。贝尔实验室曾经是个伟大的实验室。电话的发明是电磁应用的里程碑。

1889 年，在一次著名的演讲中，赫兹明确地指出，光是一种电磁现象，并设计了一套电磁波发生器，这就是赫兹的实验装置，如图 1-1 所示。该实验验证了麦克斯韦电磁理论，验证了电磁波的物理存在。为了纪念这位伟大的科学家，电磁波频率单位以他的名字命名，即赫兹（Hz）。赫兹的发现开启了一个新世界，科学家们开始思考：是不是可以通过电磁波来传递信息，这样不就可以实现无线电通信了吗？

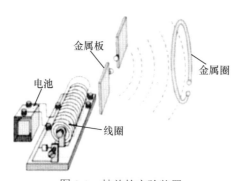

图 1-1　赫兹的实验装置

在 1890—1900 年，洛奇、波波夫、特斯拉和马可尼分别做出了不同类型的无线电装置。其中，洛奇从赫兹的实验装置找到了灵感，制作了一个电磁波接收器，能够接收 800m 以外的电磁波信号；俄国物理学家波波夫也独立发明了无线电通信装置，并且在 1896 年 3 月做了一个关于无线电的表演；至于特斯拉，他更热衷于无线发电技术；而大规模推广无线电通信的人是马可尼。

在马可尼的时代，无线电通信主要还是依靠莫尔斯电码单向通信，但是马可尼在当时就预言了无线电通信将会朝着双向通信的未来发展。后来的大哥大、手机，乃至我们现在用的智能手机，其实都印证了他的预言。1909 年，由于马可尼在无线电通信方面的贡献，他荣获了诺贝尔物理学奖。

在标准局域网中，数据在铜芯电缆以电信号为载体进行传输；在无线局域网中，数据在空中传输也是依靠电信号的。无线局域网是一个不需要电缆的局域网，因此无线网络和这些伟大的发现之间的关联就是电磁射频。我们期望利用电磁射频尽可能远、尽可能多地发送数据，科学家们经过持续的研究，于是就有了 802.11 的规范。经过 Wi-Fi 1 到 Wi-Fi 6 的演进，现在的局域网越来越快、越来越稳定，极大方便了移动终端的接入。

一般把夏威夷大学在 1971 年创建的无线电通信网络看作是第一个无线局域网,该校的研究人员创造了第一个基于封包式技术的无线电通信网络,这个网络包括 7 台计算机,采用双向星形拓扑横跨四座夏威夷的岛屿,中心计算机放置在瓦胡岛上。从这时开始,无线网络可以说是正式产生了。

1980 年左右,美国联邦通信委员会(FCC)的工程师迈克尔・马库斯(Michael Marcus)建议开放一些未经授权的频谱供业界使用,并适当增加这些未经授权的频谱设备的发射功率,覆盖数十到数百米的范围。此频段主要用于工业、科学和医学这 3 个领域,属于免费许可,因此也称为"免授权频段",即 ISM 频段。无线频段开放 ISM 频段使 WLAN 进入发展的轨道。

1990 年,电气电子工程师学会(IEEE)正式启动了 802.11 项目,目的是统一不同厂家无线产品的标准。自从 Wi-Fi 标准产生以来,先后有 802.11a 和 802.11b 系列等标准制定,无线局域网技术逐渐走向成熟。1993 年,AT&T 发布 2.4 GHz 的 WaveLAN,提供 2Mbit/s 速率,并在卡内基梅隆大学完成了 WaveLAN 的首次大规模安装,无线局域网开始商用。

2003 年以来,IEEE 802.11 工作组重新定义了 IEEE 802.11 标准,引入了新的物理层标准 IEEE 802.11g,使用更强的扩频技术,即正交频分复用(OFDM)技术,无线网络接入带宽迅速提升到 54Mbit/s 且价格下降。到 2009 年 802.11n 标准发布后,300Mbit/s 的无线产品很快面世,无线局域网已经成为数据通信市场中新的增长亮点。

Wi-Fi 联盟在 2018 年发起"Generational Wi-Fi"营销计划,基于主要的 Wi-Fi 技术版本,引入了对消费者友好的 Wi-Fi 世代名称(Wi-Fi Generation Names),格式为"Wi-Fi"后跟一个整数,并鼓励采用世代名称作为行业术语,更好地突出 Wi-Fi 技术的重大进步。Wi-Fi 代替以往专业术语后,市场获得空前成功,Wi-Fi 6 就是目前在企业无线网部署中的热闹话题。

1.1.3　无线局域网技术演进的规律

伴随着第三代无线移动网络带来的巨大商业利益,IEEE 改变以 802.11a/b/g 专业术语命名的方式发布新的无线标准,即以 Wi-Fi 4 代表 802.11n,后续代表 802.11ac 的 Wi-Fi 5、代表 802.11ax 的 Wi-Fi 6 迅速被市场接受。Wi-Fi 发展的历程见表 1-1。

表 1-1　Wi-Fi 发展的历程

版本	时间	名称	最大理论传输速率(2.4GHz)	最大理论传输速率(5GHz)
第一代	1997 年	802.11	2Mbit/s	
第二代	1999 年	802.11b	11Mbit/s	
第三代	2003 年	802.11g/a	54Mbit/s	54Mbit/s
第四代	2009 年	Wi-Fi 4(802.11n)	288.8Mbit/s	600Mbit/s
第五代	2013 年	Wi-Fi 5(802.11ac)	200Mbit/s	6.93Gbit/s
第六代	2019 年	Wi-Fi 6(802.11ax)	243.8Mbit/s	9.6Gbit/s
第七代	2021 年	Wi-Fi 7(802.11be)	292.56Mbit/s	11.52Gbit/s

无线传输速率的提升和无线网络的演进是由无线物理层技术改进支撑的，通过改进调制技术，每个载波单元可以携带更多的信息；通过通道捆绑、波束的定向极化和多进多出技术进一步提升了带宽。

第一代的 802.11，使用跳频扩频（FHSS）或直接序列扩频（DSSS）调制技术，原始的数据传输速率分别达到 1Mbit/s 和 2Mbit/s，仅工作在 2.4GHz。

第二代的 802.11b，仅工作在 2.4GHz，使用高速率直接序列扩频（HR-DSSS）调制技术，有 4 种可变传输速率。当射频情况变差时，速率可动态转换。在距离接入点不同位置，速率分别可以达到 1Mbit/s、2Mbit/s、5.5Mbit/s 和 11Mbit/s。

① 1Mbit/s：采用差分二相相移键控（DBPSK）调制技术。

② 2Mbit/s：采用差分四相相移键控（DQPSK）调制技术。

③ 5.5Mbit/s、11Mbit/s：这两种高速传输模式都是采用补码键控（CCK）调制技术。

1Mbit/s 和 2Mbit/s 都是传统直接序列扩频的速率，更高的 5.5Mbit/s、11Mbit/s 则是高速率直接序列扩频的速率。

第三代的 802.11g，使用正交频分复用（OFDM）技术，采用和 5GHz 相同的调制方式 64-QAM，工作在 2.4GHz。调制输出的数据传输速率为 6Mbit/s、9Mbit/s、12Mbit/s、18Mbit/s、24Mbit/s、36Mbit/s、48Mbit/s 和 54Mbit/s。

第三代的 802.11a，利用未经许可的国家（地区）信息基础设施（U-NII）频道内的 12 个 5GHz 互不重叠频段，使用带 52 个子载波频道的 OFDM 技术。各种调制类型的数据传输速率为 6Mbit/s、9Mbit/s、12Mbit/s、18Mbit/s、24Mbit/s、36Mbit/s、48Mbit/s 和 54Mbit/s。无线局域网被大量商用的阶段就此开始。

第四代的 802.11n，采用多输入多输出（MIMO）和频段捆绑的 OFDM 技术，2.4GHz 在 20MHz 带宽的情况下，单个空间流到达 72.2Mbit/s，最多可以有 4 个空间流的输出，理论峰值速率可达 288.8Mbit/s；5GHz 可以支持 40MHz 带宽，单个空间流到达 150Mbit/s，最多可以有 4 个空间流的输出，理论峰值速率可达 600Mbit/s。

第五代的 802.11ac 是 802.11n 的继承者，采用并扩展了源自 802.11n 的空中接口概念。5GHz 最多支持 160MHz、8 个 MIMO 空间流，下行多用户的 MIMO 最多支持 4 个，高密度的调制最大是 256-QAM，那么最大理论带宽达到 6.93Gbit/s。802.11ac 不支持 2.4GHz 的 20MHz 带宽，按 40MHz 带宽计算的理论峰值速率为 200Mbit/s。

第六代的 802.11ax，主要采用多用户多输入多输出（MU-MIMO）、OFDMA（正交频分多址）等技术。MU-MIMO 技术允许路由器与多个设备同时通信，而不是依次通信，Wi-Fi 6 允许与多达 8 个设备通信。OFDMA 和发射波束成形技术，两者的作用分别是提高无线利用效率和网络容量，结果是 5GHz 频段最大理论传输速率达到 9.6Gbit/s。802.11ax 在 20MHz 带宽增加了对 2.4GHz 的支持，单空间流理论峰值速率是 121.9Mbit/s；在 40MHz 带宽的情况下，单空间流理论峰值速率是 243.8Mbit/s。

第七代的 802.11be，包括 2.4GHz、5GHz 及新的 6GHz 未授权频段。在 6GHz 频段使用 320MHz 带宽的情况下，采用 4096-QAM 高阶调制方式和 16 个空间流的 MIMO 技术，最高理论值速率达到惊人的 46.08Gbit/s。5GHz 频段支持 20MHz、40MHz、80MHz、160MHz 信道带宽，2.4GHz 频段支持 20MHz、40MHz 信道带宽，实现了向后兼容。

从无线技术升级迭代的演进方式看，Wi-Fi 主要是通过带宽扩展、信道编码效率提升、MIMO 技术、数据链路层改进等机制来提升数据传输的性能。

1.1.4 新一代企业无线局域网解决方案

企业园区网络正从本地局域网互通向多分支多云互联的全球一张网架构演进，行业数字化转型在加速，我们需要全新的网络架构才能支撑千变万化的数字化业务。应用 IoT、Wi-Fi 6、软件定义网络（SDN）、软件定义广域网络（SD-WAN）、云管理和人工智能（AI）等技术，帮助企业构建一张全无线接入的、全云化管理和全智能运维的园区网络，企业将受益于极速的无线业务体验，随时随地地自由协作和沟通。华为提出的全球一张网架构如图 1-2 所示。

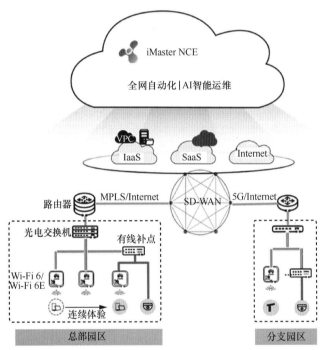

图 1-2　全球一张网架构

全球一张网架构有以下特点。

全无线体验：打破组织边界，激发企业创新活力。为了解决传统 Wi-Fi 网络覆盖不连续、体验差等问题，首先通过智能的全方位规划工具，提供更准确的无线网络规划，确保信号无死角；其次通过基于 AI 无损漫游算法的云管控制器，保持漫游零丢包，关键生产业务零中断；最后通过智能感知无线射频环境，学习人群流量特征和网络模型、自我优化 Wi-Fi 网络，实现动态的无线射频调优，为企业提供信号无死角，漫游无中断。无论是 AR/VR、4K 会议等大带宽办公应用，还是智能质检、仓储自动导引车（AGV）等低时延生产应用，都能运行在这张高品质的无线网络上，在任意位置业务不中断、速度不降低。

新一代云园区网络基于 Wi-Fi 6 进行立体网络规划，很短的时间即可完成大型园区的网络策略部署，保障信号无盲区；加持智能天线、蜂窝组网后，信号随人而动，覆盖零死角；使用智能漫游技术，关键业务切换无中断；不同场景的接入点（AP）

满足室内、室外、高密、物联等全场景的全无线连续组网需求，打破组织边界，激发企业创新活力。

Wi-Fi 6 AP 不仅支持高速 Wi-Fi 联接，还可支持蓝牙、射频识别（RFID）、ZigBee 等物联网协议，实现 Wi-Fi 和物联网融合接入，统一部署和运维，满足如资产管理、无线定位、环境控制等丰富的数字化业务，大大降低总拥有成本；通过智能识别，多种识别方法综合运用，大幅度提高终端类型识别的准确率，同时依托独家的聚类和 AI 推理能力对未知终端的类型秒级聚类，人工快速标注聚类结果，后续同类型终端上线，系统自动推理识别，达到快速扩充终端指纹库的效果；海量 IoT 终端智能接入，策略自动匹配，自动下发，IoT 终端即插即用。

全球一张网：园区一跳入云，业务随处可达。为了帮助企业解决广域和园区网络分段建设、分段管理等问题，在云管控制器集中统一规划和建设之下，一个管理平台即可帮助企业管理 IoT、WLAN、LAN、WAN 的多个网络，实现规划、建设、认证、运维、调优、安全全生命周期的自动化管理，实现管理和转发策略的一键下发，使网络策略配置时间从数小时减少为数分钟。应用虚拟网络技术，办公、生产、监控多业务在一张物理网上形成虚拟网络隔离；应用 SD-WAN 技术，总部园区和分支园区组成一张大的局域网络，企业总部及各类新型分支直接互访，在任何网络接入环境下均可一跳入云，同时利用 5G、互联网、多协议标签交换（MPLS）等多链路基于应用的智能选路及基于 IPv6 的段路由（SRv6）技术，可降低专线互联成本，极大地提高企业跨地域的决策和协作效率。

全三层自动驾驶：网络自动驾驶，业务敏捷上线。摒弃过时的二层生成树算法协议，园区全三层互联。在自动驾驶网络管控分析平台管理和控制下，园区网络就像一台自动驾驶的汽车，在减少人工干预和复杂的命令行配置的情况下，为企业提供规划、建设、运维、调优、安全全生命周期的自动化管理，企业能够让云业务快速开通和敏捷发放，实现跨 WLAN、LAN、WAN、安全多域网络的自动化管理。

为了让企业能够快速开通和发放云业务，华为 iMaster NCE-Campus 智能管理控制系统可通过模板实现虚拟网络配置，从而让云驱动园区网络，实现业务快速发放。同时，iMaster NCE 采用云管理架构，一个管理平台即可帮助企业管理 IoT、WLAN、LAN、WAN 的多个网络，并做到网络全生命周期的自动化，降低运维成本高达 50%。云网一体的业务保障是：iMaster NCE-Campus 提供认证、位置、物联、网络管理、策略等类别共 600 多个开放 API，让网络与云应用快速集成。基于模型驱动的虚拟网络预配置，网随云动，云端业务的变更快速联动网络配置，实现服务的快速部署。

主动预防故障发生，优化智能网络。采用实时可视化管理，每个区域、每个用户、每个应用体验可视；用户协议级回放，精细识别接入个障问题，分钟级定界定位；智能无线射频调优，基于神经网络仿真反馈，给出最佳信道规划建议，基于 AI 的预测性调优，预测 AP 的负载趋势，从而给出调优意见，提升整网性能；主动感知网络健康度，提前预防网络故障，减少潜在故障。

智能的应用体验感知及保障。实时感知上千种知名应用的质量，分钟级故障定界定位，为用户带来优质的办公及数字化作业的体验。

AI 和大数据使能的园区网络安全防护体系：基于 AI 和大数据的加密通信分析

（ECA）技术和威胁智能检测技术，缩短威胁检测时间，大大提高检测未知威胁的准确率。通过与网络设备的联动，构建端到端全网安全防护体系，实现秒级威胁闭环处置。

1.2   无线局域网标准组织

1.2.1   无线电管理局（国家无线电办公室）

2008 年，信息产业部、其他工业管理和信息化相关部门一起组成工业和信息化部。无线电管理局（国家无线电办公室）作为工业和信息化部的内设机构之一，其具体职责是：编制无线电频谱规划；负责无线电频率的划分、分配与指配；依法监督管理无线电台（站）；负责卫星轨道位置协调和管理；协调处理军地间无线电管理相关事宜；负责无线电监测、检测、干扰查处，协调处理电磁干扰事宜，维护空中电波秩序；依法组织实施无线电管制；负责涉外无线电管理工作。

在中国境内生产的无线电发射设备或向中国出口的无线电发射设备，均须经工业和信息化部无线电管理局对其发射特性进行型号核准，核发《无线电发射设备型号核准证》和型号核准代码。无线电发射设备包括无线电通信、导航、定位、测向、雷达、遥控、遥测、广播、电视等各种发射无线电波的设备，但不包含可辐射电磁波的工业、科研、医疗设备，电气化运输系统，高压电力线及其他电气装置等。因此，凡是发射无线电波的设备，均须进行型号核准认证。目前，无线电管理局主要核准十类设备：公众移动通信设备、无线接入设备、专网设备、微波设备、卫星设备、广电设备、2.4GHz/5.8GHz 无线接入设备、短距离无线电设备、雷达设备、其他无线电发射设备。型号核准检测主要对无线电发射设备工作的频率、频段、发射功率、频率容限、占用带宽（或发射信号的频谱特性）、带外发射及杂散发射等频谱参数进行核定。这些频谱参数直接关系到有限的频谱资源能否得到科学利用，空中电波秩序能否得到有效维护，无线电安全能否得到有力保障。

对于无线局域网系统，工业和信息化部无线电管理局规定，无线设备使用 5.8GHz 频段时，限制发射功率为 500mW。无线设备使用 2.4GHz 频段时，允许的有效全向辐射功率（EIRP）限值为：当天线增益＜10dBi 时，EIRP≤100mW；当天线增益≥10dBi 时，EIRP≤500mW。这就是我国无线局域网系统的进网许可标准。

1.2.2   FCC

FCC 是一个独立机构，于 1934 年成立，负责协调美国各州与国际间无线电广播、电视、电信、卫星和电报的通信。为了确保与生命财产有关的无线电和电线通信产品的安全性，FCC 下属的工程部还负责设备认可方面的事务，许多无线电应用产品、通信产品和数字产品想要进入美国市场，都要获得 FCC 的认可。

在无线网络领域，FCC 负责管理两类无线通信：需要许可频段与免许可频段的通信。FCC 从 5 个方面管理需要许可频段与免许可频段的通信：频率、带宽、有意辐射体的最大输出功率、最大 EIRP 及用途（包括室内和室外）。

　　FCC 与其他监管机构负责制定约束用户射频传输行为的规定，标准组织根据这些规定制定相应的标准。监管机构和标准组织相互合作，以满足无线行业迅速增长的需求。FCC 制定的规则公布在《美国联邦法规》（CFR）中，该法规中的"射频设备"描述了802.11 无线网络的规则条例。该法规还规定了射频设备的通用运行条件、通用技术要求、测量标准，辐射测量的频率范围，无意辐射体的设备认证、传导限值、辐射发射限值等，是射频设备进入北美市场必须遵循的要求。

1.2.3　ETSI

　　欧洲电信标准组织（ETSI）是一个非营利性的电信标准化组织，标准化领域主要是电信业，其制定的推荐性标准常被欧盟作为欧洲法规的技术基础而采用并被要求执行。ETSI 的成员包括政府管理机构、网络运营商、设备制造商、服务提供商、研究机构等。ETSI 下设 13 个技术委员会，其中无线及电磁兼容技术委员会（TC ERM）拥有来自欧洲 54 个国家（地区）的 912 个成员，直接负责 ETSI 关于无线频谱和电磁兼容方面的技术工作，包括研究 EMC 参数及测试方法，协调无线频谱的利用和分配，为相关无线及电磁设备的标准提供关于 EMC 和无线频率方面的专家意见。

1.2.4　IEEE

　　IEEE 是全球最大的非营利性专业技术学会，由美国无线电工程师协会和美国电气工程师协会在 1963 年合并而成，是世界上最大的专业技术组织之一。IEEE 在 150多个国家（地区）中拥有 300 多个地方分会，会员超过 43 万名，大部分成员是电子工程师、计算机工程师和计算机科学家。IEEE 在电气及电子工程、计算机及控制领域发布专业文献和指导。

　　IEEE 成立的目的在于为电气电子方面的科学家、工程师、制造商提供国际联络交流的场合，并提供专业教育的服务和提高专业能力。IEEE 的主要活动是召开会议、出版期刊、制定标准、继续教育、颁发奖项、认证等。

　　IEEE 划分为若干个工作组，工作组致力于开发解决特定问题或需求的标准。IEEE 下设的 IEEE 802 委员会负责起草局域网草案及标准化工作，在 IEEE 802 下设的工作组中，最著名的就是 802.3 和 802.11。

　　IEEE 在成立每个工作组时都会为其分配一个数字，分配给无线工作组的数字 11 表示该工作组属于 IEEE 802 委员会成立的第 11 个工作组。IEEE 成立的任务组负责对工作组制定的现有标准进行补充和完善，按顺序给每个任务组分配一个单字母，如果所有单字母都已使用，就为任务组分配多个字母，将字母添加到标准数字后面，例如 802.11a、802.11b、802.11ax 等。部分字母闲置不用，例如，不使用字母 o 和 l，以免与数字 0 和 1混淆。为了避免与其他标准混淆，IEEE 未将字母 x 分配给 802.11 任务组，避免与 802.11x认证标准混淆。

1.2.5　Wi-Fi 联盟

　　Wi-Fi 联盟（WFA）成立于 1999 年，是一个商业联盟，总部位于美国得克萨斯州奥斯汀。目前 Wi-Fi 联盟成员单位超过 200 家，拥有 550 多家会员企业。Wi-Fi 联盟拥有 Wi-Fi 认证标识和商标，如图 1-3 所示，因此它负责 Wi-Fi 认证与商标授权的工作。该组织的作用在于为高速无线局域网推动并采纳一个全世界通用的标准，改善基于 IEEE 802.11 标准的无线网络产品之间的互通性。厂家的产品只有完全满足 Wi-Fi 标准并通过 Wi-Fi 认证，才可以在其产品上打 Wi-Fi 标志，实现不同厂家无线产品的互操作。另外，无线吞吐量、协议一致性也是其认证内容。

图 1-3　Wi-Fi 认证标识和商标

自 Wi-Fi 联盟开展此项认证以来，已经启用的 Wi-Fi 认证在全球范围内得到了广泛的认可。Wi-Fi 联盟在世界范围内授权 14 个独立的测试实验室对厂商设备进行互操作性测试，有力地推动了 Wi-Fi 产品和服务在消费者市场和企业市场的全面开展，Wi-Fi 联盟获得了巨大的市场成功。

Wi-Fi 产品进行认证的途径有以下 3 种。

① FlexTrack 灵活跟踪认证：为全新打造的复杂产品而定制。FlexTrack 允许在组件中嵌入非常灵活的 Wi-Fi 功能。测试在授权测试实验室完成。

② QuickTrack 快速跟踪认证：为已在合格解决方案中完成全部 Wi-Fi 功能测试的组件产品而定制。QuickTrack 允许对 Wi-Fi 功能进行有针对性的修改。测试可以在授权测试实验室或会员测试站点完成。

③ 衍生认证：适用于 Wi-Fi 认证的设备源产品的副本，例如用于多种笔记本电脑型号的同一芯片组。会员无须进行测试就可申请衍生产品认证。

Wi-Fi 认证主要包括以下项目。

① 核心技术与安全：对 802.11 协议族技术进行互操作性认证测试，以确保基本的无线数据传输符合要求。对设备是否支持 WPA/WPA2/WPA3 无线网络安全性机制进行验证，企业级设备须支持可扩展认证协议（EAP）。

② Wi-Fi 多媒体（WMM）：使用 WMM 的 Wi-Fi 网络将各种应用产生的流量划分为不同优先级。如果网络中的接入点与用户设备均支持 WMM，语音或视频等对时延敏感的应用产生的流量将优先使用半双工射频介质进行传输。所有支持 802.11n 的核心认证产品都被强制要求支持 WMM，而对于 802.11a/b/g 的核心认证设备，WMM 认证是可选的。

③ WMM 省电：管理并调整用户设备上 Wi-Fi 无线接口处于休眠状态的时间，以延长设备电池的续航能力。

④ Wi-Fi 保护设置：2007 年年初发布的认证项目，目的是让消费者可以通过更简单的方式来设定无线网络装置，并且保证有一定的安全性。

⑤ Wi-Fi 直连：Wi-Fi 设备无须接入点就可互联，移动电话、照相机、打印机、游戏

设备、笔记本电脑可以建立一对一的连接，甚至建议一组连接。

⑥ 个人语音：为家庭和小型企业的 Wi-Fi 网络提供增强的语音应用，这种网络包括一个接入点和不同用户设备，用户设备产生的语音与数据流量经过接入点混合实现双向通信。

1.2.6 IETF

1992 年，由于互联网应用范围的不断扩大及互联网用户的急剧增加，以制定互联网相关标准及推广应用为目的的国际互联网协会（ISOC）成立。ISOC 是一个非政府、非营利性的行业性国际组织，目的是保证互联网的开放发展并为全人类服务。互联网架构委员会（IAB）是 ISOC 下属的技术咨询团体，承担技术顾问组的角色。IAB 负责定义整个互联网的架构和长期发展规划，通过互联网工程指导组（IESG）向互联网工程任务组（IETF）提供指导并协调各个 IETF 的活动。在新的工作组设立之前，IAB 负责审查其章程，从而保证其设置的合理性。IAB 是 IETF 的最高技术决策机构。互联网名称与数字地址分配机构（ICANN）负责在全球范围内对互联网唯一标识符系统及其安全稳定的运营进行协调，其中包括互联网协议（IP）地址的空间分配、协议标识符的指派、通用顶级域名、国家和地区顶级域名系统的管理及根服务器系统的管理。这些服务最初是由互联网编号分配机构（IANA）以及其他组织提供。ISOC 组织架构如图 1-4 所示。

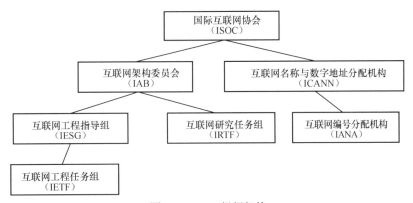

图 1-4 ISOC 组织架构

IETF 是一个公开的大型民间国际团体，是自律的、志愿的民间学术组织，成立于 1985 年底，其主要任务是负责互联网相关技术规范的研发和制定，相关的技术性工作均由其内部的各个工作组承担和完成。当前，大多数国际互联网技术标准出自 IETF，工作小组内通过邮件交流，每年举行 3 次会议。

IETF 的使命是通过出版高质量的相关技术文件影响人们设计、使用和管理互联网，使互联网更好地运作。其工作组按研究领域可分为应用程序、通用部分、互联网、业务和管理、实时应用程序和基础设施、路由、安全及传输等，每个研究领域均有 1~3 名管理者，这些管理者均是 IESG 成员。IESG 对 IETF 的活动和互联网标准进程进行技术管理。IESG 负责创建工作小组并为其分配一个特定的研究领域。工作小组的工作结果通常会形成对应的一系列以编号排定的征求意见稿（RFC），大多数 RFC 描述的网络协议、服务或策略可能演变为一种互联网标准。RFC 按顺序依次编号，一个号码一旦被指定，就永远不重复使用。经过大量的论证和修改，可能会更新或辅之以较高编号。这些收录的 RFC 并不都是正在使用或为大家所公认的，也有一部分只在某个领域被使用甚至没有被采用，一份 RFC 具体处于什么状态都在文中作了明确的标识。一个 RFC 在成为官方标准前，至少要经历 4 个阶段：互联网草案、建议标准、草案标准、互联网标准。

例如，RFC 1918 描述了私有网络的地址分配，该分配允许一个企业内的所有主机之间以及不同企业的所有公开主机之间在网络所有层次上的连接。RFC 3748 定义了与无线局域网安全相关的 EAP。RFC 5415 定义的无线接入点控制和配置协议（CAPWAP）作为通用隧道协议，解决了隧道协议不兼容造成不同厂家的 AP 和 AC 无法进行互通的问题，完成了 AP 发现 AC 等基本协议功能。

1.2.7 WAPI

无线局域网鉴别和保密基础结构（WAPI）是全球无线局域网领域仅有的两个标准之一，另一个是美国行业标准组织提出的 IEEE 802.11 系列标准。WAPI 由中国宽带无线 IP 标准工作组负责起草，是中国无线局域网安全强制性标准，同时是中国首个在计算机宽带无线网络通信领域自主创新并拥有知识产权的安全接入技术标准。

WAPI 采用公钥密码技术，鉴权服务器负责证书的颁发、验证与吊销等，无线客户端与无线接入点都安装鉴权服务器颁发的公钥证书，作为自己的数字身份凭证。无线客户端登录至无线接入点时，在访问网络之前必须通过鉴别服务器对双方进行身份验证。根据验证的结果，持有合法证书的客户端才能接入持有合法证书的无线接入点。

WAPI 由于采用了更加合理的双向认证加密技术，比 802.11 更为先进。WAPI 采用国家密码管理委员会办公室批准的公开密钥体制的椭圆曲线密码算法和秘密密钥体制的分组密码算法，实现了设备的身份鉴别、链路验证、访问控制和用户信息在无线传输状态下的加密保护。此外，WAPI 从应用模式上分为单点式和集中式两种，可以彻底扭转 WLAN 采用多种安全机制并存且互不兼容的现状，从根本上解决安全问题和兼容性问题。所以我国强制性地要求相关商业机构执行 WAPI 标准，更有效地保护数据的安全。

WAPI 包含两部分，WAI 鉴别及密钥管理和 WPI 数据传输保护。

无线局域网鉴别基础结构（WAI）不仅具有更加安全的鉴别机制、更加灵活的密钥管理技术，而且实现了整个基础网络的集中用户管理，从而满足更多用户和更复杂的安全性要求。

无线局域网保密基础结构（WPI）对 MAC 子层的数据单元进行加/解密处理，分别用于无线设备的数字证书、密钥协商和传输数据的加/解密，从而实现设备的身份鉴别、链路验证、访问控制和用户信息在无线传输状态下的加密保护。

WAI 和 WPI 是独立的，二者分别针对用户的身份认证及传输数据加密进行规范。它们既适用于有线网络，又适用于无线网络。在有线网络中使用时，可以根据业务要求启用认证或加密，也可以同时启用认证和加密；在无线网络中使用时，通常同时启用认证和加密。认证采用双向认证，不仅终端需要证明自己身份的合法性，接入设备也需要证明自己身份的合法性，从而充分保证了只有合法的终端才可以接入合法的网络。

1.3　IEEE 802.11 协议介绍

1.3.1　IEEE 802.11

IEEE 802.11 协议是 1997 年发布的对无线局域网具有里程碑意义的第一个标准，它定义了两种物理层介质，一种工作在 2400～2483.5MHz 无线射频频段，可以根据各国（地区）无线频段管理法规调整频段。采用直接序列扩频（DSSS）技术可提供 1Mbit/s 及 2Mbit/s 工作速率；而采用跳频（FHSS）技术及红外线技术的无线网络可提供 1Mbit/s 传输速率。2Mbit/s 是可选速率。未作强制要求，多数 FHSS 技术厂家仅能提供 1Mbit/s 的产品，而符合 IEEE 802.11 无线网络标准并使用 DSSS 技术的产品可以提供 2Mbit/s 的速率，因此 DSSS 技术在无线网络产品中得到了广泛应用。另一种使用红外光波段作为物理层，也就是利用红外线光波传输数据流，如红外打印机等。

在媒体介质接入控制层时，由于无线产品的适配器不易检测信道是否存在冲突，因此 IEEE 802.11 定义了带冲突避免的载波感应多路访问（CSMA/CA），一方面通过载波侦听检测介质是否空闲，另一方面通过随机的时间等待避免冲突，使信号冲突发生的概率减到最小。当介质被侦听到空闲时，优先发送。不仅如此，为了系统更加稳固，IEEE 802.11 还提供了带确认帧 ACK 的 CSMA/CA。一旦遭到同频段其他无线信号源干扰或者侦听失败，就认为信号冲突有可能发生，此时工作于 MAC 层的 ACK 能够提供快速的恢复能力。IEEE 802.11 还定义了 MAC 层的信令方式，通过电源管理软件的控制，使移动用户具有最长的电池寿命。电源管理在无数据传输时使网络处于休眠（低电源或断电）状态，这样可能会丢失数据包。为了解决这个问题，IEEE 802.11 规定了 AP 应具有缓冲区来储存信息，处于休眠的移动用户会定期醒来恢复信息。

在大型无线应用场所中，为了进一步减少冲突，802.11 协议定义了请求发送/允许发送（RTS/CTS），相当于一种握手协议，主要用来解决"隐藏终端"问题。"隐藏终端"指终端 A 向终端 B 发送信息，终端 C 同时也向终端 B 发送信息，引起信号冲突，最终导致发送至终端 B 的信息都丢失了。这就带来效率损失，并且需要恢复机制。当需要传送大容量文件时，尤其需要杜绝"隐藏终端"现象的发生。若使用 RTS/CTS 协议，同时设置传送上限，即一旦待传送的数据大于此上限值时，就启动 RTS/CTS 握手协议：首先，终端 A 向终端 B 发送 RTS 信号，表明终端 A 要向终端 B 发送若干数据；接着，终端 B 收到 RTS 信号后，向所有基站发出 CTS 信号，表明已准备就绪，终端 A 可以发送，其余终端暂停数据发送；然后，终端 A 向终端 B 发送数据；最后，终端 B 接收到数据后，向所有终端广播 ACK 帧，这样，所有终端又重新可以平等侦听、竞争信道了。

另外，IEEE 802.11 协议还定义了漫游功能，允许无线网络用户在不同的无线 AP 中使用相同的信道，或在不同的信道之间互相漫游；自动速率选择功能根据信号的质量及与接入点的距离自动为每个传输路径选择最佳的传输速率，该功能还可以根据用户的不同应用环境设置成不同的固定应用速率；可靠的安全功能等。直到 2016 年，经过多次修正和再发布，IEEE 802.11 协议对无线网络技术的发展和应用起到了重要的推动作用，促进了不同厂家的无线网络产品的互通互联。

1.3.2　IEEE 802.11b

IEEE 802.11b 是在 802.11 原始标准的物理层上进行修订。802.11b 协议工作在 2.4GHz 信道上，物理层速率提升至 11Mbit/s，在世界上得到了较广泛的应用。802.11b 协议直接抛弃了 802.11 中的 FHSS 物理层，只沿用了 DSSS 物理层。为了与原有物理层有所区别，以 11Mbit/s 运行的高速物理层被称为高速直接序列扩频（HR-DSSS）。HR-DSSS 在 DSSS 的基础上主要有以下几个方面的技术升级。

（1）编码方式。DSSS 采用的是 11 比特的方式，如果编码对象为 1，则编码为 10110111000。接收器可以定期检测接收到的编码当中包含多少个 1，序列本身有 6 个 1 和 5 个 0，代表所要传送的是 1，从而得到 1.0 Mbit/s 或 2.0 Mbit/s 的数据率。

直接进行相位差编码无法在每个编码中增加比特位，如果要增加每个编码中的比特位，就需要能够发送、接收更细微的相位偏移。但在多重路径干扰的情况下，接收方识别更细微的相位偏移会更加困难，必须使用更加可靠稳定的电子器件。因此，802.11b 使用的 HR-DSSS 并未继续直接使用相位差进行编码，而是采用了 CCK。CCK 采用了复杂的数学转换函数，可以使用若干个 8 比特序列，在每个编码中增加 4 或 8 个比特位。考虑到 CSMA/CA 协议的开销，实际 802.11b 设备间的最大吞吐量为：TCP 传输速率达到 5.9Mbit/s，UDP 传输速率达到 7.1Mbit/s。

802.11b 规定的是动态速率，允许数据速率根据噪声状况进行自动调整。这就意味着 802.11b 设备在噪声的条件下将以 11Mbit/s、5.5Mbit/s、2Mbit/s、1Mbit/s 甚至更低速率等进行传输。多速率机制的 MAC 确保当工作站之间距离过长或干扰太大、信噪比低于某个门限时，传输速率能够从 11Mbit/s 自动降到 5.5Mbit/s，或者根据 DSSS 技术调整到 2Mbit/s 和 1Mbit/s。

（2）物理层会聚（PLC）帧优化。DSSS 编码方式在传送数据时，其同步信号和物理层会聚协议（PLCP）帧占数据包约 25% 的大小，称为长标头，这样会大幅降低传输效率。如传送 1500 字节的数据帧并得到 ACK 确认，PLCP 前导码和头部就占 25% 的空间，只有 75% 的效率。此外，802.11 的 MAC 层要求所有的数据需要进行 ACK 确认，而 192μs 的同步信号远远大于 ACK 本身的消息，因此，802.11b 协议引入了"短"帧格式，称为短标头。使用短标头可将同步信号与 PLCP 帧封装所造成的开销减少至 14%，改善了协议效能并提升了传输效率。

（3）信道检测评估。802.11 允许信道检测评估功能以下列其中一种模式运作。

Mode 1：仅做能量检测（ED），当检测到的能量超过阈值，就认为信道忙，通告信道处于忙碌状态。

Mode 2：仅做载波监听，工作在 Mode 2 模式的产品必须检测真正的 DSSS 信号。如果检测到 DSSS 信号就认为信道处于忙碌状态。

Mode 3：结合 Mode 1 与 Mode 2。检测到的 DSSS 信号必须具备信号强度，才会向上一层通告信道处于忙碌状态。一旦信道被视为忙碌，在预定传输的时间内就一直处于忙碌状态。一旦在竞争期的开始检测到信号，信道检测评估机制就必须报告介质处于忙碌，直到这段时间结束。

Mode 4：通过寻找真实信号来判断信道是否忙碌，发现真实信号源将触发忙碌通告，启动一个 3.65ms 的定时器，立即开始倒计时，如果在定时器结束仍未发现真实有效的 HR-DSSS 信号，则认为信道空闲，反之则认为信道忙（3.65ms 相当于以 5.5Mbit/s 传送最大帧可能所需要的时间）。

Mode 5：结合 Mode 1 和 Mode 4。只有信号强度超过阈值且发现了有效的 HR-DSSS 信号，才认为信道忙。

（4）工作模式。802.11b 的工作模式分为两种：点对点模式和基本模式。点对点模式对小型无线网络来说，是一种非常方便的互联方案；基本模式则是无线网络的扩充或无线和有线网络并存时的通信方式，这也是 IEEE 802.11b 最常用的连接方式。此时，无线终端需要通过 AP 才能与另一台网络设备通信，由接入点来负责频段管理及漫游等工作。在容量允许的情况下，一个 AP 允许多用户的接入，当有更多用户需要接入时可以扩充无线接入点。

802.11b 的局限性在于 11Mbit/s 的带宽并不能很好地满足大容量数据传输的需要，只能作为有线网络的一种补充。而且它所使用的频段与当前微波通信、蓝牙通信以及大量工业设备广泛采用的 2.4GHz 频段一样，因此其产品在无线数据传输过程中会受到干扰。

1.3.3　IEEE 802.11a

802.11a 工作在 5GHz ISM 频段，使用 52 个 OFDM 子载波，最大原始数据传输率为 54Mbit/s，数据率自动适应改变为 48Mbit/s、36Mbit/s、24Mbit/s、18Mbit/s、12Mbit/s、9Mbit/s 或者 6Mbit/s。802.11a 拥有 12 条相互不重叠的频道，协议规划 8 条用于室内，4 条用于点对点传输。802.11a 不能与 802.11b 进行互操作，到目前为止，现网中厂商生产的无线接收终端大多数是可以同时支持 802.11a 和 802.11b 两种协议的。

由于 2.4GHz 频段产品生产比较早，大量设备在不同场所被广泛使用，因此冲突和干扰就显得特别明显。相比而言，采用 5GHz 频段的 802.11a 产品冲突就非常少。但是，高载波频率由于波长的原因绕射能力很低，802.11a 几乎被限制在直线范围内使用，因此必须使用更多的接入点；同样还意味着 802.11a 不能传播得像 802.11b 那么远，因为它更容易被吸收。

802.11a 支持 20MHz、10MHz 和 5MHz 的信道带宽，其中 20MHz 信道带宽的子载波数为 52，数据载波数为 48。在 52 个 OFDM 副载波中，48 个用于传输数据，4 个是引导副载波。每个载波的带宽为 0.3125MHz，可以是二相移相键控（BPSK）、四相移相键控（QPSK）、16-QAM 或者 64-QAM，总带宽为 20MHz，占用带宽为 16.6MHz。符号持续时间为 4μs，保护间隔为 0.8μs。实际产生和解码正交分量的过程都是在基带中由专用数字信号处理器芯片完成，然后由发射器将频率提升到 5GHz 发送。每一个副载波都需要用复数来表示，时域信号通过逆向快速傅里叶变换产生。接收器将信号降频至 20MHz，重新采样并通过快速傅里叶变换来重新获得原始系数。使用 OFDM 的好处包括减少了接收时的多路效应，增加了频谱效率。

802.11a 产品于 2001 年开始销售，这是因为产品中 5GHz 的组件研制比较慢。此时 802.11b 产品已经被广泛采用，再加上 802.11a 产品的一些弱点和一些地方的规定限制，使 802.11a 产品的使用范围更窄了。后来，802.11a 设备厂商对相关技术进行了改进，现在的 802.11a 产品已经与 802.11b 产品在很多特性上非常相近。

1.3.4　IEEE 802.11g

802.11g 于 2003 年由 IEEE 正式发布，它工作在 ISM 频段的 2.4GHz 上，物理层上使用了 OFDM 调制方式，使最大速率达到 54Mbit/s。在介质访问控制上，802.11g 采用 CSMA/CA 的方式。由于微波炉、蓝牙设备、ZigBee 等产品都工作在 ISM 频段上，因此 802.11g 设备会受到其他设备的干扰。设计 802.11g 时考虑向后兼容 802.11b 网络，为了与 802.11b 的系统互联互通，802.11g 设备需要不停地在 DSSS、OFDM 之间切换，降低了转发效率，换句话说，802.11b 设备会拖慢整个 802.11g 网络的吞吐量，为了兼容牺牲了一些性能。

802.11g 的物理帧结构分为前导信号（Preamble）、信头（Header）和负载（Payload）。Preamble 主要用于确定移动终端和接入点何时发送和接收数据，传输时告知其他移动终端以免冲突，同时传送同步信号及帧间隔。Preamble 完成，接收方才开始接收数据。Header 用来传输一些重要的数据，如负载长度、传输速率、服务等。由于数据率及要传送字节的数量不同，Payload 的包是可变长度的。在一帧信号的传输过程中，Preamble 和 Header 所占的传输时间越多，Payload 的传输时间就越少，传输的效率就会越低。

802.11g 采用 OFDM 技术分别对 Preamble、Header、Payload 进行调制，其传输速率可达 54Mbit/s。OFDM 的一个优点在于它的 Preamble 比较短，CCK 调制信号的帧头是 72μs，而 OFDM 调制信号的帧头仅为 16μs。帧头是一个信号的重要组成部分，帧头占用的时间减少，提高了信号传送数据的能力。OFDM 允许将更多的时间用于传输数据，具有较高的传输效率。因此，对于 11Mbit/s 的传输速率，CCK 调制是一个良好的选择。如果采用 CCK/OFDM 混合调制方式，Header 和 Preamble 用 CCK 调制方式传输，OFDM 传送 Payload。由于 OFDM 和 CCK 是分离的，因此在 Preamble 和 Payload 之间要有 CCK 和 OFDM 的转换。

802.11g 用 CCK/OFDM 技术来保障与 802.11b 共存。IEEE 802.11b 不能解调 OFDM 格式的数据，所以难免会发生数据传输冲突，而 802.11g 使用 CCK 传输 Header 和 Preamble 就可以与 IEEE 802.11b 兼容，使其可以接收 IEEE 802.11g 的 Header，从而避免冲突。

在 802.11g 的 MAC 层帧格式中，控制帧是用来保护传输的，802.11g 的设备可以通过 CTS to self 来告知 802.11b 的设备准备占用频道发送数据。不使用完整 RTS/CTS 流程的原因是，CTS to self 具有更高的效率。管理帧除了信标、探测、关联帧外，增加了两个信息元素：扩展速率物理层（ERP）和扩展支持速率，其中扩展支持速率信息内容可以超过 255 字节。

OFDM 其实是多载波调制的一种，主要思想是：将信道分成许多正交子信道，在每个子信道上进行窄带调制和传输，这样减少了子信道之间的相互干扰。每个子信道上的信号带宽小于信道的相关带宽，因此每个子信道上的频率选择性衰落是平坦的，大大消除了符号间干扰。

IEEE 802.11g 标准为了支持高速数据传输采用了 OFDM 调制技术。OFDM 结合时空编码、分集、码间干扰和信道间干扰抑制以及智能天线技术，最大限度地提高了物理层的可靠性。

1.3.5　IEEE 802.11n

与 802.11a/b/g 协议不同，802.11n 协议为双频工作模式，包含 2.4GHz 和 5GHz 两个工作频段，这样 802.11n 既支持 5GHz，又保障了与 802.11a/b/g 协议兼容。实际上，802.11n 是 802.11 协议发展的重要里程碑，它主要是结合物理层和 MAC 层的技术改进来充分提高传输效率，如图 1-5 所示。主要的物理层技术涉及 MIMO、OFDM 改进、40MHz 信道绑定、短保护间隔（Short GI）等，从而将物理层吞吐提高到 600Mbit/s。如果仅仅提高物理层的速率，而没有对空口访问等 MAC 层进行优化，其物理层优势将无从发挥，就好像即使铺设了很宽的马路，但是车流的调度管理如果跟不上，交通情况仍然会拥堵和低效，所以 802.11n 对 MAC 采用了块确认、帧聚合等技术，大大提高了 MAC 层的效率。

图 1-5　802.11n 的技术改进

802.11n 物理层的技术改进包括以下几个方面。

（1）MIMO 是 802.11n 物理层的核心，每一个独立处理的信号被定义为一个空间流。一个系统采用多个天线进行无线信号的收发，实现物理空间上的多路并发，简单理解为将空间资源进行分割，经过多根天线进行同步传送。通过多条空间通道，并发传递多个空间流，成倍提高了系统吞吐。MIMO 的天线配置通常表示为“$M \times N$：MI”，其中 M 和 N 均为整数，M 表示传输天线的数量，N 表示接收天线的数量，MI 则表示 MIMO 的数量。单用户 MIMO 如图 1-6 所示。

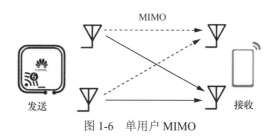

图 1-6　单用户 MIMO

（2）最大比率组合和提高吞吐没有任何关系，它的作用是改善接收端的信号质量。无线信号通过多条路径从发送端到达接收端，由于经过多条路径传播，这些路径一般不会同时衰减严重，总有一条路径的信号较好，因此，接收端使用某种算法对各条路径上的信号进行加权汇总（显然，信号最好的路径会被分配最高的权重），实现接收端的信号改善。当多条路径的信号都不太好时，仍然可以通过最大比率技术获得较好的接收信号。

（3）空分复用（SDM）可以对多个独立数据流进行空间多路传输，即独立空间流复用。MIMO SDM 能大大提高数据速率，因为解析的空间数据流数量增加了。每个空间数据流使用一对天线一对一地发送/接收数据。由于采用了多天线技术，无线信号（对应同一条空间流）将通过多条路径从发送端到接收端，提供了分集效应。

（4）前向纠错（FEC）。按照无线通信的基本原理，为了使信号适合在无线信道这样不可靠的媒介中传递，发送端将把信号进行编码并携带冗余信息，以提高系统的纠错能力，使接收端能够恢复原始数据。

（5）由于多径效应的影响，信号将通过多条路径传递，可能会发生彼此碰撞，出现符号间干扰（ISI）。为此，802.11a/g 标准要求在发送信号时，必须保证在信号之间存在800 ns 的时间间隔，这个间隔被称为 GI，如图 1-7 所示。802.11n 默认 GI 为 800ns。在多径效应不严重、射频环境较好的应用场景中，使用 SGI 可以将该间隔配置为 400ns，吞吐量提升近 10%。

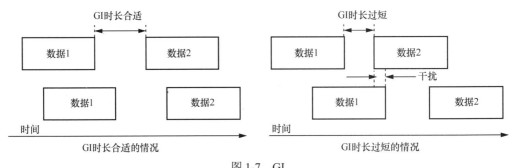

图 1-7   GI

（6）改进的 OFDM 提升单空间流的信道利用率与传输效率，减少应用时延与排队。改进的 OFDM 把一个射频信道分割成更小的具有自己子载波信号的信道，每个载波信号独立地承载信息，即把一组独立的射频捆绑在一起同时进行传输。802.11n 标准在每个20MHz 信道中子载波的数量从 48 个增加到 52 个。对于单个发射器，数据传输速率最大可达 65Mbit/s；对于两个发射器，最大数据传输速率可达 130Mbit/s；最多有 4 个发射器，其数据传输速率可达 260Mbit/s。在 20MHz 信道中，802.11n 总共能提供多达 32 个速率集合。当使用 40MHz 信道时，802.11n 子载波的数量增加到 108 个，从而为 1~4 个发射器分别提供最大 135Mbit/s、270Mbit/s、405Mbit/s 和 540Mbit/s 的速率。

（7）802.11n 采用的 64-QAM 编码机制可以将编码率（有效数据和整个编码的比率）从 3/4 提高到 5/6。所以，一条空间流在 MIMO-OFDM 基础上，物理速率从 58.5Mbit/s提高到了 65Mbit/s（即 58.5 除以 3/4 乘 5/6）。

QAM 编码是通过星座图（点阵图）对数据进行调制解调，实际调制的数据以比特表示，一次调制的数据用 2 的 N 次方表示。例如，16-QAM 中的 16 是 2 的 4 次方，即一次调制可以传输 4 比特的数据；802.11n 是 64-QAM，64 是 2 的 6 次方，因此在 64 个点阵的一个星座集合中，任意一个点可以携带 6 比特的数据；256-QAM 中的 256 是 2的 8 次方，任意一个点可以携带 8 比特的数据。

（8）802.11n 的理论速率达到 600 Mbit/s，调制与编码策略（MCS）对应速率具体见表 1-2。

表 1-2　802.11n MCS 对应速率

空间流	MCS 编号	调制方式	编码率	HT20 带宽数据速率/Mbit·s⁻¹		HT40 带宽数据速率/Mbit·s⁻¹	
				GI=800ns	GI=400ns	GI=800ns	GI=400ns
1	7	64-QAM	5/6	65.0	72.2	135.0	150
2	15	64-QAM	5/6	130.0	144.4	270.0	300
3	23	64-QAM	5/6	195.0	216.7	405.0	450
4	31	64-QAM	5/6	260.0	188.9	540.0	600

802.11n 的 MCS 根据不同调制方式、编码率以及 GI 和高吞吐量（HT）带宽组合有 32 种，这里仅列出常见的 4 种。其中，HT20 带宽是尽量减少频带的重叠设置的，减少干扰；HT40 带宽是出于高性能考虑，将两个相邻的 20MHz 信道捆绑在一起形成的，一个是主，另一个是辅。主信道发送信标报文和部分数据报文，辅信道发送其他报文。

当空间流为 4 时，64-QAM 编码携带 6 比特符号，符号间隔为 3.2μs，启用 Short GI 0.4μs，5/6 编码率。40MHz 信道带宽的有效子信道数量为 108。根据公式 Wi-Fi 理论数据速率 ＝（数据长度×编码率×有效子信道×空间流）÷ 传输时间，计算 40MHz 信道的数据速率。

数据速率＝（6×5/6×108×4）÷（3.2+0.4）=600Mbit/s

数据速率是数据在传输过程中物理层每秒可以携带的比特数量，注意不是实际的数据吞吐量。由于介质访问的方法和通信协议字段开销的原因，总吞吐量为可用数据速率的一半左右。

（9）波束成形技术：当发射端有多个发射天线时，调整从各个天线发出的信号，使接收端信号强度有显著改善的技术，是 MU-MIMO 技术的基础，如图 1-8 所示。

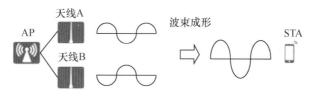

图 1-8　波束成形技术

802.11n MAC 层的技术改进还包括帧聚合、块确认等。

（1）帧聚合。802.11 MAC 层耗费了相当多的效率用于链路的维护，从而大大减少了系统的吞吐量。802.11n 通过改善 MAC 层来减少固定的开销及拥塞造成的损失，于是引入帧聚合技术，提高 MAC 层效率。

帧聚合技术包括 MAC 服务数据单元聚合（A-MSDU）和 MAC 协议数据单元聚合（A-MPDU）。两种聚合方式的共同点为：减少负荷，且只能聚合同一个 QoS 级别的帧，但因为要等待需要聚合的报文，可能造成时延。另外，只有 MPDU 才能使用块确认。

A-MSDU 的方法是收集以太网帧并转成 802.11 无线帧。A-MSDU 允许对目的地及应用都相同的多个包进行聚合，聚合后的包有一个共同的 MAC 头。当多个帧聚合在一起后，包头的负载、传播的时间及确认包都会减少，从而提高无线传输效率。A-MSDU 最大是 7935 字节。A-MSDU 如图 1-9 所示。

图 1-9   A-MSDU

A-MPDU 允许对目的地相同但是应用不同的多个包进行聚合，其效率不如 A-MSDU，但还是会减少报文负载及占用空口时间。A-MPDU 最大为 65535 字节。A-MPDU 如图 1-10 所示。

图 1-10   A-MPDU

（2）块确认。为了保证数据传输的可靠性，802.11 协议规定每收到一个单播数据帧，必须立即回应一个 ACK 帧。接收端在收到 A-MPDU 后，需要对其中的每一个 MPDU 进行处理，因此需要对每一个 MPDU 发送应答帧，这降低了通信效率。块确认通过使用一个 ACK 帧来完成对多个 MPDU 的应答，以降低 ACK 帧的数量。块确认如图 1-11 所示。

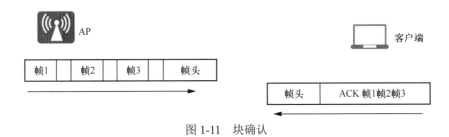

图 1-11   块确认

1.3.6　IEEE 802.11ac

IEEE 802.11ac 协议于 2012 年正式推出，是 802.11n 的继承者，但是在 4 个方面做出了很大的改进，第一是更高阶的调制方式，达到 256-QAM，业界称其为"Very High Throughput"；第二是使用更多的无线频段的绑定，有 80MHz 和 160MHz 两种模式，将单信道速率提高到至少 500Mbit/s，无线速率达到至少 1Gbit/s，802.11ac MCS 对应速率见表 1-3；第三是射频收发的空间流达到 8 个；第四是 MU-MIMO 真正实现多用户的双向收发。

表 1-3　802.11ac MCS 对应速率

空间流	调制方式	编码率	HT40 带宽数据速率/Mbit·s⁻¹		HT80 带宽数据速率/Mbit·s⁻¹		HT1600 带宽数据速率/Mbit·s⁻¹	
			GI=800ns	GI=400ns	GI=800ns	GI=400ns	GI=800ns	GI=400ns
1	256-QAM	5/6	180	200	390	433.3	780	866
2	256-QAM	5/6	360	400	780	866.6	1560	1732
3	256-QAM	5/6	540	600	1170	1299.9	2340	2598
4	256-QAM	5/6	720	800	1560	1733.2	3120	3464
5	256-QAM	5/6	900	1000	1950	2166.5	3900	4330
6	256-QAM	5/6	1080	1200	2340	2599.8	4680	5196
7	256-QAM	5/6	1260	1400	2730	3033.1	5460	6062
8	256-QAM	5/6	1440	1600	3120	3466.4	6240	6928

由于 802.11ac 进行了众多的技术革新，如果将这些革新从技术标准一次性变成 Wi-Fi 产品推向市场，需要等待较长的时间，因此在推进实施的过程中经历了 802.11ac wave1、802.11ac wave2 和未来的 802.11ac wave3 的阶段。wave1 没有引入 MU-MIMO 技术和 160MHz 带宽，所以 wave2 才是正式的完整的第五代 Wi-Fi 技术。值得一提的是，wave2 支持动态信道管理。802.11ac 支持从 20MHz 到 160MHz 几种不同的信道带宽，这给信道管理带来挑战。当网络中有不同带宽的信道在使用时，怎么管理信道才能减少信道之间的干扰，并且保证信道得到充分的利用呢？于是定义了增强 RTS/CTS 机制，用来协调信道可用时间和可用信道类型。动态信道管理提高了信道的利用率，减少了信道之间的干扰。未来的 802.11ac wave3（即 Wi-Fi 6E）将支持 6GHz 的频谱资源，带来 14 个新的 80MHz 频段或 7 个 160MHz 频段。

802.11ac 定义的 A-MPDU 拓展如下。

从 802.11n 开始，MAC 引入了帧聚合技术，将 MSDU 或 MPDU 进行聚合后再进行物理层封装，使多个帧使用一个物理头，提高封装效率，减少对空口的占用和争抢次数。

如果在传输过程中发生错误，则 A-MSDU 需要对整个聚合的帧重传。而在 A-MPDU 中，每个 MPDU 都有自己的 MAC 头，发生错误时只需要对错误的数据包进行重传，无须对整个聚合帧进行重传。

802.11ac 数据帧必须使用 A-MPDU 模式来发送，即 A-MPDU 不能关闭。

802.11ac 定义的增强 RTS/CTS 机制具体如下。

802.11ac 设备使用 20MHz 带宽的信道，在子信道内发送 RTS。当信道带宽为 80MHz

时，再复制 3 份充满 80MHz；当信道带宽为 160MHz 时，复制 7 份充满 160MHz。这样做的好处是，不管周边设备的主信道是 80MHz 还是 160MHz，信道中的任意 20MHz 都可以侦听到 RTS 报文。每个收到 RTS 报文的设备将虚拟载波侦听设为忙碌。

接收设备收到 RTS 报文后，会检测其主信道或者 80MHz 带宽内的其他子信道是否空闲。如果信道带宽的一部分被使用，则接收设备只会在 CTS 帧内响应可用的 20MHz 的子带宽，并报告重复的带宽。

接收设备在每个可用的 20MHz 的子信道上回复 CTS 报文，这样发送设备就知道哪些信道可用，哪些信道不可用，最终只在可用的信道上发送数据。

RTS 和 CTS 支持动态带宽模式，在此模式下，如果部分带宽已被占用，则只在主用道上发送 CTS 帧。发送 RTS 帧的设备则可以回落到一个较小带宽的模式。

1.3.7　IEEE 802.11ax

IEEE 802.11ax 协议也被命名为 HEW（高效无线局域网），聚焦于高密度场景和高速传输场景，在现行的 IEEE 802.11ac 的基础上升级，和 802.11a/b/h/n/ac 都兼容。802.11ax 在物理层的改进主要表现在 OFDMA、MU-MIMO、1024-QAM、空间复用、BSS Coloring。

（1）OFDMA：802.11ax 引入了多用户传输技术 OFDMA，实现多用户共享信道资源，从而提升了频谱利用率。通过把子信道"资源单位（RU）"分解，每个 RU 至少包含 26 个子载波，RU 还允许同时满足多个用户的不同带宽需求，从而有效利用可用频谱。

OFDMA 是基于 OFDM 改进的。在 OFDM 技术下，通信都是基于单用户的，即每次发送数据，不管用户数据大小，一个用户占用整个信道。OFDM 数据承载如图 1-12 所示，把一个信道看成一辆送货的小车，如果用户的数据包很小，如即时消息、浏览网页，数据包不需要整个信道，即小车是装不满的，剩下的车厢空间也不能装载其他货物而造成浪费。

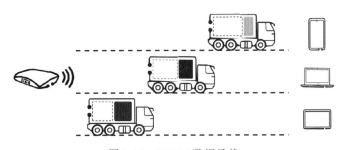

图 1-12　OFDM 数据承载

如何充分利用空闲的空间呢？Wi-Fi 6 引入了 OFDMA，将一个信道划分成不同 RU。在发送数据时，不同的用户只会占用某一个 RU 而非整个信道，这样就能实现一个信道一次向多个用户发送数据。OFDMA 相当于在小车中划出专门的隔间（即 RU），通过调度每个隔间放置不同用户的货物，这样一次可以为多个接收方送货。OFDMA 数据承载如图 1-13 所示。对 OFDM 而言，在每个周期内，AP 与每个用户都是单点通信的，如果需要跟 3 个用户通信，那就要占用 3 个周期；而 OFDMA 是点对多点通信的，一个周期就完成了与 3 个用户的通信，效率自然就提高了。

图 1-13　OFDMA 数据承载

为了支持 RU，需要使用子载波。载波是用某个固定的频率承载无线信号，那么对固定频率进行更细化的划分，就是子载波。以 20MHz 信道为例，20MHz 信道被划分成 256 个子载波，其中用于数据传输的数据子载波数量为 234，在中心位置作为标识的直流子载波数量为 7，用于信道估计等功能的导频子载波数量为 4，用于保护间隔的保护子载波数量为 11。为了简化 OFDMA 的调度，Wi-Fi 6 只定义了 7 种 RU 类型，分别是：26-tone RU、52-tone RU、106-tone RU、242-tone RU、484-tone RU、996-tone RU 和 2×996-tone RU。其中，26-tone RU 的一个信道共 9 个 RU，每个 RU 包含 26 个子载波，其他类型的 RU 含义以此类推，如图 1-14 所示。需要注意的是，484-tone RU、966-tone RU 和 2×996-tone RU 无 20MHz 信道。

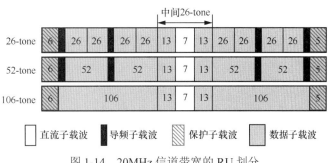

图 1-14　20MHz 信道带宽的 RU 划分

（2）802.11ac 协议引入了 4×4 下行链路 MU-MIMO，AP 同时向多达 4 个 STA 发送独立数据流；802.11ax 将下行链路的 MU-MIMO 支持的最大用户数扩展到 8 个，增加了系统并发接入量，均衡了吞吐量。同时，802.11ax 还增加了对 8×8 上行链路 MU-MIMO 的支持，允许多达 8 个 STA 通过相同的频率资源同时传输到单个 AP，如图 1-15 所示，提升多用户并发效率，大大降低了应用时延。与 802.11ac 相比，802.11ax 的下行链路容量增加了 2 倍，上行链路容量增加了 8 倍。

（3）1024-QAM。802.11ax 标准的主要目标是增加系统容量，降低时延，提高多用户高密场景下的效率。802.11ax 通过 1024-QAM 高阶编码，一个符号可以携带 10 比特数据，相比于 802.11ac 携带 8 比特数据，802.11ax 的单条空间流数据吞吐量提高了 25%。QAM 携带数据量如图 1-16 所示。原本一辆车只能携带 8 比特数据，提

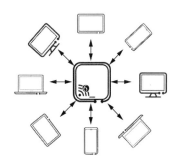

图 1-15　MU-MIMO

高 QAM 的阶数后，就可以携带 10 比特数据，同样的一辆车，比原来携带的内容多了，数据传输速率自然就快了。

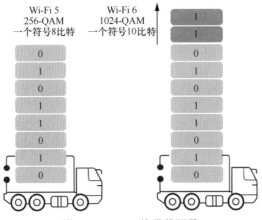

图 1-16　QAM 携带数据量

需要注意的是，Wi-Fi 6 能否成功使用 1024-QAM 调制取决于信道条件优劣。因为发送一个符号所用的载波带宽是固定的，发送时长也是一定的，阶数越高意味着两个符号之间差异越小。这不仅对接收两方的终端要求很高，而且对环境的要求也很高。如果环境很嘈杂（SNR 较小），则符号很容易命中星座图中相邻的其他数据点导致解调错误。这就意味着，如果环境过于恶劣，终端将无法使用高阶的 QAM 模式通信，只能使用较低阶次的调制模式。

（4）空间复用用来降低多台设备工作在同一个信道带来的相互影响，提高高密部署中整网的效率。为了在密集部署方案中提高系统级性能和频谱资源的有效使用，802.11ax 标准实现了空间复用技术，终端可以识别来自重叠基本服务集（BSS）的信号，并基于该信号做出关于介质争用和干扰管理的决定。

（5）着色机制 BSS Coloring 是一种为了解决同频干扰的同频传输识别机制，通过在 PHY 报文头中添加 BSS Color 字段对来自不同 BSS 的数据进行"染色"，为每个通道分配一种颜色，每种颜色标识一组不相互干扰的 BSS，接收端可以及时识别同频传输干扰信号并停止接收，避免浪费收发时间。如果颜色相同，则认为是同一个 BSS 内的干扰信号，发送将推迟；如果颜色不同，则认为两者之间无干扰，两个 Wi-Fi 设备可同信道同频并行传输。BSS Coloring 如图 1-17 所示。

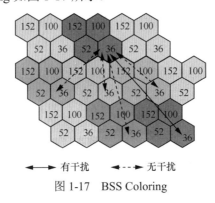

图 1-17　BSS Coloring

通过这种机制，具有相同颜色的信道彼此相距很远。此时再利用动态空闲信道评估（CCA）机制将不同颜色的信号设置为不敏感，事实上它们之间不太可能会相互干扰。使用 BSS Coloring 机制后，控制器为 AP 统一分配颜色标记，客户端可以通过检查所有 Wi-Fi 6 AP 发出帧的 PHY 标头中包含的 BSS Color 字段来快速确定接收到的数据是属于 Intra-BSS 帧还是 Inter-BSS 帧。终端接收到报文后，如果检测到颜色和关联的 AP 一致，则是自己要接收的帧，否则就丢弃。

所有 Intra-BSS 帧将使用默认的 CCA，即使用两个门限值判断信息空闲状态。当检测到 Inter-BSS 帧时，采用 OBSS/PD（重叠基本服务集–前导信号检测）机制动态调节发射功率以及 PD 阈值门限。就好像一个人戴着耳机欣赏音乐，屏蔽了外界的声音，受到的干扰是最小的，收听的效果也最好。BSS Coloring 机制很容易让终端区分出所需要接收的信号来源，而不会收到临近不同接入点重叠 BSS 发出的信号。动态 CCA 门限如图 1-18 所示。

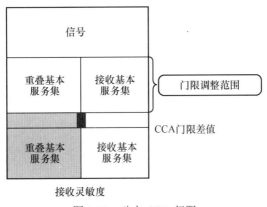

图 1-18　动态 CCA 门限

接收基本服务集：CCA 门限可以尽量降低，这样可以尽量避免错过来自接收基本服务集的报文。

重叠基本服务集：CCA 门限可以进行动态调整，尽可能调高。只要在重叠基本服务集的门限内，终端就认为不存在同频干扰，这样终端和 AP 依旧能进行通信，达成空间复用的效果。

1.3.8　IEEE 802.11be

2021 年，Wi-Fi 7 的 1.0 标准推出草案，也就是 802.11be 协议，被称为极高吞吐量（EHT）。正如其名一样，802.11be 更关注传输速率的提升，通过将调制速率提高到 4096-QAM，每个 OFDM 子载波可以编码 12 比特数据，这使其峰值数据速率比 1024-QAM 增加了 20%，理论上可提供 30Gbit/s 以上的无线连接速率。但是从协议本身内容看，其关注的内容在变化，除了继续提高带宽和物理层效率外，802.11be 更多是提升从单 AP 转向多 AP 的协作能力。IEEE 802.11be 的改进和创新具体如下。

（1）单信道的操作可以提供更高的信道带宽。6GHz 信道已经允许使用这个技术，总信道带宽达到 320MHz。但是由于每个国家（地区）对 6GHz 信道的审批进度不一致，因此 Wi-Fi 6E 产品还没有来得及实现，等到 Wi-Fi 7 实现后，空间流将增加到 16 个，实现 Massive MIMO。

（2）多信道的操作同时支持 2.4GHz、5GHz、6GHz 这 3 个信道。在传统 802.11 中，仅是 AP 可以并行使用 3 个频段的信道，802.11be 协议允许 AP 和终端都使用同步双频（RSDB）技术，即允许终端同时使用分离的信道，如无线终端也可以同时并行使用 2.4GHz、5GHz、6GHz 的信道。

（3）空间复用。首先最高支持 16 个波束，可以提供 16×16 的 MU-MIMO 传输。由于典型的客户端支持 2 个空间流，因此 16×16 MIMO 支持通过多用户 MU-MIMO 提高频谱效率。802.11be 包括对下行链路和上行链路 MU-MIMO 的支持。其次更重要的是改进了传统 802.11 协议中空数据包（NDP）测量信道技术，允许多个节点同时反馈编码矩阵，即节点并发反馈，提高了 MU-MIMO 的工作效率。

（4）多 AP 协作优化是 Wi-Fi 7 的一个重点，也是未来的亮点。当前在 802.11 的工作模式下，AP 与 AP 之间除了漫游、避免同频干扰、互补覆盖范围外，互相协作比较少。而多 AP 协作所带来的最大的好处就是 AP 间构成的分布式 MIMO 可以由两个不同的 AP 针对同一个节点提供 MIMO 的传输功能，大大提高了空间复用的工作效率。多 AP 协作优化如图 1-19 所示。不过，目前大多数 AP 管理和数据都是通过 CAPWAP 隧道有线连接控制器，未来需要以软件定义网络的方式使 AP 直接通过无线协作，进而产生分布式 MIMO。

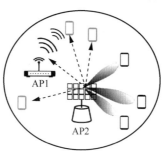

图 1-19 多 AP 协作优化

（5）链路自适应机制。为了优化一定传输速率下的系统容量和覆盖范围，发射器应该匹配数据传输速率和接收信号质量。这种优化被称为链路自适应。该技术实际上在 LTE 中实现，现在被引入 802.11be。我们可以结合两个错误的数据帧，合并成一个正确的数据帧，从而提升链路传输效率。

1.4   Wi-Fi 6 增强特性

1.4.1   Wi-Fi 6 介绍

Wi-Fi 6 指的是 IEEE 802.11ax 协议，是按照世代演进定义的商业名称，被称为 HEW。802.1 协议在介绍中说明了 Wi-Fi 6 最重要的 3 个核心技术：DL/UL MU-MIMO、OFDMA、1024-QAM，它还提供了大量新功能，包括增加吞吐量、提供更快的速度、支持更多的并发连接等。除了协议的创新外，Wi-Fi 6 对旧协议的设备保持了兼容，并考虑面向未来物联网络、绿色节能等方向的发展趋势，提出了目标唤醒时间（TWT）。

1.4.2　Wi-Fi 6 支持 2.4GHz 频段

2.4 GHz 频段仅有 3 个 20 MHz 的互不干扰信道：1、6 和 11，在 802.11ac 协议中已经被抛弃，但是有一点不可否认的是，2.4GHz 频段仍然是一个可用的 Wi-Fi 频段，在很多场景下依然被广泛使用，因此，Wi-Fi 6 选择继续支持 2.4 GHz 频段，目的就是要充分利用这个频段特有的优势：覆盖范围广、支持流量不大的物联网络且成本低。

在无线通信系统中，频率较高的信号比频率较低的信号更容易穿透障碍物。依据公式波长=波速/频率，频率越低，波长越长，绕射能力越强，穿透能力越好，信号损失衰减越小，传输距离越长。虽然 5GHz 频段可以带来更高的传播速度，但随着距离增加，信号衰减增大，传输距离比 2.4GHz 频段要短，因此我们在部署高密无线网络时，2.4GHz 频段除了用于兼容老旧设备外，还有一个很大的作用就是边缘区域覆盖补盲。另外，对有些流量不大的业务场景（如电子围栏 、资产管理等），使用成本更低的仅支持 2.4 GHz 的终端是一个性价比非常高的选择。

1.4.3　TWT

TWT 是 802.11ax 支持的另一个重要的资源调度功能，它借鉴了 802.11ah 协议。TWT 允许设备协商什么时候和多长时间会被唤醒，然后发送或接收数据。此外，Wi-Fi 6 AP 可以将客户端设备分组到不同的 TWT 周期，从而减少唤醒后同时竞争无线介质的设备数量。TWT 增加了设备睡眠时间，对采用电池供电的终端来说，大大提高了电池寿命。TWT 如图 1-20 所示。

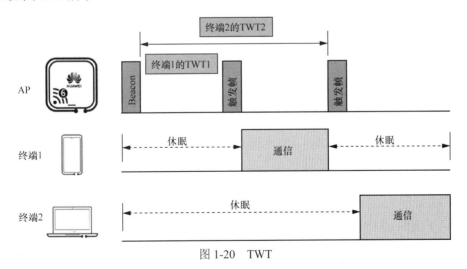

图 1-20　TWT

引入 TWT 后，可以让慢速设备不再长时间占用带宽。TWT 是专门针对类似智能家居这种低速设备设置的。例如，配置 2.4GHz 频段、20MHz 带宽的 Wi-Fi 设备，Wi-Fi 6 AP 会自动生成一个数据交换的唤醒时间，在网络数据传输较少的时段依次唤醒这些低速设备进行下载最新数据库、上传生成数据等操作，这样可以有效避免网络拥堵。

　　Wi-Fi 6 AP 可以和终端协调 TWT 功能的使用，AP 和终端会互相交换信息，其中包含预计的活动持续时间，以此定义让终端访问介质的特定时间或一组时间。TWT 有 2 种工作模式，一种是私聊模式，另一种是群聊模式，如图 1-21 所示。

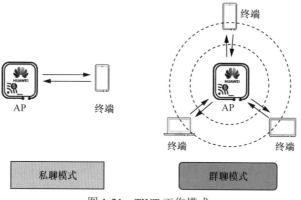

图 1-21　TWT 工作模式

　　私聊模式是 AP 和终端一对一地协商 TWT，每一个终端仅知道自己和 AP 协商的 TWT，不需要知道其他终端的 TWT。在群聊模式中，TWT 编排计划通过广播提供给终端，这样就可以避开多个不同终端之间的竞争和重叠情况。

1.4.4　工作模式指示

　　工作模式指示（OMI）：当终端计划和 AP 通信时，终端会主动上报自己的能力，如是否支持上行 OFDMA 传输、支持的最大带宽、空间流数。当终端电量充足时，终端可以尽自己的最大能力进行通信；一旦电量不足，终端可以降低自己的能力，如降低带宽或者空间流数，并将这一信息通过 OMI 知会 AP，AP 就会以终端建议的发射参数与之进行通信。

　　如果说 TWT 的节能方案是尽量减少终端的活跃时间，那么 OMI 的节能方案就是尽量降低终端活跃时的耗电量。

1.4.5　Wi-Fi 6 AP 覆盖范围提升

　　Wi-Fi 6 标准采用的是 Long OFDM Symbol 发送机制，每次数据发送持续时间从原来的 3.2μs 提升到 12.8μs，而且 Wi-Fi 6 还定义了 0.8μs、1.6μs 和 3.2μs 的 GI，在室外或者多径效应严重的环境下，更长的 GI 有助于防止多径干扰。另外，窄带传输可以有效降低频段噪声干扰，Wi-Fi 6 AP 最小可仅使用 2MHz 带宽进行窄带传输，从而增加了覆盖距离。Wi-Fi 6 Long OFDM Symbol 传输带宽更窄，符号持续时间更长，可以降低传输干扰，扩大信号覆盖范围。

1.4.6　Wi-Fi 6 安全

　　WPA3 是 Wi-Fi 联盟组织 2018 年发布的新一代 Wi-Fi 加密协议，它对 WPA2 进行了改进升级，为用户和 Wi-Fi 网络之间的数据传输提供更加强大的加密保护。和 WPA2 类似，WPA3 分为 WPA3 个人版和 WPA3 企业版。WPA3 个人版主要适用于个人、家庭等小型网络；WPA3 企业版主要适用于对网络管理、接入控制和安全性有更高要求的政府、企业和金融机构等大中型网络。此外，WPA3 还提升了开放性网络的用户数据传输安全，提供了增强型开放网络认证，即机会性无线加密（OWE）认证等。

Wi-Fi 6 安全机制包括链路认证、增强个人版密码防护、用户接入认证和数据加密、提升企业版安全性，具体如下。

（1）链路认证：在 WPA3 标准中，OWE 通过单独数据加密的方式来保护开放网络中的用户隐私，实现开放网络的非认证加密。机场、车站和咖啡厅等公关场所的开放性网络一般采用传统的开放认证方式，用户不需要输入密码即可接入网络。用户与 Wi-Fi 网络的数据传输也是未加密的，这增加了非法攻击者接入网络的风险。WPA3 是在开放认证方式的基础上提出的一种增强型开放网络认证方式，用户仍然不需要输入密码即可接入网络。WPA3 保留了开放式 Wi-Fi 网络用户接入的便利性，同时，OWE 采用 Diffie-Hellman 密钥交换算法在用户和 Wi-Fi 设备之间交换密钥，为用户与 Wi-Fi 网络的数据传输加密，保护用户数据的安全性。

（2）增强个人版密码防护：WPA3 个人版采用更加安全的对等实体同时验证（SAE），取代了 WPA2 个人版采用的预共享密钥（PSK）认证方式。WPA3 采用的 SAE 在原有的 PSK 4 次握手前增加了 SAE 握手，在 PMK 生成过程中引入了动态随机变量，使每次协商的 PMK 都是不同的，保证了密钥的随机性。SAE 使个人或家庭用户可以自由设置更加容易记住的 Wi-Fi 密码，即使不够复杂也能够提供同样的安全防护。因此，SAE 为 WPA3 带来更加安全的密钥验证机制，解决了 WPA2 所暴露的安全问题。

SAE 还可以防止离线字典或暴力破解密码。首先，SAE 对于多次尝试连接设备的终端会直接拒绝服务，断绝了采用穷举或者逐一尝试密码的行为。其次，SAE 还提供了前向保密功能。由于每次建立连接时密钥都是随机的，即使攻击者通过某种方式获取了密码，当攻击者再次建立连接时，密钥已经更换，也不能破解攻击者获取到的数据。

（3）用户接入认证和数据加密：用户接入认证是双向的，WPA3 为了防止密钥重装攻击（KRACK），SAE 机制将设备视为对等，不是一方请求另一方认证，而是任意一方都可以发起握手，独立发送认证信息，没有了来回交换消息的过程，这让 KRACK 无可乘之机。

（4）提升企业版安全性：WPA3 企业版在 WPA2 企业版的基础上，添加了一种更加安全的可选模式 WPA3-Enterprise 192 位，该模式提供了 192 位的 Suite-B 安全套件，将密钥长度增加至 192 位，进一步提升了密码防御强度。WPA3 企业版使用更加安全的 HMAC-SHA-384 算法，在四次握手阶段进行密钥导出和确认。WPA3 企业版使用更加安全的伽罗瓦计数器模式协议（GCMP-256），保护用户上线后的无线流量和组播管理帧。

1.4.7　华为 Wi-Fi 6 增强特性

华为除了按国际标准执行外，还将自身在 5G 技术领域取得的成果引入华为 Wi-Fi 6 中，主要体现在以下几个方面。

（1）智能天线技术。华为通过创新自研芯片、高集成度设计、散热技术，打造了业界领先的 5G Massive MIMO 智能天线。华为的 Wi-Fi 6 AP 全部使用源于华为 5G 天线技术的智能天线，它与传统的全向天线相比，在信号强度、干扰抑制上有很大提升，从而让信号的覆盖距离比传统的远 20%，信号干扰可以减少 15%。华为智能天线是可以定位信号源调整的天线阵列，并且根据信号源位置信息进行定向发送，就像探照灯集中光束追踪物体，获得更精准的效果。

除了硬件设计外，华为智能天线还采用了独家的波束选择算法，可以在极短的时间内，从数百种天线组合中选取最佳的天线组合，做到信号随用户而动，达到精准覆盖的目的。

（2）智能射频调优技术。无线网络优化是对无线网络的设备参数、天线等进行调整，从而使无线网络在无线覆盖、网络容量、系统性能等方面达到最优。华为将多年的运营商蜂窝无线网络优化经验移植到 Wi-Fi 中，从射频发射功率、信道、带宽等方面提供最优 Wi-Fi 网络。华为 Wi-Fi 6 AP 内置独立探针，实时对 2.4G 与 5G 环境进行扫描，而不是用工作射频扫描，干扰优化的准确性提升 30%。同时，华为通过 AI 技术分析无线网络历史干扰情况及 AP 负载情况，预测并自动配置 AP 的最佳信道。

（3）应用加速技术。华为 Wi-Fi 6 借鉴 5G 网络切片技术，核心交换机、WAC、AP 均支持层次化 QoS，识别和优先保障关键用户的关键应用，实现关键业务端到端的 QoS 保障。AP 检测和上报拥塞，WAC 上对拥塞 AP 预留专用通道，进行流量整形。同时 AP 为重点应用预留带宽：AP 根据应用权重，通过应用缓存数据量和空口发包速率等指标实时评估重点应用需要的频谱资源，实时分配带宽。

（4）无损漫游体验。华为将移动蜂窝网的无缝切换技术移植到 Wi-Fi 6 网络中，AP 会根据终端的移动轨迹预测终端的下一个漫游 AP 组；根据移动终端的信号质量等判断是否要求终端进行切换，如果满足要求，源基站会告知终端切换到目标基站，协助终端快速漫游到目标 AP。整个过程无丢包，有效解决终端黏性问题，保证移动用户的无间断通信。

当下，企业正向数字化转型，以网络为中心的数字化需要相互关联，移动接入互联是企业向数字化迈出的第一步。互联的基础是 Wi-Fi 网络，构建基于 Wi-Fi 6 的强大的无线网络应该是业务和 IT 领导者的首要举措，Wi-Fi 6 将满足更加广泛的新业务场景。

第2章
无线局域网技术基础

本章主要内容

　　本章重点介绍与射频相关的物理学基本概念和无线通信的物理层和数据链路层的技术实现，并对射频的特性及调制解调的方法进行原理性的讲解。掌握这些理论知识对于不同场景无线网络的设计部署及运维优化将有很大的指导作用。

2.1　无线射频基础知识介绍

2.1.1　无线电波

　　无线电波是电磁波的一种。电磁波又称电磁辐射，是由同相位且互相垂直的电场与磁场在空间中衍生发射的振荡粒子波，以波的形式传递能量和动量，其传播方向垂直于电场与磁场的振荡方向。无线电波如图 2-1 所示。

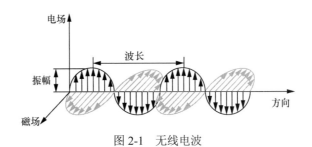

图 2-1　无线电波

　　无线电波是在自由空间传播的电磁波。波的一个物理参数是频率，另一个物理参数是波长。由于无线电波在自由空间传播的速度是一定的，当电磁波在真空中传输时，速度与光速相同，参照公式：波长=波速/频率，因此频率与波长成反比关系。无线电波的频率从 3kHz～300GHz，对应的波长为 10km～0.1mm。

　　频率描述了给定事件在特定时间间隔内发生的次数，电磁波的频率就是它的周期的倒数。

　　频率的标准测量单位是赫兹（Hz），如果某事件在一秒内发生一次，其频率就是 1Hz。电磁波循环的频率也是以 Hz 为单位，因此射频信号每秒循环的次数就是信号的频率。为了便于表示，更大的频率单位有 kHz、MHz、GHz 等，其中 1GHz=1000MHz，1MHz=1000kHz。

　　波长是射频信号在一个周期内实际经过的距离，即两个连续波峰或两个连续波谷之间的距离，如图 2-2 所示。无线电波在实际空间传播时，信号会减弱，波长较短的高频信号比波长较长的低频信号衰减得更快，一个原因是高频信号接收功率的有效区域比较小，另一个原因是高频信号穿越物理介质如混凝土墙时，衰减速度比低频信号要快。

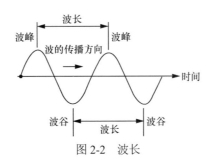

图 2-2　波长

无线电波具有波的相关特性，因此也可以用振幅、周期和相位等描述相关特性。

振幅用来表示信号的强弱，一般定义为连续波的最大位移，正弦波的正负波峰可以表示振幅，如图 2-3 所示。在提到无线电信号强度时，振幅通常称为发射振幅或接收振幅，由于传输有损耗，接收振幅一般小于发射振幅。

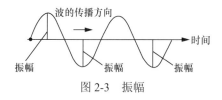

图 2-3　振幅

周期：从图 2-3 中可以看到，波在传播时，其形态在有规律地重复。我们找到相同位置的点，如坐标轴上的点，选取离得最近的两点且两点间所包含的区间波形与后续每隔两点的波形完全相同，这两点间就是一个周期，这两点对应横坐标（时间轴）的两个刻度差就是时间差，所以周期就是相同波形重复出现的最短时间，单位是分钟（min）、秒（s）、毫秒（ms）等。

相位不是单一射频信号的特性，它描述的是两个或多个同频信号之间的关系。无线电波的相位是在特定的时刻，波在循环中的位置；用相角表示相位在波峰、波谷或它们之间的某点的标度，通常以度（角度）或弧度作为单位。为了测定相位，将波长划分为360 份，每一份称为 1°。我们将 0° 作为波传播的起始时间，如果一个波在 0° 时开始传播，另一个波在 90° 时开始传播，就称二者 90° 异相。相同频率的两个波在不同时间传播会对电磁波的传输带来不同的影响，如果二者异相将导致电磁波的衰减。相位对信号的影响如图 2-4 所示。

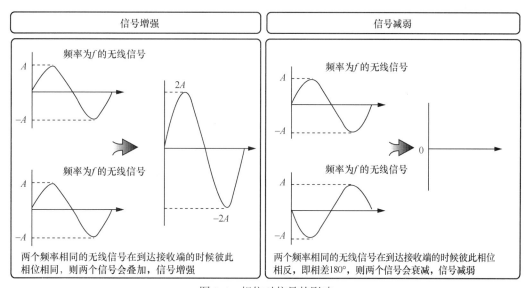

图 2-4　相位对信号的影响

企业无线网络使用的频率范围目前有 2.4GHz、5GHz 两个频段，未来将会开放 6GHz频段，那么不需要授权的 ISM 频段将达到 3 个。无线频谱如图 2-5 所示。

图 2-5 无线频谱

① 极低频（3～30Hz）：潜艇通信或直接转换成声音。
② 超低频（30～300Hz）：直接转换成声音或交流输电系统（50～60Hz）。
③ 特低频（300Hz～3kHz）：矿场通信或直接转换成声音。
④ 甚低频（3～30kHz）：直接转换成声音、超声、地球物理学研究。
⑤ 低频（30～300kHz）：国际广播。
⑥ 中频（300～3MHz）：调幅广播、海事及航空通信。
⑦ 高频（3～30MHz）：短波、民用电台。
⑧ 甚高频（30～300MHz）：调频广播、电视广播、航空通信。
⑨ 特高频（300MHz～3GHz）：电视广播、无线电话通信、无线网络、微波炉。
⑩ 超高频（3～30GHz）：无线网络、雷达、人造卫星接收。
⑪ 极高频（30～300GHz）：射电天文学、遥感、人体扫描安检仪。
⑫ 300GHz 以上：红外线、可见光、紫外线、射线等。

2.1.2 无线通信

信息通过对信源进行采样编码后，经数字信号处理器转换为便于电路计算和处理的数字信号，再经过信道编码和调制转换为无线电波发射出去。载波是无线通信的基础，是被调制的、用来传输信号的无线电波。载波的实质是特定频率的射频信号，可以是正弦波，也可以是非正弦波（如周期性脉冲序列）。发送设备和接收设备使用接口和信道连接。无线通信系统如图 2-6 所示。

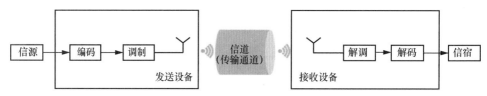

图 2-6 无线通信系统

通信中的编码要解决两个问题：一个是在将最原始的信息经过对应的编码，转换为数字信号的过程中，减少原始信息中的冗余信息，即在保证不失真的情况下，最大限度压缩信息，这是信源编码问题，比如视频采用 H.264 编码，音频则采用 G.711 编码；另一个是在信道存在干扰的情况下，如何增加信号的抗干扰能力，同时又使信息传输率最大，这是信道编码问题，信息在无线传输过程中容易受到噪声的干扰，导致接收信息出错，引入信道编码能够在接收设备上最大限度地恢复信息，降低误码率。WLAN 使用的信道编码方式有二进制卷积编码（BCC）和低密度奇偶检查码（LDPC），因此经过信道编码后，信息长度会有所增加。原始信息的占比可以用编码效率表示，简称码率，即编码前后的比特数量比。信道编码不能提高有效信息的传输速率，反而会有所降低，但提高了有效信息传输的成功率，因此通信协议选择合适的编码，就可以在性能和有效性中获得最佳的效果。

2.1.3 无线电波的调制

无线电振荡器产生的无线电波是等幅等频的，即标准的正弦波，需要用信号以一定的方式将其改变，才能将我们需要发送的信息传播出去。用信号以一定的方式改变等幅等频无线电波的过程就叫调制，即将各种数字基带信号转换成适用于信道传输的数字调制信号。解调过程与调制相反，即在接收端将收到的数字频带信号还原成数字基带信号。根据所控制调整的信号参量的不同，调制可以分为以下几种。

调幅：用信号的变化来改变无线电波振荡的幅度，也就是让电磁波振荡幅度随信号变化而变化，即通过用调制信号来改变高频信号的幅度大小，使调制信号的信息包含在高频信号中，然后通过天线把高频信号发射出去，也就把调制信号传播出去了。这时候在接收端把调制信号解调出来，也就是把高频信号的幅度解读出来，就可以得到调制信号。常见的就是中波、短波广播，还有航空频段。一般的收音机就是调幅接收机，由于其易受杂波干扰，因此信号保真度差；但优点是设备简单，适用频段广泛，即所有频段均可，因此被大量使用。

调频：使载波频率按照调制信号改变的调制方式，也就是让电波振荡频率随信号变化而变化。已调波频率变化的大小由调制信号的大小决定，变化的周期由调制信号的频率决定。已调波的振幅保持不变。常见的 UV 双段对讲机、车载台、手机就是调频，其优点是不易受一般杂波干扰，可以实现信号的高保真，缺点是需要一定的带宽，过低的无线电频率（如长波、中波）不能使用调频或使用效果不佳。

调相：载波的相位对其参考相位的偏离值随调制信号的瞬时值成比例变化的调制方式，称为相位调制，简称调相，即让电波振荡的相位角随信号变化而变化。例如数字信号 1 对应相位 180°，数字信号 0 对应相位 0°。调相的优点是抗干扰能力强；缺点是其电路和解调电路十分复杂。因此，除了在特殊的场合使用外，一般不被采用。

2.1.4 载波

调制的信号经发送设备发出就是载波，它是一个特定频率的无线电波，作为载体承载语音、视频、图像或其他信号。基本的载波如图 2-7 所示，信号在发射器产生，不带有任何信息，在接收器作为不变的信号出现。

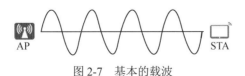

图 2-7 基本的载波

载波，从字面上可理解为承载信息的信号波，是被调制后用来传输信号的波形，一般为正弦波。一般要求载波的频率要高于调制信号的频率，即用来加载有用信息的波是高频载波。一般需要发送的数据的频率是低频的，如果按照本身的数据的频率来传输，不利于接收和同步。使用高频载波传输，可以将数据的信号叠加到载波的信号上，输入的数据信号就好像搭乘了一列高铁或一架飞机一样，接收方按照高频载波的频率来接收数据信号。发送的数据信号的频率与无意义的信号的频率是不同的，将这些信号提取出来就是需要的数据信号。

　　子载波就是载波通信中的一个子信道，一个信道就是一个特定频率的无线电波，每个用户用来收发信息的时候都是用同一频率承载信息的。为了提高载波的传输效率，主要是将指定信道分成若干个子信道，在每个子信道上使用一个子载波进行调制，并且各个子载波并行传输。OFDM 就是一种多载波调制技术，将信道分成若干个垂直的子信道，将高速数据信号转换成并行的低速子数据流，调制到每个子信道进行传输。子载波如图 2-8 所示。正交垂直的信号可以通过在接收端采用相关技术来分开，这样可以减少子信道之间的相互干扰。各个子载波在时域相互垂直，频谱相互重叠，因而具有较高的频谱利用率，除了在无线局域网中得到应用外，在 5G 通信中也得到了广泛的应用。

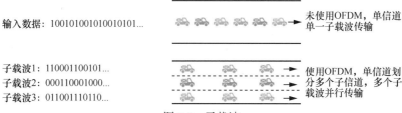

图 2-8　子载波

　　在图 2-8 中，将信道看成车道，在未使用 OFDM 时，单信道只能通过单一的子载波传输，就像同一时间只能通过一辆车，效率低下；使用 OFDM 后，就像将原本的宽车道划分成几个子车道，这样可以同时传输不同的子载波，大大提升了信道利用率。

2.1.5　无线电波传播方式及环境对无线的影响

　　常见的无线电波传播方式有 3 种：地波传播、天波传播、视距传播。

　　沿地球表面的空间传播的无线电波被称为地波。

　　依靠电离层的反射来传播的无线电波被称为天波。

　　电磁波中的微波和超短波既不能以地波的形式传播，又不能以天波的形式传播，它们跟可见光一样，是沿直线传播的，称为视距传播。这种沿直线传播的电磁波被称为空间波。这里主要讨论第三种方式。

　　由于无线电波在自由空间没有阻挡，电磁波传播只有直射，不存在其他现象。而在实际传播环境中，由于地面、室内存在各种各样的物体，空气的密度分布不均匀，空气的流动方向和速度是变化的，使无线电波传播时有和光类似的直射、反射和折射、绕射（衍射）等现象。另外，还有一部分信号来源于无线电波对建筑的穿透。这些都造成无线电波传播的多样性和复杂性。在不同波段内的无线电波具有不同的传播特性，具体如下。

　　① 吸收：无线射频遇到物理阻挡，大多数材料会不同程度地吸收一部分信号，这是导致无线信号衰减的主要原因。除了建筑材料外，高密度的人群也会导致信号衰减。

　　② 直射：在可视范围内可以看作无线电波在自由空间中传播。受到大气湿度和温度

的影响，还有其他射频的干扰，直射波在传播过程中会逐渐损耗，不会无限地传播。

③ 反射和折射：电磁波在传播过程中遇到障碍物，当障碍物的平面比较光滑、密度大时，它会反射大部分的入射能量，利用这个特性做出特殊的定向天线；当障碍物的密度很小但是大于空气时，电磁波在空气和障碍物的交界处会发生反射和折射，普通混凝土墙体会吸收大部分能量，剩下的被折射进入墙体的电磁波继续传播，此时信号会衰减。穿透损耗大小与电磁波频率有关，正如我们使用 Wi-Fi 的经验，5GHz 信号的穿墙能力明显强于 2.4GHz 信号。穿透损耗大小还与穿透物体的材料、尺寸有关，例如，玻璃是一种非常典型的绝缘体。光线在玻璃中传播时，吸收率很低，大部分被反射，少部分被折射；但不管是钢筋混凝土墙面，还是砖砌墙面，在不均匀介质中，电磁波就有不同程度的衰减。反射还有一个重要的影响是相同波长的反射波到达接收端时会引发多径效应。

④ 衍射：电磁波在传播过程中遇到障碍物，总是力图绕过障碍物，再向前传播。此时在障碍物周围出现的现象被称为衍射。衍射发生的条件取决于障碍物的形状、尺寸、材料等多种因素，还和射频本身的物理特性相关。超短波的绕射能力较弱，在高大建筑物后面会形成所谓的"阴影区"，射频阴影可能成为覆盖死角。当障碍物的尺寸与电磁波的波长接近时，电磁波可以从该物体的边缘绕射过去，绕射可以帮助覆盖阴影区域。

⑤ 散射：我们观察天空时，天空呈现蓝色，这就是大气尘埃散射的结果。简单来说，可以将散射理解为多次反射，电磁波在传播过程中遇到障碍物，当这个障碍物的尺寸小于电磁波的波长，并且单位体积内这种障碍物的数目非常巨大时，会发生散射。散射发生在粗糙物体、小物体或其他不规则物体表面，如树叶、街道标识和灯柱等。散射发生后，主信号会被分解为多个反射波束，向许多不同的方向传播。

无线射频的损耗又称衰减，指振幅或信号强度降低。无线射频发出后，经过反射、折射、衍射、吸收等导致振幅减小，这些因素是无线局域网设计的重要概念。即使没有干扰因素，无线射频信号在传输过程中也会衰减，这种现象称为自由空间路径损耗。自由空间路径损耗计算公式如下。

自由空间路径损耗=$32.4+20\times\lg f+20\times\lg d$

自由空间路径损耗的单位是 dB，f 是频率，d 是发送和接收天线之间的距离。根据公式可以得到距离和损耗的对应关系，见表 2-1。

表 2-1　路径和损耗的对应关系

距离/m	损耗/dB	
	2.4GHz 信号	5GHz 信号
1	40	46.4
10	60	66.4
100	80	86.4
1000	100	106.4

多径效应指电磁波经不同路径传播后，不同方向的电磁波分量到达接收端的时间不同，这些分量因相位相互叠加而造成干扰，使原来的信号失真或者产生错误。反射是产生多径效应的主要原因，比如电磁波沿不同的两条路径传播，而两条路径的长度正好相差半个波长，那么两路信号到达终点时正好相互抵消（波峰与波谷重合）。这种现象在以

前看模拟信号电视的过程中经常会遇到，如果信号较差，就会看到屏幕上出现重影，这是因为电视上的电子枪从左向右扫描时，后到的信号在稍靠右的地方形成了虚像。因此，多径效应是电磁波衰减的重要成因。多径效应对数字通信、雷达最佳检测等都有着十分重要的影响，常见的影响有以下 3 种。

① 信号增强，信号相位相异，振幅叠加。

② 信号减弱，信号相位相异，振幅相抵减小。

③ 信号消失，多个信号相位相异 180° 时，振幅互相抵消，信号被破坏。

增益：也称为放大，用于描述振幅或信号强度的增加。增益分为有源增益和无源增益两种。天线是无源器件，天线增益指在输入功率相等的条件下，实际天线与理想的辐射单元在空间同一点所产生的信号的功率密度之比。天线增益是入网测试时极其重要的标准，它表示天线的方向性和信号能量的集中程度。增益的大小影响天线发射信号的覆盖范围和强度。主瓣越窄，旁瓣越小，能量就越集中，那么天线增益就越大。一般来说，增加增益主要依靠减小垂直面方向辐射的波瓣宽度，而在水平面方向上保持全向的辐射性能，水平方向信号增强。

2.2　无线局域网频段介绍

2.2.1　无线局域网信道与频段

信道是传输信息的通道，无线信道就是空间中无线电波传输信息的通道。无线电波无处不在，如果随意使用频谱资源，那将带来无穷无尽的干扰问题，所以无线通信协议除了要定义允许使用的频段外，还要精确划分频率范围，每个频率范围就是信道。2.4GHz 信道如图 2-9 所示。

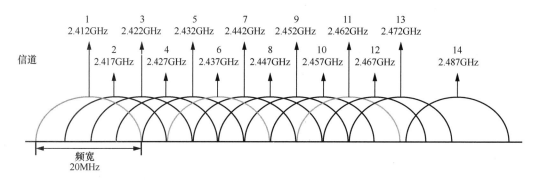

图 2-9　2.4GHz 信道

重叠信道：信道的频率实际会有一定的波动范围，每个信道的频率一般用波动范围的中心点表示。频率波动范围导致在一个空间内会存在重叠信道，例如信道 1 和信道 2 的频率有较大重叠，如图 2-9 所示，信道重叠将会产生波的干扰问题。

非重叠信道：为了避免同频干扰，需要选择频率范围不重叠的信道。在传统认知上，2.4GHz 信道只有 1、6 和 11 才是非重叠信道，这是考虑兼容 802.11b（带宽为 22MHz）的原因。对于 802.11，DSSS 信道必须间隔 30MHz 才能认为频率不重叠，而 802.11b/g

间隔是 25MHz 就认为两个信道不重叠。5GHz 信道的中心频率必须相隔 20MHz 才能认为两个信道不重叠。这样定义的意义在于两个 AP 有重叠的覆盖区域来保障漫游，不因频率重叠引起性能降低。

邻信道：指当前信道的前一个信道或者后一个信道。邻信道设计不当将导致频率空间重叠干扰，进而引起性能降低。

2.2.2　2.4GHz 频段及信道分配

在 2.4GHz 频段上，802.11 工作组定义每两个信道的中心频率相隔 5MHz 的整数倍。信道中心频率和信道编号之间的关系如下，信道中心频率的单位为 MHz。

信道中心频率=2407+5×n_{ch}

其中，$n_{ch}=1,2,3,\cdots,13$，n_{ch} 代表信道编号。单独定义 14 信道的中心频率为 2.484GHz，14 信道目前仅日本允许使用。在实际建网进行频率规划时，相邻区域应尽量使用互不交叠的信道以减少彼此干扰。2.4GHz 频段的频率范围是 2.4～2.5GHz，带宽为 100MHz。图 2-9 展示了 2.4GHz 频段的所有信道，包含这些信道的重叠部分，信道 1、6、11 为不重叠信道，彼此之间相隔 5 个信道，虽然 2 和 9 信道也不重叠，但是找不出第 3 个信道，所以一般都使用 1、6、11 作为 2.4GHz 不重叠的信道使用。

2.2.3　2.4GHz 频段使用情况

2.4GHz 频段一直是无线网络通信中最常用的频段，其频谱具体的分配使用情况由特定地域管理范围（如全球的、国家（地区）的）管理机构负责，这意味着生产厂商生产的无线设备进入某一个国家或地区必须和当地管理机构规定的频段一致并取得许可。2.4GHz 频段可以划分为 14 个独立不干扰信道，具体配置情况见表 2-2。

表 2-2　2.4GHz 频段信道配置情况

信道编号	中心频率/MHz	中国	北美洲	欧洲
1	2412	是	是	是
2	2417	是	是	是
3	2422	是	是	是
4	2427	是	是	是
5	2432	是	是	是
6	2437	是	是	是
7	2442	是	是	是
8	2447	是	是	是
9	2452	是	是	是
10	2457	是	是	是
11	2462	是	是	是
12	2467	是	否	是
13	2472	是	否	是
14	2484	否	否	否

从表 2-2 可以看出,不同区域的管理机构允许的信道有所不同。除了无线局域网外,微波炉、家用无绳电话、蓝牙摄像装置也使用 2.4GHz 的相同频段,还有物联网协议,如 ZigBee 也使用该频段,这使 2.4GHz 频段相当拥挤,信道在特定场所将互相干扰。

2.2.4 2.4GHz 频段信道绑定

通过将相邻的两个甚至多个不重叠信道绑定到一起,作为一个信道来使用,可以使传输速率成倍提高。对于无线技术,提高所用频谱的宽度,可以最直接地提高吞吐量,就好比马路变宽了,车辆的通行能力自然提高。信道绑定如图 2-10 所示。

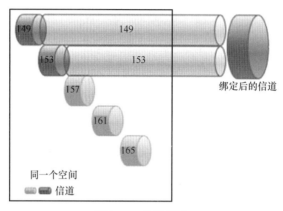

图 2-10 信道绑定

在 802.11 协议中,空口大部分工作在 20MHz 带宽,通过将相邻的两个 20MHz 信道绑定成 40MHz,使传输速率成倍提高。在实际工作中,一个为主带宽,另一个为次带宽,收发数据时既能以 40MHz 的带宽工作,又能以单个 20MHz 带宽工作。为了避免相互干扰,原本每 20MHz 信道之间都会预留一小部分的带宽,当采用信道绑定技术工作在 40MHz 带宽时,这一部分预留的带宽也可以被用来通信,进一步提高吞吐量。40MHz 信道模式虽然可以获得更多的频谱利用率,获得 20MHz 模式两倍的吞吐量,但是 40MHz 信道模式对于 2.4GHz 频段有限的频谱资源来说有些尴尬,因为 2.4GHz 频段中最多只有 4 个非重叠信道,最多只能隔着两个相互不干扰的 40MHz 信道,形成一个捆绑的 40MHz 信道,所以在现网中应用较为困难,目前主要是在 5GHz 频段进行信道捆绑。

2.2.5 5GHz 频段与信道分配

在 5GHz 频段上,802.11 工作组定义每两个信道的中心频率相隔 5MHz 的整数倍。信道中心频率和信道编号之间的关系如下。

信道中心频率$=5000+5\times n_{ch}$

其中,$n_{ch}=0,1,2,3,\cdots,200$,共有 201 个通道。这给出了在 5～6GHz 以 5MHz 为信道间隔的编号方法,也为现行及将来的管理域中的信道设置提供了灵活性。5GHz 频段的频率范围是 5.725～5.875GHz,带宽为 150MHz。

根据 802.11a 修正案,可以使用 U-NII-1(5.150～5.250GHz)、U-NII-2(5.250～5.350GHz)、U-NII-3(5.725～5.825GHz)及 U-NII-2C(5.470～5.725GHz)频段,总共

555MHz 的射频信道。每相邻信道间的中心频率相隔 20MHz。

U-NII-1：U-NII 的低频段，频率范围是 5.150～5.250GHz，带宽为 100MHz，包含 4 个 20MHz 信道，最初仅限室内使用，法规要求使用集成天线，功率限制为 50mW。2014 年 FCC 更改了规则，允许室外运行，可以使用可拆卸大线。各国（地区）的 5GHz 功率和传输规定有所不同。

U-NII-2：首先是 U-NII-2A，频率范围是 5.250～5.350GHz，不论是在室内还是在室外，无线控制系统在使用信道前应对信道的可用性进行检测，并在静默期通过监听信道来判定附近是否有雷达信号存在。如果某个信道上有雷达信号存在，则通过 DFS 功能告知客户离开该信道，以避免雷达干扰。法规允许用户安装天线，功率限制为 250mW。其次是 U-NII-2C，早期名称是 U-NII-2e，频率范围是 5.470～5.725GHz，使用要求和 U-NII-2A 一致。最后是 U-NII-2B，频率范围是 5.350～5.470GHz，目前 FCC 未将该 120MHz 频谱分配给未经许可范围使用。

U-NII-3：U-NII 的高频段，频率范围是 5.725～5.850GHz，带宽为 125MHz，共 5 个 20MHz 信道。该频段一般用于室外点对点通信，美国和欧洲对该频段的使用要求不完全一致。在 5.8GHz 频段中，中国只开放 149、153、157、161、165 这 5 个信道。

未来可能开放的频段是 U-NII-4，频率范围为 5.850～5.925GHz。随着无人自动驾驶技术的重大创新，致力于盲点侦测等高级的安全功能将会依赖 U-NII-4 频段实现。

2.2.6　5GHz 频段使用情况

5GHz 频段的频谱分配由地域管理范围管理机构负责。在一些管理区域内，基于 OFDM 物理层的无线局域网可以使用若干个频段。这些频段可以是连续或不连续的，以不同的规则进行限制。5GHz 频段信道配置见表 2-3。

表 2-3　5GHz 频段信道配置

信道编号	中心频率/MHz	中国	北美洲	欧洲
36	5180	是	是	是
40	5200	是	是	是
44	5220	是	是	是
48	5240	是	是	是
52	5260	DFS/TPC	是	是
56	5280	DFS/TPC	是	是
60	6300	DFS/TPC	是	是
64	5320	DFS/TPC	是	是
100	5500	是	是	是
104	4420	是	是	是
108	5540	是	是	是
112	5560	是	是	是
116	5580	是	是	是

（续表）

信道编号	中心频率/MHz	中国	北美洲	欧洲
120	5600	是	是	是
124	5620	是	是	是
128	5640	是	是	是
132	5660	是	是	是
136	5680	是	是	是
140	5700	是	是	是
149	5745	是	是	否
153	5765	是	是	否
157	5785	是	是	否
161	5805	是	是	否
165	5825	是	是	否

动态频率调整（DFS）和发射功率控制（TPC）是 Wi-Fi 认证中的测试内容。在我国，表 2-3 中标注 DFS/TPC 的信道，其频率与军方的雷达倍频频率相同，军方优先使用该频率，民用的无线设备需自动避开军方所使用的频率，由此衍生出 DFS 和 TPC 的使用要求。

2.2.7　5GHz 频段信道绑定

802.11a 协议可以支持 20MHz 带宽；802.11n 协议可以支持 20MHz 和 40MHz 两种带宽，其中 20MHz 信道带宽是必须支持的，可以选择绑定两个信道支持 40MHz 信道；类似的，802.11ac 协议可以支持 20MHz、40MHz、80MHz、80+80MHz（不连续，非重叠）和 160MHz 带宽，其中 20MHz、40MHz、80MHz 是必须支持的，80+80MHz 和 160MHz 是可选项。图 2-11 以北美频谱为例，给出了 802.11ac、802.11n 及 802.11a 的信道对比和信道绑定的组合情况。需要说明的是，对于 160MHz 的信道，802.11ac 可以支持连续的两个 80MHz 的信道或不连续的两个 80MHz 的信道。

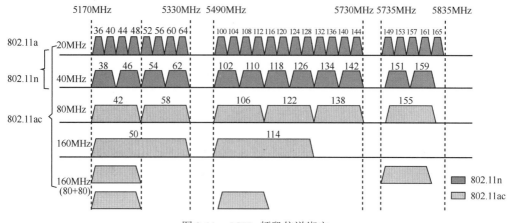

图 2-11　5GHz 频段信道绑定

对于绑定的两个连续载波，其中一个作为主信道，另一个作为次信道，如 149 和 153 绑定，可以使用 149 作为主信道，153 作为次信道，也可以使用 153 作为主信道，149 作为次信道。在混合的 20/40MHz 环境中，AP 通过主信道发送所有的控制和管理帧，次信道用于在 40MHz 带宽时与主信道捆绑发送数据帧。在同样的环境中，所有 20MHz 用户只和主信道相关，因为指示分组只在主信道中传输。

2.2.8　6GHz 频段信道及使用情况

Wi-Fi 7 标准第一版草案于 2021 年发布，是无线局域网发展的一个里程碑。2020 年 4 月 23 日，FCC 允许非授权使用 6GHz 频段（5.925～7.125GHz）。WLAN 是第一个支持 6GHz 非授权频段的无线通信技术，以美国为例，目前使用的 2.4GHz 和 5GHz 频段提供了总计 572MHz 的频率资源。6GHz 频段的增加使可用资源是以前的 3 倍。图 2-12 展示了 WLAN 频段对比情况。

图 2-12　WLAN 频段对比情况

2.4GHz 频段的可用非重叠信道频率范围是 2.412～2.484GHz，仅 72MHz 可用。

5GHz 频段的可用非重叠信道频率范围分为 4 部分，U-NII-1 的可用非重叠信道频率范围为 5.180～5.240GHz；U-NII-2A 的可用非重叠信道频率范围为 5.260～5.320GHz；U-NII-2C 的可用非重叠信道频率范围为 5.500～5.720GHz；U-NII-3 的可用非重叠信道频率范围为 5.745GHz～5.825GHz。

在 W-Fi 7 正式商用之前，Wi-Fi 6E 在 6 代的基础上扩展对 6GHz 频段的支持。6GHz 频段的频率范围是 5925～7125MHz，用光速除以频率得到波长为 4.21～5.06cm，那么 6GHz 频段的波长就是厘米波。6GHz 频段有 110 个信道，共有 1200MHz 带宽，使用中有 60 个 20MHz 信道互不重叠，可在同一覆盖区域内使用。按信道绑定数量来看，6GHz 频段可以包含 7 个 160MHz 信道、14 个 80MHz 信道、29 个 40MHz 信道，如图 2-13 所示。

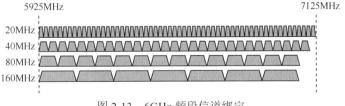

图 2-13　6GHz 频段信道绑定

Wi-Fi 6E 极大拓展了 Wi-Fi 频段，显著降低现有频段的拥塞，对减少日常 Wi-Fi 同频干扰会有很大帮助。目前世界各地对 6GHz 频段的划分尚未完全明确一致，除了北美、南美国家外，韩国、沙特阿拉伯全部开放，欧盟和英国开放 5.925～6.425GHz 部分频段，我国暂时未定。

新增的 6GHz 频段将解决当前很多问题，具体如下。

① 高并发：Wi-Fi 6E 新增了 1200MHz 频谱资源。对比 2.4GHz 和 5GHz，6GHz 频段的频谱资源比前两者相加还要多。新增的信道将缓解信道拥塞的问题，提高并发率。

② 大带宽：6GHz 频段提供了更多个 160MHz 信道，使 160MHz 信道能够在实际中使用成为可能，是解决大带宽应用的最佳方法。

③ 低时延：Wi-Fi 6E 的设备通常同时支持 2.4GHz、5GHz 和 6GHz 这 3 个频段。6GHz 频段仅在 Wi-Fi 6E 的设备上运行，两者分离可确保增加敏感型应用程序的时延。所以 6GHz 频段更适合需要更大数据吞吐量、更低时延的应用，例如统一通信、云计算、AR/VR 等应用。

不过 6GHz 频段也有自己的劣势，6GHz 频段的波长更短，短波适合高速传输，但是不适合长距离传输，因为衰减更大。

2.2.9　吞吐量与带宽

无线通信在一段受限的频率范围内进行，这段频率范围称为频段带宽。除了频率外，数据编码、调制、介质竞争与加密都会影响数据传输的速率。数据传输的速率也称数据带宽。比如一个无线产品的标称速率是 300Mbit/s，一般会认为这台设备的数据吞吐量是 300Mbit/s，而实际上，该设备采用半双工方式工作，只有一个终端时测定的吞吐量约为 150Mbit/s。由于共享无线介质的原因，如果 5 个用户同时下载相同的文件，那么每个客户端实际分配的吞吐量约为 30Mbit/s。使用 802.11n 和 802.11ac 标准的无线接口在理想条件下的吞吐量可以达到标称速率的 65%。

2.3　802.11 物理层技术

2.3.1　802.11 物理层基本概念

国际标准化组织（ISO）建议的开放系统互连（OSI）模型将网络通信协议体系分为 7 层。局域网协议的结构主要包括物理层和数据链路层，其中底层为物理层，局域网采用不同传输介质，对应不同的物理层，如有线网的传输介质是双绞线或光缆，而无线局域网的主要传输介质是电磁波。无线局域网的物理层结构如图 2-14 所示。

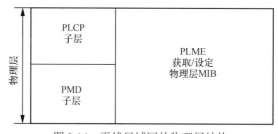

图 2-14　无线局域网的物理层结构

① 物理层管理实体（PLME）：执行本地物理层的管理功能，直接控制并与无线收发器通信，负责激活发送或接收数据包的无线设备，选择信道的频率并确保该信道当前没有被任何一个其他网络所使用。

② PLCP 子层：是 MAC 层与物理介质相关（PMD）子层或物理介质的中间桥梁。它规定了如何将 MPDU 映射为合适的帧格式用于收发用户数据和管理信息。

③ PMD 子层：在 PLCP 子层之下，直接面向无线介质。它定义了两点和多点之间通过无线媒介收发数据的特性和方法，为帧传输提供调制和解调。

IEEE 802.11 一系列的协议及子集定义了无线协议的工作频段、调制编码方式及支持的最大速度。射频传输方式主要分为窄带传输和扩频传输两类。窄带传输采用极窄的带宽来发送数据，而扩频传输采用超出实际所需的带宽来发送数据。窄带信号的峰值功率远远高于扩频信号，为了避免干扰，窄带传输需要相关管理机构授权，扩频传输功率小，传输距离和范围有限，不需要授权即可自由使用。

2.3.2　扩频技术

扩频技术是无线局域网传输数据使用的技术，其工作原理是利用数学函数将信号功率分散至较大的频率范围。只要在接收端进行反向操作，就可以将这些信号重组为窄带信号；更重要的是，所有窄带噪声都会被过滤掉，因此信号可以清楚地重现。一般地扩频通信系统要进行 3 次调制和相应的解调：第一次调制为信息调制（编码），第二次调制为扩频调制，第三次调制为射频调制；与它们相对应的为信息解调（解码）、解扩调制及射频解调。扩频通信的理论基础是信息论中的香农定律，具体如下。

$$C=B\log_2 (1+S/N)$$

C 为信道容量，B 为信道带宽，S 为信号功率，N 为噪声功率，从公式看出信道容量与信道带宽成正比，信道容量同时还取决于系统信噪比及编码技术种类。

802.11 采用的扩频技术有 3 种：DSSS、FHSS、OFDM。

（1）DSSS 就是把要传送的信息直接通过高码率的扩频码序列进行编码，然后对载波进行调制以扩展信号的频谱。接收端在收到发射信号后，首先通过伪随机码同步捕获电路来获取随机码精确相位，并由此产生跟发送端的伪码相位完全一致的伪码相位作为本地解扩信号，以便能够及时恢复数据信息，完成直接序列扩频信号的接收。例如，在发送端将"1"用 11000100110 代替，而将"0"用 00110010110 代替，这个过程就实现了扩频，调制后与伪随机码进行相乘运算后形成复合码发送。接收端用与发送端完全同步的伪随机码对接收信号进行解码后，再经解调器还原输出原始数据信息。

DSSS 技术的主要特点如下。

① 有较强的抗干扰能力。扩频技术的重要参数是扩频增益，它加强了系统的信号输出与信号输入的比率，降低了干扰、噪声对用户通信的影响。

② 具有很强的抗截获和防侦查、防窃听能力，保密性好。在实际应用中，原始信号加上伪随机码经过扩频处理后，高速率的扩频码频谱带宽通常是原始低速信息的几十倍或者几千倍，它的功率谱密度很低，单位时间内的能量很小，同时它的频带宽，因此，它具有很强的抗截获性。换句话说：信号经过扩频调制后，频谱扩展，信号的功率谱密度降低，接收端接收到的信号谱密度比接收机噪声低，即信号完全混合在噪声中，这样对

其他同频段电台的接收不会形成干扰，信号也不容易被发现，进一步检测出信号就更难，所以有非常高的隐蔽性，适合保密通信，尤其适用于军事领域的通信。

　　③ 频带利用率高，抗多径干扰能力强。无线电波在传播的过程中，除了直接到达接收天线的直射信号外，还会有各种反射体（如大气对流层、建筑物、高山、树木、水面、地面等）引起的反射和折射信号被接收天线接收。反射和折射信号的传播时间比直射信号长，它对直射信号产生的干扰称为多径干扰。多径干扰会造成通信系统的严重衰落甚至无法工作。由扩频序列的自相关函数的特性知道，当两个接收信号序列相对时间超过码元宽度时，相关器输出值为码长的倒数，故干扰被很大程度地抑制掉。

　　（2）FHSS 是用伪随机码序列进行频移键控调制，使载波频率不断地、随机地跳变，这样的通信方式比较隐蔽也难以被截获。如果将整个频带和持续时间划分为二维网格，那么在任何给定的时间，信号会使用不同的频率信道进行通信，而且频率转换不是以循环的、顺序的方式完成的，而是以随机可变的方式进行的，如图 2-15 所示。

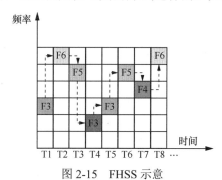

图 2-15　FHSS 示意

　　FHSS 的随机性相当于增加了另一个只能在发送器和接收器之间解码的安全层，使其具有较高的抗窄带干扰能力和较强的抗恶意拦截和封锁的能力。此外，跳频信号相互干扰小，可以和其他传统通信共享带宽，实现更高的频谱效率，成为对许多不同应用有吸引力的解决方案。

　　（3）OFDM 将可用信道划分为互相垂直的子信道，如图 2-16 所示，然后对每个子信道要传送的部分信号进行平行编码。正交的子信道对应的载波通常被称为子载波，各个子载波相互垂直，扩频调制后的频谱可以相互重叠，不但减少了子载波间的相互干扰，还提高了频谱利用率。将信道划分成正交子信道就是为了提升频谱利用率。这些子载波是相互正交的，意味着这些子载波相互之间没有干扰，可以尽可能地靠近，甚至叠加。

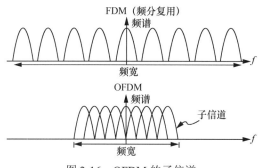

图 2-16　OFDM 的子信道

当一个子载波到达波峰的时候，另一个子载波振幅为 0，即两个子载波为正交无干扰，这就是 OFDM，如图 2-17 所示。

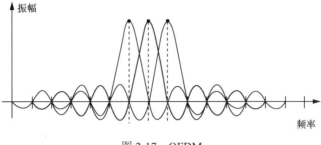

图 2-17　OFDM

可用信道被分为 3 个正交的子载波，每个子载波在波峰均作为数据编码使用。当每个子载波处在波峰时，其他 2 个子载波的振幅均为0。在对 OFDM 符号进行解调的过程中，需要提取的频点正是每个子载波频谱的最大振幅值，因此，从多个相互重叠的子载波符号中提取每一个子载波符号时，不会受到其他子载波的干扰，从而避免 OFDM 符号产生载波间干扰。

在这里还必须提到 OFDMA 技术，它是 OFDM 技术的演进，是将 OFDM 技术和频分多址（FDMA）技术结合，利用 OFDM 对信道进行子载波化后，在部分子载波上加载传输数据的传输技术。OFDMA 又分为子信道 OFDMA 和跳频 OFDMA。

802.11ax 之前，数据传输采用的是 OFDM 模式，用户是通过不同时间片段区分出来的。每一个时间片段，一个用户完整占据所有的子载波，发送一个完整的数据包。OFDM 工作模式如图 2-18 所示。

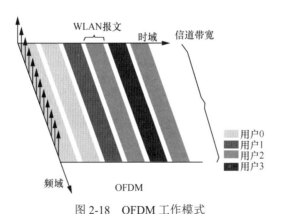

图 2-18　OFDM 工作模式

802.11ax 引入了更高效的 OFDMA，它通过将子载波分配给不同用户并在 OFDM 系统中添加多址的方法来实现多用户复用信道资源。迄今为止，OFDMA 已被许多无线技术采用，例如 3GPP、LTE，具体方法是将子载波进行切分，信道资源被分成固定大小的 RU，每个 RU 至少包含 26 个子载波，用户是根据时频 RU 区分出来的。在 OFDMA 模式下，用户的数据被承载在每一个 RU 上，故从时频资源来看，每一个时间片上，有可能有多个用户同时发送。OFDMA 工作模式如图 2-19 所示。

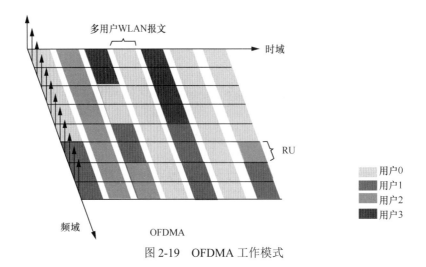

图 2-19　OFDMA 工作模式

与 OFDM 相比，OFDMA 有两个好处。

（1）资源分配更合理。在部分用户信道质量不好的情况下，OFDMA 可以根据信道质量分配发送功率，从而更合理地分配信道时频资源。

（2）提供更好的 QoS。在 OFDM 下，单个用户是占据整个信道的，如果其他用户有一个数据包需要发送，一定要等之前用户发送完毕并释放整个信道才可以占用该信道，所以会存在较长的时延。在 OFDMA 下，由于一个发送者只占据信道的一部分，所以能够减少节点的接入时延。

跳频 OFDMA：OFDMA 对子信道（用户）的子载波分配相对固定，即某个用户在相当长的时间内使用指定的子载波组（这个时长由频域调度的周期而定）。在跳频 OFDMA 中，分配给一个用户的子载波资源快速变化，用户在所有子载波中抽取若干子载波使用。同一时隙，各用户选用不同的子载波组，如图 2-20 所示。与基于频域调度的子信道不同，跳频 OFDMA 对子载波的选择通常不依赖信道条件而定，而是随机抽取。在下一个时隙，无论信道是否发生变化，各用户都跳到另一组子载波发送，但用户使用的子载波仍不冲突。

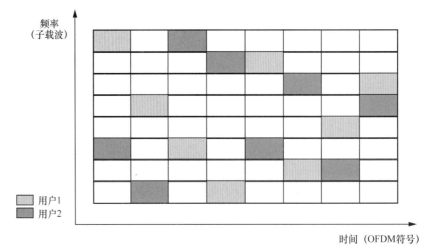

图 2-20　跳频 OFDMA

2.3.3　数字调制方式

根据电磁波的 3 个特征——振幅、频率和相位，可以将数字信号的调制技术归为 3 类，分别是幅移键控（ASK）、频移键控（FSK）和相移键控（PSK）。另外，还有一种将 ASK 和 PSK 结合起来的机制称为正交调幅（QAM），调制效率最高，调制后无线电波的微小变化正是叠加数字信号的结果。

① ASK：通过改变载波的振幅来表示 0 和 1，实现简单，但抗干扰能力弱。

② FSK：通过改变载波的频率来表示 0 和 1，实现简单，抗干扰能力强，常用于低速的数据传输。

③ PSK：通过改变载波的相位来表示 0 和 1，也被称为 MPSK。M 表示符号的种类，如 BPSK（2PSK）、QPSK（4PSK）、16PSK、64PSK 等，常用的是 BPSK 和 QPSK。最简单的 BPSK 是用 0° 和 180° 共 2 个相位表示 0 和 1，即 2 种符号，传递 1 比特的信息；QPSK 则使用 0°、90°、180° 和 270° 共 4 个相位，表示 00、01、10 和 11 共 4 种符号，传递 2 比特的信息，其传输的信息量是 BPSK 的 2 倍，如图 2-21 所示。

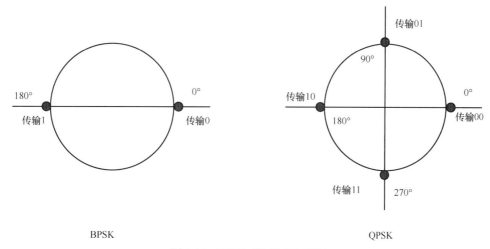

图 2-21　BPSK 和 QPSK 调制

④ QAM：使用两个正交载波进行振幅调制，1 个符号能够传递更多的信息，也被称为 N-QAM。N 表示符号的种类，包含 16-QAM、64-QAM、256-QAM、1024-QAM 等。N 越大，数据传输速率越大，但误码率也会提高。

在 WLAN 实际应用中，使用的信号调制方式有 BPSK、QPSK 和 QAM。随着应用的发展，QAM 成为主要的信号调制方式，下面重点介绍 QAM。

通过 BPSK 和 QPSK 的对比可知，随着相位数的增加，1 个符号传输的比特数也随之增加，那么相位数是不是可以无限制地一直增加呢？答案是否定的，因为相位数一旦增加到一定程度，相邻相位之间的相位差会变得非常小，调制后的信号抗干扰能力就会降低。此时，QAM 应运而生。下面以 16-QAM 为例介绍 QAM 的原理。

16-QAM 就是通过调整振幅和相位，组合成 16 个不同的波形，分别代表 0000，0001……相当于 1 个符号传输 4 比特的信息，如图 2-22 所示。

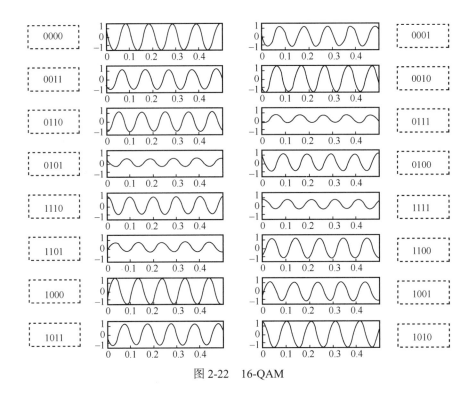

图 2-22   16-QAM

数据经过信道编码后得到 $S_3S_2S_1S_0$，首先将编码映射到星座图上，如图 2-23 所示，形成复数调制符号，然后采用振幅调制的方式将符号的 I、Q 分量（对应复平面的实部和虚部，也就是水平和垂直方向）分别调制在对应的相互正交（时域正交）的两个载波 $\cos(\omega t)$ 和 $\sin(\omega t)$ 上，最后叠加形成调制后的信号。

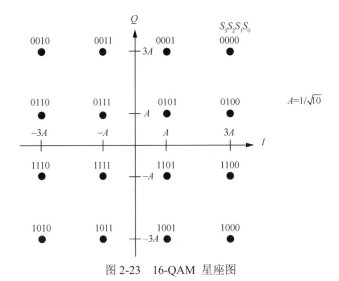

图 2-23   16-QAM 星座图

星座图采用的是极坐标。星座图中的每一个点都可以用一个夹角和该点到原点的距离表示。前文提到过 QAM 是一种同时调制相位和振幅的方式，星座图上这个夹角就是调制的相位，距离就代表调制振幅。

2.4　802.11 数据链路层技术

2.4.1　802.11 帧格式

数据在计算机间传递的过程中，从 OSI 模型上层逐步向下移至物理层，最终在物理层被转移到其他设备。数据按 OSI 模型传输时，每层都将在数据上添加报头信息，使它被另一台计算机接收时可以重新组合数据。在网络层，来自 4～7 层的数据被添加 IP 报头。第 3 层的 IP 数据包封装了来自更高层的数据。在数据链路层，IP 数据包被封装在帧内并增加了 MAC 报头。和有线网络的数据链路一样，802.11 数据链路层分为两个子层，上层为逻辑链路控制（LLC）子层，下层为 MAC 子层。IEEE 802.11 协议主要定义了 MAC 子层的操作功能。最终，当帧到达物理层时，数据将按比特格式传输，在数据链路层会被增加携带不同设备的 MAC 层报头。

IEEE 802.11 MAC 帧按照功能可分为数据帧、控制帧与管理帧三大类。数据帧是用户间交换的数据报文；控制帧是协助发送数据帧的控制报文，例如 RTS、CTS、ACK 帧；管理帧负责无线终端和 AP 之间通信的协商、认证、关联等管理工作，例如信标（Beacon）帧、探测（Probe）帧、认证（Authentication）帧、关联（Association）帧。不论哪种类型的帧，均由三大部分组成。802.11 帧格式如图 2-24 所示。

			帧首部				帧主体	帧尾部
Frame Control	Duration ID	Address1	Address2	Address3	Seq-ctl	Address4	Frame Body	FCS
2字节	2字节	6字节	6字节	6字节	2字节	6字节	0～2312字节	4字节

图 2-24　802.11 帧格式

① 帧首部：最大 30 字节（IEEE 802.11n 的帧 MAC 首部最大为 36 字节），帧的复杂性集中在帧的首部。

② 帧主体：帧的数据部分，为可变长度，最大长度为 2312 字节（IEEE 802.11n 的帧主体最大为 7955 字节）。

③ 帧尾部是帧校验序列（FCS），共 4 字节，包含一个 32 比特的循环冗余检验。

802.11 帧包含一个按给定顺序出现的字段集，但并不是所有帧类型中都必须出现这些字段。802.11 帧的各个字段含义如下。

① Frame Control：帧控制，有许多标识位，表示本帧的类型等信息。802.11 帧 Frame Control 字段如图 2-25 所示。

Protocol	Type	Subtype	To DS	From DS	More Fragments	Retry	Pwr Mgmt	More Data	Protected Frame	Order
2比特	2比特	4比特	1比特	1比特	1比特	1比特	1比特	1比特	1比特	1比特

图 2-25　802.11 帧 Frame Control 字段

- Protocol：表示 802.11 协议版本，目前 802.11 数据帧只有一个版本，该字段为 0。
- Type：表示 802.11 帧的类型，为 00 时是管理帧，为 01 时是控制帧，为 10 时是数据帧。
- Subtype：子类型，具体到某一类型的 802.11 帧，更加详细地表明其类型。
- To DS：表示该帧是由终端向 AP 发送的，上行帧。
- From DS：表示该帧是由 AP 向终端发送的，下行帧。
- More Fragments：表示该帧是否有更多的分片。
- Retry：表示该帧是否需要重传。
- Pwr Mgmt：Power Management，电源管理。如果该字段为 1，则表示终端在发送完本帧后，将关闭天线，进入休眠状态。但是 AP 不允许关闭天线，因此在 AP 发送的数据帧中，该字段恒为 0。
- More Data：表示在该帧传送完成后，将会有后续的数据。该字段只用于数据帧，在控制帧中该字段恒为 0。
- Protected Frame：如果该字段为 1，表示该帧受到链路层安全协议的保护。
- Order：如果该字段为 1，表示帧和帧分片将会严格按照次序传送，但是这样会给发送端与接收端带来额外的开销。

② Duration ID：持续时间和 ID 位，该字段一共有 2 字节（16 比特）。根据第 14 位和 15 位的取值，该字段有以下 3 种类型的含义。
- 当第 15 位取值为 0 时，该字段表示数据帧传输要使用的时间。这与无线局域网传输介质有关，单位为微秒。
- 当第 15 位取值为 1，第 14 位取值为 0 时，该字段用于让没有收到 Beacon 帧的 STA 得以公告免竞争时间。
- 当第 15 位取值为 1，第 14 位取值为 1 时，该字段主要用于 STA 告知 AP 其将要关闭天线，进入休眠状态，并委托 AP 暂时存储发往该 STA 的数据帧。此时该字段为一种标识符，以便在 STA 解除休眠后从 AP 中获得为其暂存的帧。

③ Address：MAC 地址，从 Address1 到 Address4 共有 4 个 MAC 地址。该字段有以下 5 个类型。
- SA：源地址，发送端 MAC 地址。
- DA：目的地址，接收端 MAC 地址。
- TA：发送端地址，发送端无线接口的 MAC 地址。
- RA：接收端地址，接收端无线接口的 MAC 地址。
- BSS：基本服务集，接入点接口的 MAC 地址。

④ Seq-ctl：顺序控制位，该字段用于数据帧分片时，重组数据帧分片及丢弃重复帧。

⑤ Frame Body：帧承载的数据包。

⑥ FCS：帧校验序列，主要用于检查帧的完整性。

2.4.2 数据帧

当 Type 字段为 10 时，表示该帧为数据帧，它会将上层协议的数据置于帧主体加以传递。传递会用到哪些地址字段，取决于该数据帧所属的类型。数据帧的地址字段见表 2-4。

表 2-4　数据帧的地址字段

	分布系统收	分布系统发	地址 1	地址 2	地址 3	地址 4
BSS	0	0	DA/RA	SA/TA	BSSID	未用
AP 收	1	0	BSSID/RA	SA/TA	DA	未用
AP 发	0	1	DA/RA	BSSID/TA	SA	未用
无线分布系统	1	1	BSSID/RA	BSSID/TA	DA	SA

表 2-4 中相关字段的含义如下。

① 分布系统是接入点间转发帧的骨干网络，因此通常称为骨干网络，一般可以理解为以太网。

② DA：目的地址。

③ RA：接收端地址。

④ SA：源地址。

⑤ TA：发送端地址。

⑥ BSSID：基本服务集标识符。一个 AP 覆盖的范围构成一个 BSS，而 BSSID 用来标识 BSS，表示 AP 的数据链路层的 MAC 地址。

数据帧地址字段的应用场景如图 2-26 所示。

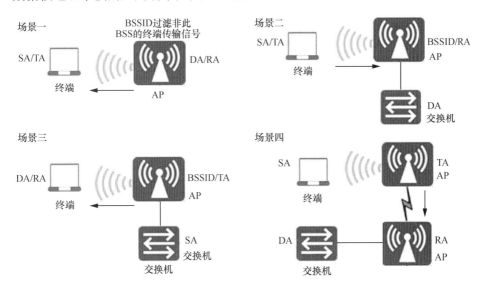

图 2-26　数据帧地址字段的应用场景

场景一：信号从 AP 发出，终端希望关联 AP，BSSID 过滤非此 BSS 的终端传输信号。SA 和 TA 是终端，DA 和 RA 是 AP。

场景二：信号从无线链路向 AP 发送，所以 To Ds 为 1。DA 为与 AP 相连的交换机，SA 和 TA 是终端，RA 是 AP。

场景三：TA 是 AP，信号从 AP 向无线链路发送，所以 From DS 为 1。SA 是与 AP 相连的交换机，DA 和 RA 为终端。

场景四：WDS 通信模型，地址字段的 4 个地址位都被使用。WDS 模型既有无线链路向 AP 发送信号，又有 AP 向无线链路发送信号，所以 To DS 和 From DS 均为 1。

2.4.3　控制帧

控制帧用来监督无线介质的访问，以及提供 MAC 层的可靠性。控制帧是协助发送数据帧的控制报文，有 RTS（请求发送）、CTS（允许发送）、ACK（确认）及省电轮询（PS-Poll）共 4 种。

第一种控制帧是 RTS，用于对信道进行预约，取得介质的控制权，以便传输帧。RTS帧包括源地址、目的地址和本次通信所需的时间。当 AP 向某个客户端发送数据时，会先向客户端发送一个 RTS 帧。RTS 帧的格式如图 2-27 所示。

图 2-27　RTS 帧的格式

① 帧控制：值为 01。帧控制中的 Subtype 字段被设定为 1011，代表 RTS 帧。

② 持续时间：RTS 帧试图预定介质使用权供帧交换程序使用，因此 RTS 帧计算用户从发送帧开始到发送帧结束共需要多少时间。传输所需要的时间用微秒表示，经过计算后会置于持续时间字段。

③ 接收端地址：接收 RTS 帧的无线终端的地址。

④ 发送端地址：RTS 帧的发送端的地址。

第二种控制帧是 CTS，用于对信道预约进行响应，其包括源地址和本次通信所需的时间。客户端收到 RTS 帧后，会发送一个 CTS 帧，这样在客户端覆盖范围内，所有的设备都会在指定的时间内不发送数据，即令附近的无线终端保持沉默。CTS 帧的格式如图 2-28 所示。

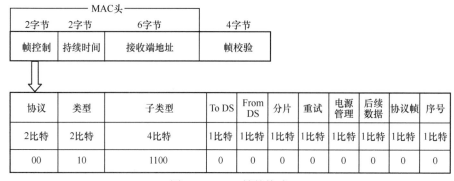

图 2-28　CTS 帧的格式

① 帧控制：值为 01。帧控制中的 Subtype 字段被设定为 1100，代表 CTS 帧。

② 持续时间：应答 RTS 帧时，CTS 帧的发送端会以 RTS 帧中持续时间字段的值作为计算基准。

发送端发出 CTS 帧时，会将 RTS 帧的持续时间减去发送 CTS 帧的持续时间，然后将计算结果置于 CTS 的持续时间字段。

③ 接收端地址：CTS 帧的接收端即为之前 RTS 帧的发送端，因此 MAC 会将 RTS 帧的发送端地址复制到 CTS 帧的接收端地址。

第三种控制帧是 ACK，用于确认接收报文。接收端在成功接收到报文后，都要发送一个 ACK 帧进行确认，这是数据正确传输的正面应答。ACK 帧的格式如图 2-29 所示。

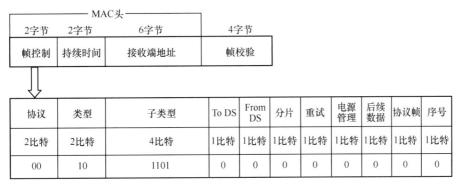

图 2-29　ACK 帧的格式

① 帧控制：值为 01。帧控制中的 Subtype 字段被设定为 1101，代表 ACK 帧。

② 持续时间：如果帧控制位中的 More Fragments 字段为 0，表示这个帧后面已无其余分片；如果帧控制位中的 More Fragments 字段为 1，表示这个帧后面还有其他分片。

③ 接收端地址：从所要应答的发送端的帧复制而来。

第四种控制帧是 PS-Poll，当客户端准备进入省电模式时，将会发送一个 PS-Poll 帧给 AP，告诉 AP 自己进入省电模式，AP 开始为其缓存数据包。当客户端醒来后，会发送一个之前协商好的接入等级的数据包来触发 AP 开始递交缓存的数据包。AP 在接收到触发帧后，服务周期开始，发送数据包。PS-Poll 帧的格式如图 2-30 所示。

MAC头				4字节
2字节	2字节	6字节	6字节	4字节
帧控制	持续时间	接收端地址	发送端地址	帧校验

协议	类型	子类型	To DS	From DS	分片	重试	电源管理	后续数据	协议帧	序号
2比特	2比特	4比特	1比特	1比特	1比特	1比特	1比特	1比特	1比特	1比特
00	10	1010	0	0	0	0	0	0	0	0

图 2-30　PS-Poll 帧的格式

① 帧控制：值为 01。帧控制中的 Subtype 字段被设定为 1010，代表 PS-Poll 帧。

② 连接识别码：基站指定的一个数值，用来区别各个连接。将此识别码置于帧，可让 AP 识别客户端暂存的帧。

③ BSSID：此位包含发送端目前所在 BSS 的 BSSID，此 BSS 建立自目前所连接的 AP。

④ 发送端地址：发送 PS-Poll 帧的终端的 MAC 地址。

2.4.4　管理帧

管理帧的作用是为网络提供相对简单的服务。管理帧的格式如图 2-31 所示。帧主体中的数据如果使用长度固定的字段，就称为固定字段；如果字段长度不定，就称为信息元素。

帧控制	持续时间	目的地址	源地址	基本服务集标识符	顺序控制	帧主体	帧校验
2字节	2字节	6字节	6字节	6字节	2字节	0～2312字节	4字节

图 2-31　管理帧的格式

管理帧有以下 4 种。

第一种：Beacon 帧。

① Beacon 帧主要表明无线网络的存在。周期发送的信标可让无线终端扫描到该网络的存在，从而协商加入该网络所必需的参数。

② 在基础架构网络中，AP 负责传送 Beacon 帧。

③ 在 IBSS 网络中，无线终端轮流送出 Beacon 帧。

第二种：Probe 帧，如探测请求（Probe Request）帧、探测响应（Probe Response）帧。

① 无线终端通过 Probe Request 帧来扫描所在区域内的 802.11 网络，感知信标。

② 若 Probe Request 帧探测到的网络与终端本身的网络兼容，该网络就会回复 Probe Response 帧给予响应。

第三种：Authentication 帧，如 Authentication 帧、解除认证（Deauthentication）帧。

① 无线终端通过共享密钥及 Authentication 帧进行身份验证。

② Deauthentication 帧用来终结认证关系。

第四种：Association 帧，如关联请求（Association Request）帧、关联响应（Association Response）帧、解除关联（Disassociation）帧、重关联请求（Reassociation Request）帧。

无线终端一旦找到兼容网络并且通过身份验证，便会发送 Association Request 帧试图加入网络。AP 会回复一个 Association Response 帧。在响应过程中，AP 会指定一个连接识别码。Disassociation 帧用来终结一段关联关系。在不同的 BSS 之间移动的无线终端若要再次使用分布系统，必须与网络重新关联。区别于 Association Request 帧的是，Reassociation Request 帧包含无线终端当前所关联的 AP 地址。

2.4.5　802.11 媒体访问控制机制

有线以太网的 802.3 使用冲突检测机制保障数据传输。由于冲突检测机制会浪费宝贵的传输资源，所需代价较大，因此 802.11 使用 CSMA/CA 机制，其中 CS 是载波感应，在发送数据之前进行侦听，以确保线路空闲，减少冲突的机会；MA 是多路访问，每个站点发送的数据可以同时被多个站点接收；CA 是冲突避免，协议的设计是要尽量减少碰撞发生。802.11 协议根据 WLAN 的媒体特点提出了两种载波侦听方法，这两种方法可同时进行，并且两种方法中只要其中一个指示媒体正在被使用，媒体就会被认为处于忙态。

物理载波侦听：所有尚未开始传输或者正在传输的站点会持续进行物理载波侦听，实质是通过信道能量检测来判断是否有其他无线发射机正在占用信道，包括非 802.11 设备。物理载波侦听的目的有两个：一是确定是否有帧在传输，如果无线媒体繁忙，站点将尝试与该传输同步；二是在发送数据前确定无线媒体是否空闲，称为 CCA。

虚拟载波侦听：由 MAC 层提供，发送站点将它需要占用信道的时间"通知"给其他站点，以便其他站点在这段时间停止发送数据。虚拟载波侦听使用的计时器机制称为网络分配矢量（NAV），NAV 计时器通过查看之前传输帧的 Duration ID 字段来预测未来信道占用情况。当站点侦听到其他站点发送的帧时，会查看这个帧的报头部分，确定 Duration ID 字段是否包含 Duration 的值，若该字段为 Duration 字段，侦听站点会将其 NAV 计时器设置为此值，然后开始进行倒计时，它将认为无线媒体在 NAV 计时器的时间减少至零之前都是繁忙的。这个机制使正在发送帧的 802.11 站点通知其他站点这段时间内无线媒体会被占用，直到站点的 NAV 计时器为 0 时，站点才能开始竞争无线媒体。虚拟载波侦听与物理载波侦听总是同时进行的。

为了尽量避免碰撞，802.11 规定所有的无线终端发送完成后，必须再等待一段很短的时间，保持侦听状态，才能继续发送下一帧。这段时间被称为帧间空隙（IFS）。IFS 长度取决于将要发送的帧的类型。优先级高的帧需要等待的时间较短，优先级低的帧需要等待较长的时间。若优先级低的帧还没来得及发送，其他无线终端的优先级高的帧已发送到媒体，则媒体变为忙态，优先级低的帧就只能再推迟发送，这样就减少了发生碰撞的机会。帧间空隙机制有以下两种。

短的帧间空隙（SIFS）：等待时间最短，优先级最高，用来分隔属于一次会话的各个帧。一个无线终端应当能够在这段时间内从发送方式切换到接收方式。使用 SIFS 机制的帧有应答 ACK 帧、应答 CTS 帧、过长的 MAC 帧分片后的数据帧、应答 AP 探测帧等。

分配的帧间空隙（DIFS）：等待时间最长，优先级最低。在分布式协调功能（DCF）方式中，每个终端通过竞争信道来获取数据的发送权，以发送数据帧和管理帧。DIFS 是竞争式服务中最短的媒体闲置时间。如果媒体闲置时间长于 DIFS，则终端可以立即对媒体进行访问。

为了进一步减少节点问题造成的冲突，引入 RTS/CTS，其核心思想就是允许发送端预留信道，通过小的预留包（RTS/CTS）来避免后续较大数据帧的碰撞。

RTS 帧的作用：预约链路使用权，其他收到该 RTS 帧的无线终端保持静默。

CTS 帧的作用：AP 答复 RTS 帧，其他收到该 CTS 帧的无线终端保持静默。

CSMA/CA 机制如图 2-32 所示。

① 若 STA 最初有帧要发送，且检测到信道空闲，在等待 DIFS 后，就发送整个数据帧。

② 否则，站点执行 CSMA/CA 机制的退避算法。一旦检测到信道忙，就冻结退避计时器。只要信道空闲，退避计时器就进行倒计时。

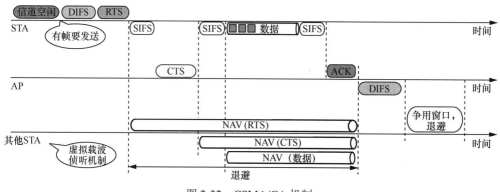

图 2-32　CSMA/CA 机制

③ 当退避计时器时间减少到零时（这时信道只可能是空闲的），站点就发送整个帧并等待确认。

④ 发送端若收到确认，就知道已发送的帧被目的端正确收到了。这时如果要发送第二帧，就要从②开始，执行 CSMA/CA 机制的退避算法，随机选定一段退避时间。

若无线终端在规定时间内没有收到 ACK 帧（由重传计时器控制这段时间），就必须重传此帧（再次使用 CSMA/CA 机制争用接入信道），直到收到确认为止，或者经过若干次的重传失败后放弃发送。

第3章
无线局域网组网模型

本章主要内容

　　本章首先介绍无线局域网的一系列基本概念及各个组成部分，通过这些组件构建无线网络组网是如何协同工作的，这需要根据不同场景的特点和需求采用相对应的方案；然后重点介绍 CAPWAP 工作原理，其工作流程对于无线网络组建前期格外重要；最后以 AP 不同工作模式进行应用分类，通过实例配置指导实际应用。

3.1 无线局域网组件

3.1.1 无线局域网的基本概念

1. BSS 和 BSA

组成 WLAN 的基本单元是 BSS，它包含一个固定的 AP 和多个终端。其中 AP 作为一种基础设施，为终端提供无线通信服务。AP 的覆盖范围称为基本服务区域（BSA），终端可以自由进出 BSA，只有进入 BSA 的终端才可以和 AP 通信。BSS 和 BSA 如图 3-1 所示。

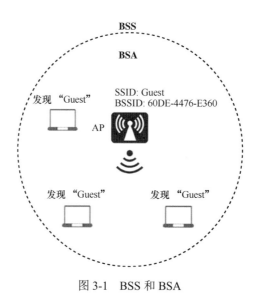

图 3-1　BSS 和 BSA

2. SSID

就像每个人都有自己的名字一样，每个无线网络同样也有自己的名字，这个名字被称为服务集标识符（SSID），它用来区分不同的无线网络。SSID 包括基本服务集标识符（BSSID）和扩展服务集标识符（ESSID）两种类型。每个 BSS 都有一个 BSSID，BSSID 一般是 AP 的 MAC 地址，通常不被终端用户感知，主要用于管理和维护。当多个 BSS 使用相同的 SSID 时，它们就组成了扩展服务集（ESS），所以 ESSID 用于标识一个或一组无线网络。通常，终端设备扫描网络后显示的 SSID 即为 ESSID。那么当无线工作站或终端的用户打开无线设备并通过射频进行扫描的时候，会看到相应的 SSID 列表，用户选择相应的 SSID 并通过相关的认证就可以连接对应的无线网络。为方便无线终端后续可以自动接入，AP 可以缓存认证信息。多个无线 AP 还可以发出相同的 SSID，实现园区内无缝漫游。SSID 的类型如图 3-2 所示，AP1 有 BSSID1，AP1 和 STA1、STA2 组成一个 BSS；AP2 有 BSSID2，AP2 和 STA3 组成另一个 BSS。AP1 和 AP2 配置了相同的 SSID，组成一个 ESS。ESS 有一个 ESSID。

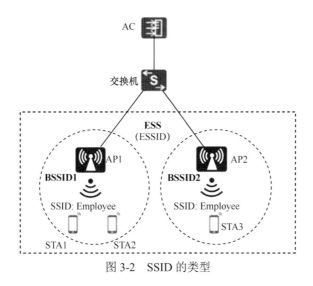

图 3-2　SSID 的类型

3. VAP

BSSID 实际上是 AP 无线射频的 MAC 地址。由于一个 AP 发射了多个 SSID，因此派生出多个 BSSID，需要使用多个 MAC 地址，所以一个物理 AP 以虚拟 AP（VAP）的方式提供多个 MAC 地址的支持，此时，BSSID 实际上就是 AP 上每个 VAP 的 MAC 地址。BSSID 与 VAP 一一对应，可以实现每个 VAP 提供不同 SSID 的无线网络接入服务。VAP 简化了 WLAN 的部署，但并不意味着 VAP 越多越好，要根据实际需求进行规划。需要注意的是，一味地增加 VAP 的数量，不仅会让用户花费更多的时间找到 SSID，还会增加 AP 配置的复杂度。而且 VAP 并不等同于真正的 AP，所有的 VAP 都共享着这个 AP 的软件和硬件资源，所有 VAP 的用户都共享相同的信道资源，所以 AP 的容量是不变的，并不会随着 VAP 数目的增加而成倍增加。VAP 和 SSID 的对应关系如图 3-3 所示，AP 配置了两个 VAP，并发射两个 SSID，分别对应产生两个 BSSID，使用两个 MAC 地址。

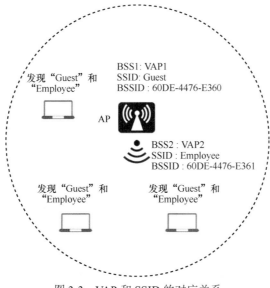

图 3-3　VAP 和 SSID 的对应关系

4. DS

分布式系统（DS）是无线组网的上行网络，把不同区域的 BSS 连接起来，让终端可以通信。DS 和无线组网如图 3-4 所示。AP 除了支持无线射频接口，还支持有线接口。AP 收到终端的无线报文后，将其转换为有线报文并发送给上行网络，由上行网络完成报文到另一个 AP 的转发任务。除了有线网络外，AP 的上行网络还可以是无线的，即无线分布式系统（WDS）。例如，在线缆布放困难的区域，AP 可以和其他工作在网桥模式的 AP 进行无线对接。

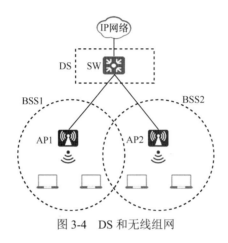

图 3-4　DS 和无线组网

3.1.2　AC

在集中化无线局域网组网模式中，控制无线 AP 是无线网络的核心。无线控制器（AC）可以是一个专用的设备，也可以在路由器、交换机上搭载无线控制器的逻辑功能，实现对 AP 的管理。AC 的功能包括：配置下发、配置参数修改、用户管理、射频智能管理、接入安全控制、漫游控制等。AC、AP 和无线组网如图 3-5 所示。AC 使用 CAPWAP 标准实现和 AP 之间的互通，实现对 AP 的管理，以及用户数据的传输。

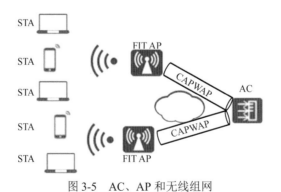

图 3-5　AC、AP 和无线组网

3.1.3　无线 AP

AP 为无线终端提供基于 802.11 标准的无线接入服务，是无线终端的空中接口，起到有线网络和无线网络的桥接作用。

从无线控制器配置角度来看，控制器通过配置 AP 设备上的 VAP，为不同的用户群体提供无线接入服务，如：为企业员工服务的 VAP，为访客服务的 VAP。

从用户的角度来看，无线终端关联一个 SSID 就是通过该 AP 的空中接口建立了连接。AP 和无线组网如图 3-6 所示，STA1 加入 Guest 这个 SSID，就与 AP 建立了关联，同样的 STA2 加入 Internal 这个 SSID，也与 AP 建立了关联。

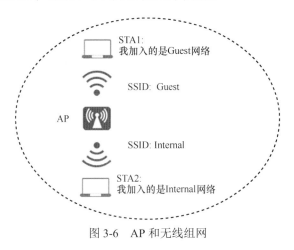

图 3-6   AP 和无线组网

3.2   企业无线组网

3.2.1   无线局域网组建架构

WLAN 是通过统一无线接入网络和有线局域网的一张网络。组成无线接入网络的组件有接入点、控制器、无线终端。

无线局域网组建架构有不同的分类方法，按照 AP 的工作模式可以分为胖 AP（FAT AP）自治式网络架构、AC+瘦 AP（FIT AP）架构、Leader AP 架构、云管理 AP 架构、敏捷分布 AP 架构等。AC+FIT AP 架构目前已经是企业无线组网的主流架构方式，但是随着云服务的发展，通过在云服务平台部署控制器的云管 AP 架构被越来越多的企业采用。我们还可以继续细分，按照 AP 和 AC 的通信在网络模型中的层次可以分为二层组网和三层组网；按照数据通信方式可以分为直连组网和旁挂组网。

无线局域网组建架构按照 AP 的工作模式可以分为以下几种。

FAT AP 自治式网络架构：这种架构不需要专门的设备集中控制就可以完成无线用户的接入、业务数据的加密和业务数据报文的转发等功能，因此又称为自治式网络架构，比较适用于小范围的组网，如家庭组网。FAT AP 自治式网络架构如图 3-7 所示。

AC+FIT AP 架构：这种架构由 AC 负责 AP 的接入控制、转发和统计、配置监控、漫游管理、网管代理、安全控制。FIT AP 负责 802.11 报文的加/解密、802.11 的物理层功能、接受 AC 的管理、空口的统计等简单功能。AC 和 AP 之间使用的通信协议是 CAPWAP。

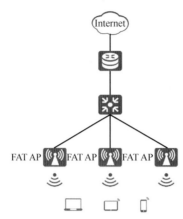

图 3-7　FAT AP 自治式网络架构

相比于 FAT AP 架构，AC+FIT AP 架构的优点如下。

① 配置与管理集中在 AC，方便集中控制。通过 AC 进行集中地网络配置和管理，不再需要对每个 AP 进行单独配置操作，同时对整网 AP 进行信道、功率、覆盖范围的自动调整，免去了烦琐的人工调整过程。

② 安全性更高。FAT AP 无法进行统一的升级操作，无法保证所有 AP 的版本都有最新的安全补丁。而 AC+FIT AP 架构主要的安全能力在 AC 上，软件更新和安全配置仅需在 AC 上进行，就可以快速进行全局安全设置；同时，为了防止加载恶意代码，设备会对软件进行数字签名认证，提高了更新过程的安全性。另外，AC 还实现了 FAT AP 架构无法支持的一些安全功能，包括病毒检测、URL（统一资源定位地址）过滤、状态检测防火墙等。

③ 更新与扩展容易。架构的集中管理模式使同一个 AC 下的 AP 有着相同的软件版本，当需要更新时，先由 AC 获取更新包或补丁，然后由 AC 统一更新 AP 版本。AP 和 AC 的功能拆分减少了对 AP 版本的频繁更新，有关用户认证、网管和安全等功能的更新只需在 AC 上进行。在 AC 容量允许的情况下，可以随时增加 AP 扩展网络。AC+FIT AP 架构如图 3-8 所示。

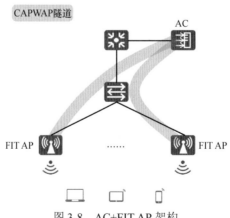

图 3-8　AC+FIT AP 架构

Leader AP 架构：这种架构是 FAT AP 的扩展，此时 FAT AP 能够像 AC 一样工作，可以和少量 FIT AP 一起组建 WLAN，由 FAT AP 统一管理和配置 FIT AP，为用户提供一个高速率、零盲区、抗干扰、可漫游的高品质无线体验方案。在这种架构中，FAT AP 称为 Leader AP，用户只需登录 Leader AP 进行业务配置，就可以完成整个 WLAN 的配置，也能对 WLAN 进行日常的运维管理。Leader AP 架构如图 3-9 所示。该架构简单，网线供电即插即用，也不需要额外 AC 的授权，配合手机 App 可快速完成 Wi-Fi 上网配置，适用于 SOHO 办公、酒店公寓等场景。

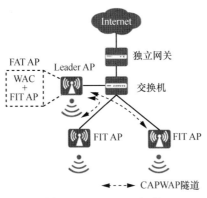

图 3-9　Leader AP 架构

云管理 AP 架构：首先是云管理网络，该架构是基于华为公有云上的云管理平台，通过云端管理 AP、交换机、路由器和防火墙等网络设备，实现中小型企业和多分支网络的快速部署和集中管理，在云端实现采购、网规、开局、部署、运维以及运营的全生命周期一站式管理服务。当然，云管理网络也可以基于企业私有云部署 iMaster NCE-Campus 智简园区网络控制器来实现。其次是云 AP，华为 AP 默认是 FIT 模式，需要切换到云模式。工程师在安装现场将设备连线、上电，通过 DHCP 方式或者 CloudCampus App 方式，指定 AP 的云管理平台，确保设备能在云管理平台发现并成功纳管，然后 AP 成功开局，AP 与云平台保持连接，定期向云管理平台上报性能数据，管理员通过云管理平台对终端设备完成日常维护、定期巡检及故障处理等。云管理 AP 架构如图 3-10 所示。连锁经营模式小型门店可以选择华为公有云模式部署无线覆盖，而分支机构比较多的中大型企业可以自建私有云部署控制器来实现云管理 AP 模式。

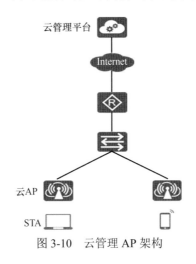

图 3-10　云管理 AP 架构

敏捷分布 AP 架构：在这种架构下，通过 AC 集中管理和控制多个中心 AP，每个中心 AP 集中管理和控制多个远端单元（RU），所有无线接入功能由 RU、中心 AP 和 AC 共同完成。敏捷分布 AP 架构如图 3-11 所示。

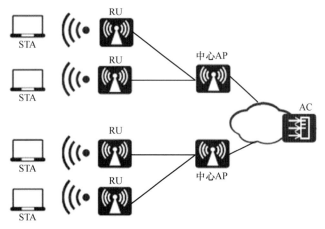

图 3-11　敏捷分布 AP 架构

敏捷分布 AP 架构的特点有以下几个。

① AC 集中处理所有的安全、控制和管理功能，如移动管理、身份验证、VLAN 划分、射频资源管理和数据包转发等。

② RU 作为中心 AP 的远端射频模块，负责空口 802.11 报文的收发。

③ 中心 AP 代理 AC 分担对 RU 的集中管理和协同功能，如 STA 上线、配置下发、RU 之间的 STA 漫游。

④ 中心 AP 与 AC 间可以是二层网络或三层网络，RU 和中心 AP 之间需要二层可达。

无线局域网组建架构按照 AP 和 AC 的通信在网络模型中的层次可以分为以下几种。

二层组网模式：当 AC 和 FIT AP 在同一个广播域，AP 通过本地广播可以直接发现 AC，组网简单，配置简单，管理简单。这种模式适用于小范围组网，如组建小型企业网络等，不适合大型企业复杂、精细化的 WLAN 组网。二层组网模式如图 3-12 所示。

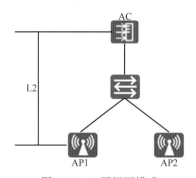

图 3-12　二层组网模式

三层组网模式：当 AC 和 FIT AP 不在同一个广播域，AP 和 AC 之间的网络必须通过路由，需要进行额外配置路由打通三层 IP 网络才能使 AP 发现 AC，这样 AP 和 AC 的接入网络的位置就不再局限在一个广播域，组网更加灵活、易扩展。这种模式适用于中型和大型网络。以大型园区为例，每一栋楼里都会部署 AP 进行无线覆盖，AC 放在核心机房进行统一管控。这样 AC 和 FIT AP 之间采用较为复杂的三层组网就很容易扩展网络。三层组网模式如图 3-13 所示。

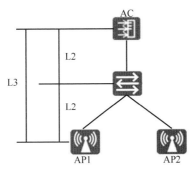

图 3-13　三层组网模式

云管理模式 AP 就是三层模式，如图 3-14 所示，所有拓展很方便。

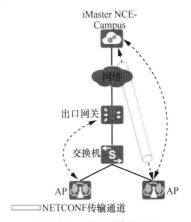

图 3-14　云管理模式 AP

无线局域网组建架构按照数据通信方式可以分为以下几种。

直连组网模式：AC 同时承担无线接入控制器和汇聚交换机功能，AP 的数据业务和管理业务都由 AC 集中转发和处理。这种模式适用于新建的中小规模集中部署的 WLAN。直连组网模式如图 3-15 所示。

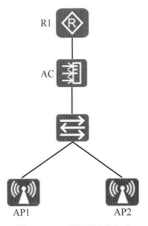

图 3-15　直连组网模式

旁挂组网模式：AC 旁挂在现有网络中，仅处理 AP 的管理业务，AP 的数据业务经过设置可以不经 AC 直接到达上行网络。这种模式主要用于网络改造或者新建大、中型园区网络场景。旁挂组网模式如图 3-16 所示。

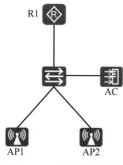

图 3-16　旁挂组网模式

3.2.2　无线局域网 WDS 组网方案

一般而言，分布系统是以有线以太网骨干网为主，但是也有存在采用无线连接的分布系统。WDS 是通过无线链路连接两个或者多个独立的有线局域网或者无线局域网，组建一个互通的网络，从而实现数据访问。

WDS 组网 AP 模式如图 3-17 所示。从 AP 在 WDS 网络中的实际位置看，AP 工作模式有 3 种。AP 有线连接的接口分为连接上行有线网络的 Root 模式接口和下行连接主机或局域网的 endpoint 模式接口。

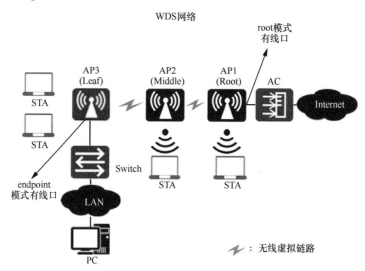

图 3-17　WDS 组网 AP 模式

Root 模式：AP 作为根节点直接与 AC 通过有线相连，还向下供 STA 接入。

Middle 模式：AP 作为中间节点向上连接 Root AP 型网桥，向下连接 Leaf AP，还可以向下供 STA 接入。

Leaf 模式：AP 作为叶子节点向上连接 AP 型网桥，向下供 STA 接入，也可以向下拓展有线网络。

和其他组网模式比较，WDS 组网具有以下优点。

（1）部署方便快捷：WDS 无须架线挖槽就可以实现快速部署和扩容，满足临时、应急、抗灾通信保障特殊场景快速组网的需求。

（2）不受部署场地条件限制：无线桥接方式可根据需求使用 2.4GHz 和 5.8GHz 免许可的 ISM 频段灵活定制专网，跨越道路、桥梁、河道等特殊场景。

（3）维护容易：WDS 仅需维护桥接设备，故障定位准确，修复快捷。

WDS 网络架构组网模式之一：点对点（P2P）模式

WDS 通过两台 AP 设备实现了两个网络无线桥接，最终实现了两个有线网络的互通。在实际应用中，每一台设备可以通过配置的对端设备的 MAC 地址，确定需要建立的桥接链路。P2P 无线网桥可用来连接两个分别位于不同地点的网络，Root AP 和 Leaf AP 应设置为相同的信道，加密方式、加密密码应一致。点对点模式如图 3-18 所示，AP1 通过与 AP2 建立无线虚拟链路实现 AP1 下用户的无线接入服务。

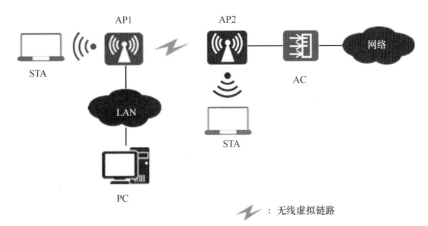

图 3-18　点对点模式

WDS 网络架构组网模式之二：点对多点（P2MP）模式

P2MP 的无线网桥能够把多个离散的远程的网络连成一体，结构比 P2P 无线网桥复杂。在 P2MP 的组网环境中，一台设备作为中心设备，其他设备只和中心设备建立无线桥接，实现多个网络的互联。但是多个分支网络的互通都要通过中心桥接设备进行数据转发。点到多点模式如图 3-19 所示，AP4 作为中心设备，AP1～AP3 分别与 AP4 建立无线虚拟链路，AP1～AP3 下用户所有的数据传输都要通过中心设备 AP4 进行转发。

WDS 网络架构组网模式之三：中继桥接模式

不规则的布局或墙体等物体导致 WLAN 信号的衰减，一台 AP 的覆盖效果并不理想，许多地方存在信号盲区。通过 WDS 桥接 AP 可以有效地中继放大 WLAN 信号，增加无线网络覆盖范围，对于对带宽要求不是很高的用户来说，此方式较为经济实用。中继桥接模式如图 3-20 所示，AP1 为 2.4GHz 单频 AP，AP2 和 AP3 均为双频 AP。AP1 和 AP2 之间使用 2.4GHz 射频建立无线虚拟链路，AP2 和 AP3 之间使用 5GHz 射频建立无线虚拟链路，AP3 使用 2.4GHz 射频为客户端提供 WLAN 上网服务。在 AP1、AP2 和 AP3 之间用不同射频建立 WDS 无线虚拟链路的组网称为手拉手方式 WDS 组网。

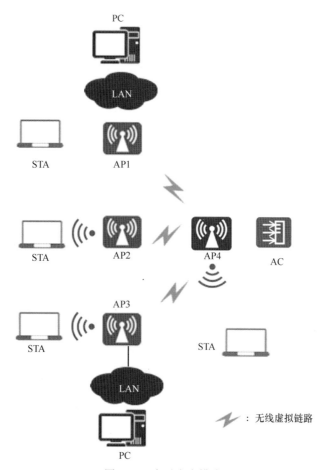

图 3-19　点对多点模式

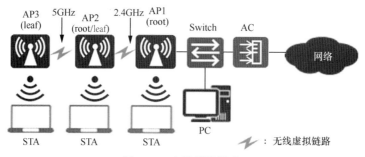

图 3-20　中继桥接模式

WDS 网络架构组网模式之四：背靠背模式

在某些室外场景（如校园、种植园和山区等），有线网络部署受施工条件限制。当需要连接的网络之间有道路、桥梁等障碍物或传输距离较远时，可以采用背靠背模式。将 AP 通过有线方式级联组成中继网桥，保证了长距离网络传输中的无线链路带宽。背靠背模式如图 3-21 所示，AP2 和 AP3 背靠 AP1 成为中继，AP4～AP6 所连接的无线网络中继到 AP1 所在的有线网络。

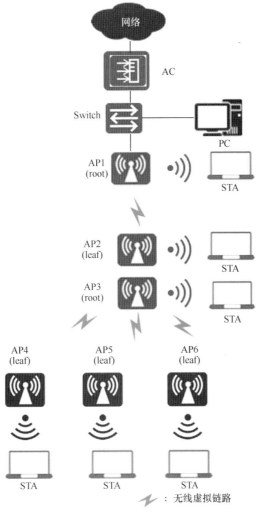

图 3-21　背靠背模式

3.2.3　无线 Mesh 网络组网方案

无线 Mesh 网络（WMN）是利用无线链路将多个 AP 连接起来，并最终通过一个或两个 Portal 节点接入有线网络的一种网状动态自组织、自配置的无线网络。

在传统的 WLAN 中，无线终端与 AP 之间是以无线信道为传输介质的，AP 的上行链路是有线网络。如果组建 WLAN 前没有有线网络，大量的时间和成本将消耗在构建有线网络的过程中。对于组建后的 WLAN，如果需要对其中某些 AP 位置进行调整，则需要调整相应的有线网络，操作困难。传统 WLAN 的建设周期长、成本高、灵活性差，这使其在应急通信、无线城域网或有线网络薄弱等应用场合不适合部署。而 Mesh 网络只需要安装 AP，AP 之间通过无线连接，正好解决了以上问题。Mesh 网络建网速度非常快，添加新的 AP 时，只需要为设备接上电源，Mesh 网络就可以自动进行配置，并确定最佳的多跳传输路径。移动 AP 设备时，Mesh 网络能够自动发现拓扑变化，并自动调整通信路由，以获取最有效的传输路径。Mesh 组网如图 3-22 所示。

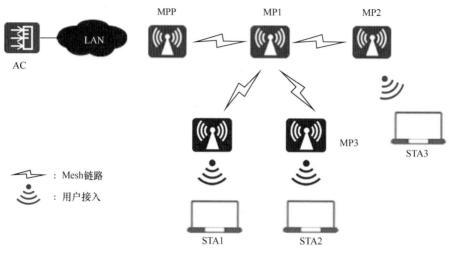

图 3-22 　Mesh 组网

MPP（Mesh 入口节点）：连接 Mesh 网络和其他类型网络的 Mesh 节点。这个节点具有 Portal 功能，可以实现 Mesh 内部节点和外部网络的通信。

MP（Mesh 节点）：在 Mesh 网络中，使用 IEEE 802.11 MAC 和物理层协议进行无线通信，并且支持 Mesh 功能的节点。该节点支持自动拓扑、路由的自动发现、数据包的转发等功能。MP 可以同时提供 Mesh 服务和用户接入服务。

工作在 Mesh 网络的 AP，节点处于直接通信范围内的 MP 或 MPP，称为该 Mesh 节点的邻居 MP；MP 与建立了 Mesh 连接的邻居 MP，相互可称为对端 MP；MP 之间有多个无线覆盖范围，MP 准备与之建立 Mesh 链路的邻居 MP 可称为候选 MP。

和其他组网模型相比较，Mesh 网络有以下优点。

（1）部署快捷：Mesh 网络设备安装简便，可以快速部署，而传统的无线网络部署需要更长的时间。

（2）可扩展性强：随着 Mesh 节点的不断加入，Mesh 网络的覆盖范围可以快速扩大，动态扩大网络覆盖范围。

（3）高可靠性：Mesh 网络是一个对等网络，不会因为某个节点产生故障而影响到整个网络。如果某个节点发生故障，报文信息会通过其他备用路径传送到目的节点，可以有效避免单点故障。

（4）组网灵活：MAP 可以根据需要随时加入或离开网络，这使网络更加灵活。

（5）应用场景广泛：Mesh 网络除了可以应用于企业网、办公网、校园网等传统无线局域网常用场景外，还可以广泛应用于大型仓储、机场外部开阔空间、港口、轨道交通、应急通信等场景。

（6）高性价比：在 Mesh 网络中，只有 Portal 节点需要接入有线网络，对有线的依赖程度被降到了最低，节省了购买大量有线设备以及布线安装的投资开销。

Mesh 组网模式之一：链状组网

在链状组网环境中，所有的 MP 使用相同的 5GHz 信道，形成链状级联，周围没有其他信道，并且所有的 MP 在相同的广播域内。链状组网如图 3-23 所示，MP2 级联到 MP1，然后 MP1 连接 MPP 被 AC 管理。

图 3-23　链状组网

Mesh 组网模式之二：星状组网

在星状组网环境中，所有的连接都要通过中心网关设备进行数据转发，所有的局域网的数据传输都要通过 MPP。星状组网如图 3-24 所示，AP1～AP3 为有线用户和无线用户提供网络接入服务。由于地理位置或环境因素限制，AP1～AP3 无法通过有线方式接入网络。AP1～AP3 通过与 AP4 建立 Mesh 网络，可以实现无线用户的网络接入服务。

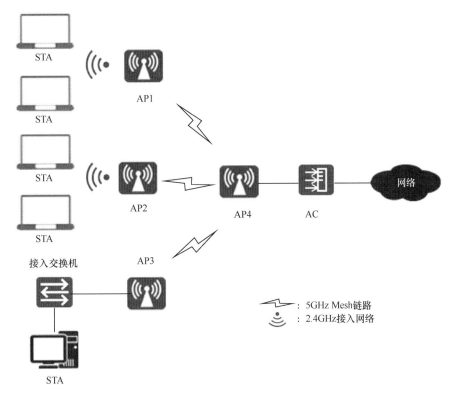

图 3-24　星状组网

Mesh 组网模式之三：单 MPP 网状组网

网状组网可以检测到其他局域网设备，并且形成链路。单 MPP 网状组网会引起网络环路，使用时可以结合 Mesh 路由选择性地阻塞冗余链路来消除环路。在某条 Mesh 链路故障时，还可以选择冗余链路完成转发。单 MPP 网状组网如图 3-25 所示，AP2～AP5 为无线用户提供网络接入服务，AP1 提供到网络的有线连接。AP1～AP5 通过网状互联形成安全、自配置、自愈合的室外 Mesh 网络，为不便于有线布线的室外环境进行快速和经济的无线网络部署。

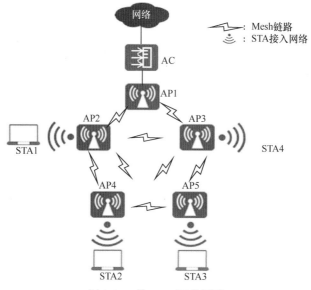

图 3-25　单 MPP 网状组网

Mesh 组网模式之四：多 MPP 网状组网

与 MPP 建立 Mesh 链路的 MP 和该 MPP 的无线信道相同。当 MPP 覆盖不同区域时，可以配置多个 MPP，通过将 MPP 配置在不同的工作信道，减少 MP 间无线信道使用权的竞争，提高整体性能，同时，每个 MP 还能自主选择一个跳数最少的最优 MPP 作为连接有线网络的网关设备。多 MPP 网状组网如图 3-26 所示，AP1 和 AP11 提供到网络的有线连接，AP2～AP5 为区域 1 内有线用户和无线用户提供接入服务，AP7～AP10 为区域 2 内有线用户和无线用户提供接入服务，AP6 位于区域 1 和区域 2 的重叠区域。

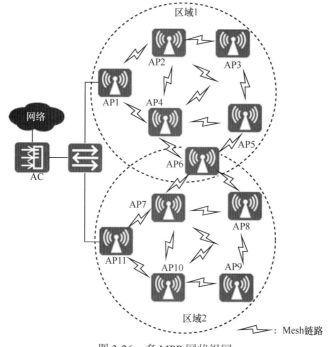

图 3-26　多 MPP 网状组网

3.2.4　Mesh 业务配置示例

（1）业务需求：在企业内部，各区域通过建立 Mesh 无线回传链路，实现无线覆盖区域拓展，降低有线部署成本。

（2）组网需求为 AC 组网方式：旁挂二层组网。

（3）无线回传方式为 Mesh portal-node 方式回传射频：5GHz 频段。

（4）Mesh 业务组网拓扑如图 3-27 所示。

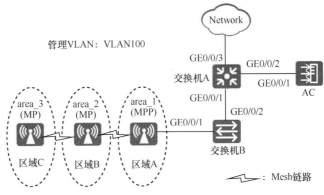

图 3-27　Mesh 业务组网拓扑

（5）Mesh 业务数据规划见表 3-1。

表 3-1　Mesh 业务数据规划

配置项	数据规划
AP 管理 VLAN	VLAN100
DHCP 服务器	AC 作为 AP 的 DHCP 服务器
AP 地址池	10.23.100.2～10.23.100.254/24
AC 的源接口	VLANIF100：10.23.100.1/24
Mesh 模板名称	名称：mesh-net
Mesh 角色	area_1：Mesh-portal（MPP）。 area_2：Mesh-node（MP）。 area_3：Mesh-node（MP）
Mesh ID	名称：mesh-net
Mesh 白名单	名称：mesh-list
AP 系统模板	名称：mesh-sys

（续表）

配置项	数据规划
Mesh 使用的射频	射频 1，具体如下。 带宽：40MHz-plus。 信道：157。 射频覆盖距离参数：4（以百米计）
安全模板	名称：mesh-sec。 安全策略：WPA2+PSK+AES。 密码类型：PASS-PHRASE。 密码：a1234567
AP 组	mesh-mpp：area_1。 mesh-mp：area_2、area_3

（6）配置步骤具体如下。

① 配置周边设备。

配置接入交换机（交换机 B）的 GE0/0/1 和 GE0/0/2 接口加入 VLAN100，GE0/0/1 的默认 VLAN 为 VLAN100，代码如下。

```
<HUAWEI> system-view
[HUAWEI] sysname Switch_B
[Switch_B] vlan batch 100
[Switch_B] interface gigabitEthernet 0/0/1
[Switch_B-GigabitEthernet0/0/1] port link-type trunk
[Switch_B-GigabitEthernet0/0/1] port trunk pvid vlan 100
[Switch_B-GigabitEthernet0/0/1] port trunk allow-pass vlan 100
[Switch_B-GigabitEthernet0/0/1] port-isolate enable
[Switch_B-GigabitEthernet0/0/1] quit
[Switch_B] interface gigabitEthernet 0/0/2
[Switch_B-GigabitEthernet0/0/2] port link-type trunk
[Switch_B-GigabitEthernet0/0/2] port trunk allow-pass vlan 100
[Switch_B-GigabitEthernet0/0/2] quit
```

配置汇聚交换机（交换机 A）的 GE0/0/1 接口加入 VLAN100，GE0/0/2 接口加入 VLAN100，代码如下。

```
<HUAWEI> system-view
[HUAWEI] sysname Switch_A
[Switch_A] vlan batch 100
[Switch_A] interface gigabitEthernet 0/0/1
[Switch_A-GigabitEthernet0/0/1] port link-type trunk
[Switch_A-GigabitEthernet0/0/1] port trunk allow-pass vlan 100
[Switch_A-GigabitEthernet0/0/1] quit
[Switch_A] interface gigabitEthernet 0/0/2
[Switch_A-GigabitEthernet0/0/2] port link-type trunk
```

```
[Switch_A-GigabitEthernet0/0/2] port trunk allow-pass vlan 100
[Switch_A-GigabitEthernet0/0/2] quit
```

② 配置 AC 与其他网络设备互通。

配置 AC 的接口 GE0/0/1 加入 VLAN100，代码如下。

```
<HUAWEI> system-view
[HUAWEI] sysname AC
[AC] vlan batch 100
[AC] interface gigabitEthernet 0/0/1
[AC-GigabitEthernet0/0/1] port link-type trunk
[AC-GigabitEthernet0/0/1] port trunk allow-pass vlan 100
[AC-GigabitEthernet0/0/1] quit
```

③ 配置 DHCP 服务器为 AP 分配 IP 地址。

在 AC 上使能 DHCP 功能，并通过接口地址池为 AP 分配 IP 地址，代码如下。

```
[AC] dhcp enable
[AC] interface vlanif 100
[AC-Vlanif100] ip address 10.23.100.1 24
[AC-Vlanif100] dhcp select interface
[AC-Vlanif100] quit
```

④ 配置 AP 组、国家（地区）码和 AC 的源接口。

创建 MPP 的 AP 组和 MP 的 AP 组，用于将相同配置的 AP 加入同一个 AP 组中，代码如下。

```
[AC] wlan
[AC-wlan-view] ap-group name mesh-mpp
[AC-wlan-ap-group-mesh-mpp] quit
[AC-wlan-view] ap-group name mesh-mp
[AC-wlan-ap-group-mesh-mp] quit
```

创建域管理模板，在域管理模板下配置 AC 的国家（地区）码并在 AP 组下引用域管理模板，代码如下。

```
[AC-wlan-view] regulatory-domain-profile name domain1
[AC-wlan-regulate-domain-domain1] country-code cn
[AC-wlan-regulate-domain-domain1] quit
[AC-wlan-view] ap-group name mesh-mpp
[AC-wlan-ap-group-mesh-mpp] regulatory-domain-profile domain1
Continue?[Y/N]:y
[AC-wlan-ap-group-mesh-mpp] quit
[AC-wlan-view] ap-group name mesh-mp
[AC-wlan-ap-group-mesh-mp] regulatory-domain-profile domain1
Continue?[Y/N]:y
[AC-wlan-ap-group-mesh-mp] quit
[AC-wlan-view] quit
```

配置 AC 的源接口，代码如下。

```
[AC] capwap source interface vlanif 100
```

将 area_1 加入 AP 组 "mesh-mpp"，将 area_2、area_3 加入 AP 组 "mesh-mp"，代

码如下。

```
[AC] wlan
[AC-wlan-view] ap auth-mode mac-auth
[AC-wlan-view] ap-id 1 ap-mac 00e0-fc76-e360
[AC-wlan-ap-1] ap-name area_1
[AC-wlan-ap-1] ap-group mesh-mpp
Warning: This operation may cause AP reset. If the country code changes, it will
clear channel, power and antenna gain configuration s of the radio, Whether to
continue? [Y/N]:y
[AC-wlan-ap-1] quit
[AC-wlan-view] ap-id 2 ap-mac 00e0-fc04-b500
[AC-wlan-ap-2] ap-name area_2
[AC-wlan-ap-2] ap-group mesh-mp
Warning: This operation may cause AP reset. If the country code changes, it will
clear channel, power and antenna gain configuration s of the radio, Whether to
continue? [Y/N]:y
[AC-wlan-ap-2] quit
[AC-wlan-view] ap-id 3 ap-mac 00e0-fc74-9640
[AC-wlan-ap-3] ap-name area_3
[AC-wlan-ap-3] ap-group mesh-mp
Warning: This operation may cause AP reset. If the country code changes, it will
clear channel, power and antenna gain configuration s of the radio, Whether to
continue? [Y/N]:y
[AC-wlan-ap-3] quit
```

⑤ 配置 Mesh 业务参数。

配置 Mesh 节点使用的主要射频参数，本例中使用的是射频 1。"coverage distance"参数为射频覆盖距离，默认情况下是 3，以百米计，本例中使用的是 4，用户可以根据实际情况配置，代码如下。

```
[AC-wlan-view] ap-group name mesh-mpp
[AC-wlan-ap-group-mesh-mpp] radio 1
[AC-wlan-group-radio-mesh-mpp/1] calibrate auto-channel-select disable
[AC-wlan-group-radio-mesh-mpp/1] calibrate auto-txpower-select disable
[AC-wlan-group-radio-mesh-mpp/1] channel 40mhz-plus 157
Warning: This action may cause service interruption. Continue?[Y/N]y
[AC-wlan-group-radio-mesh-mpp/1] coverage distance 4
[AC-wlan-group-radio-mesh-mpp/1] quit
[AC-wlan-ap-group-mesh-mpp] quit
[AC-wlan-view] ap-group name mesh-mp
[AC-wlan-ap-group-mesh-mp] radio 1
[AC-wlan-group-radio-mesh-mp/1] calibrate auto-channel-select disable
[AC-wlan-group-radio-mesh-mp/1] calibrate auto-txpower-select disable
[AC-wlan-group-radio-mesh-mp/1] channel 40mhz-plus 157
Warning: This action may cause service interruption. Continue?[Y/N]y
[AC-wlan-group-radio-mesh-mp/1] coverage distance 4
[AC-wlan-group-radio-mesh-mp/1] quit
```

```
[AC-wlan-ap-group-mesh-mp] quit
```

配置 Mesh 链路使用的安全模板"mesh-sec","mesh-sec"支持 WPA2+PSK+AES 的安全策略,代码如下。

```
[AC-wlan-view] security-profile name mesh-sec
[AC-wlan-sec-prof-mesh-sec] security wpa2 psk pass-phrase a1234567 aes
[AC-wlan-sec-prof-mesh-sec] quit
```

配置 Mesh 白名单,代码如下。

```
[AC-wlan-view] mesh-whitelist-profile name mesh-list
[AC-wlan-mesh-whitelist-mesh-list] peer-ap mac 00e0-fc76-e360
[AC-wlan-mesh-whitelist-mesh-list] peer-ap mac 00e0-fc04-b500
[AC-wlan-mesh-whitelist-mesh-list] peer-ap mac 00e0-fc74-9640
[AC-wlan-mesh-whitelist-mesh-list] quit
```

配置 Mesh 角色,代码如下。配置 area_1 的 Mesh 角色为"Mesh-portal",默认情况下 Mesh 角色为"Mesh-node",因此 area_2、area_3 使用默认配置。Mesh 角色是通过 AP 系统模板配置的。

```
[AC-wlan-view] ap-system-profile name mesh-sys
[AC-wlan-ap-system-prof-mesh-sys] mesh-role Mesh-portal
[AC-wlan-ap-system-prof-mesh-sys] quit
```

配置 Mesh 模板,代码如下。配置 Mesh 网络的 ID 为"mesh-net",Mesh 链路老化时间为 30s,并引用安全模板和 Mesh 白名单。

```
[AC-wlan-view] mesh-profile name mesh-net
[AC-wlan-mesh-prof-mesh-net] mesh-id mesh-net
[AC-wlan-mesh-prof-mesh-net] link-aging-time 30
[AC-wlan-mesh-prof-mesh-net] security-profile mesh-sec
[AC-wlan-mesh-prof-mesh-net] quit
```

配置 AP 射频引用 Mesh 白名单模板,代码如下。

```
[AC-wlan-view] ap-group name mesh-mpp
[AC-wlan-ap-group-mesh-mpp] radio 1
[AC-wlan-group-radio-mesh-mpp/1] mesh-whitelist-profile mesh-list
[AC-wlan-group-radio-mesh-mpp/1] quit
[AC-wlan-ap-group-mesh-mpp] quit
[AC-wlan-view] ap-group name mesh-mp
[AC-wlan-ap-group-mesh-mp] radio 1
[AC-wlan-group-radio-mesh-mp/1] mesh-whitelist-profile mesh-list
[AC-wlan-group-radio-mesh-mp/1] quit
[AC-wlan-ap-group-mesh-mp] quit
```

⑥ 在 AP 组引用相关模板,使 Mesh 业务生效。

配置 AP 组"mesh-mpp"引用 AP 系统模板"mesh-sys",使 MPP 角色在 area_1 上生效,代码如下。

```
[AC-wlan-view] ap-group name mesh-mpp
[AC-wlan-ap-group-mesh-mpp] ap-system-profile mesh-sys
[AC-wlan-ap-group-mesh-mpp] quit
```

配置 AP 组"mesh-mpp"和"mesh-mp"引用 Mesh 模板"mesh-net"，使 Mesh 业务生效，代码如下。

```
[AC-wlan-view] ap-group name mesh-mpp
[AC-wlan-ap-group-mesh-mpp] mesh-profile mesh-net radio 1
[AC-wlan-ap-group-mesh-mpp] quit
[AC-wlan-view] ap-group name mesh-mp
[AC-wlan-ap-group-mesh-mp] mesh-profile mesh-net radio 1
[AC-wlan-ap-group-mesh-mp] quit
[AC-wlan-view] quit
[AC] quit
```

⑦ 验证 Mesh 业务配置结果。

完成配置后，执行命令 display ap all 查看 Mesh 各节点是否成功上线，代码如下。当"State"字段显示为"nor"，则表示 AP 已成功上线。

```
<AC> display ap all
Total AP information:
nor : normal        [3]
Extra information: P : insufficient power supply
-----------------------------------------------------------------------
ID MAC          Name    Group     IP             Type      State
   STA   Uptime     ExtraInfo
-----------------------------------------------------------------------
1  00e0-fc76-e360  area_1  mesh-mpp  10.23.100.254  AP8130DN  nor
   0     13M:45S    -
2  00e0-fc04-b500  area_2  mesh-mp   10.23.100.251  AP8130DN  nor
   0     5M:22S     -
3  00e0-fc74-9640  area_3  mesh-mp   10.23.100.253  AP8130DN  nor
   0     4M:14S     -
-----------------------------------------------------------------------
Total: 3
```

Mesh 业务生效后，执行命令 display wlan mesh link all 查看 Mesh 链路相关信息，代码如下。

```
<AC> display wlan mesh link all
Rf     : radio ID        Dis :   coverage distance(100m)
Ch     : channel         Per :   drop percent(%)
TSNR   : total SNR(dB)   P-  :   peer
Mesh   : Mesh mode       Re  :   retry ratio(%)
RSSI   : RSSI(dBm)       MaxR:   max RSSI(dBm)
-----------------------------------------------------------------------
APName        P-APName      P-APMAC        Rf Dis  Ch   Mesh    P-Status
  RSSI MaxR Per Re  TSNR  SNR(Ch0~3:dB)
Tx(Mbit/s)    Rx(Mbit/s)
-----------------------------------------------------------------------
area_1        area_2        00e0-fc04-b500 1  4    157  portal  normal
   -30  -27  0   12  67    62/65/-/-
192           192
```

```
area_1          area_3          00e0-fc74-9640  1  4      157     portal  normal
    -26   -24    0    12   71    67/68/-/-
192             192
area_3          area_2          00e0-fc04-b500  1  4      157     node    normal
    -19   -3     0     5   77    66/76/-/-
192             192
area_3          area_1          00e0-fc76-e360  1  4      157     node    normal
    -32   -4     0    26   64    55/63/-/-
192             192
area_2          area_1          00e0-fc76-e360  1  4      157     node    normal
    -32   -4     0    12   64    62/61/-/-
192             192
area_2          area_3          00e0-fc74-9640  1  4      157     node    normal
    -14   -12    0     4   82    71/82/-/-
192             192
-----------------------------------------------------------------------------
Total: 6
```

3.3　CAPWAP

3.3.1　CAPWAP 介绍

CAPWAP 是无线接入点的控制和配置协议,是由 IETF 标准化组织于 2009 年 3 月定义的。CAPWAP 是一个通用的协议,定义了 AC 和 AP 通过 CAPWAP 传输机制进行控制平面和数据平面的通信。CAPWAP 通信数据类型总体上可以分为以下两类。

(1) CAPWAP 控制隧道中传输的 CAPWAP 控制报文。

(2) CAPWAP 数据隧道中传输的 CAPWAP 数据报文。

CAPWAP 支持两种数据报文转发:本地转发与集中转发。

数据报文本地转发也称为直接转发。AC 只对 AP 进行管理,业务数据都是经过 AP 到接入交换机本地直接转发,即 AP 管理流封装在 CAPWAP 隧道中,到达 AC 终止。AP 业务流不加 CAPWAP 封装,而直接由 AP 发送到交换设备进行直接转发。这是常用的组网模式,此时无线用户业务数据无须经过 AC 集中处理,基本无带宽瓶颈,而且便于继承现有网络的安全策略。

直连式组网大多采用直接转发模式,适用于中小规模集中部署的 WLAN,可以简化网络架构。

旁挂式组网也可以采用直接转发模式,数据报文无须经过 AC 集中处理,无带宽瓶颈问题,而且便于继承现有网络的安全策略,适用于大型园区有线无线一体化或者总部分支场景。旁挂式组网直接转发模式如图 3-28 所示。

数据报文集中转发也称为隧道转发。业务数据报文由 AP 统一封装后到达 AC 实现转发,AC 不但可对 AP 进行管理,还是 AP 流量的转发中枢,即 AP 管理流与数据流都封装在 CAPWAP 隧道中到达 AC,再由 AC 转发到上层网络。数据流和管理流全部经过

AC，可以更容易地对无线用户实施安全控制策略。隧道转发模式通常结合旁挂式组网使用，AC 集中转发数据报文，安全性好，方便集中管理和控制，新增设备模式部署配置方便，对现网改动小，适用于大型园区 WLAN 独立部署或者集中管控场景。旁挂式组网隧道转发模式如图 3-29 所示。

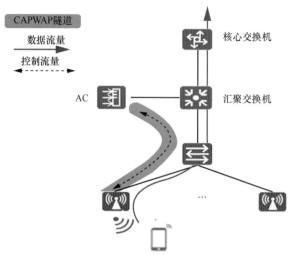

图 3-28　旁挂式组网直接转发模式

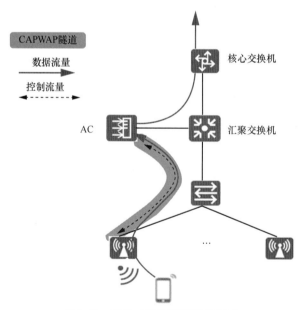

图 3-29　旁挂式组网隧道转发模式

3.3.2　CAPWAP 报文

CAPWAP 基于用户数据报协议（UDP）端口的应用层协议，可承载两类报文消息：数据报文和控制报文。这两类消息对应 AP 与 AC 通信所使用的两个消息通道：数据通道和控制通道。两类消息基于不同的 UDP 端口发送：控制报文端口为 UDP 端口 5246，数据报文端口为 UDP 端口 5247。CAPWAP 的所有报文都包含 CAPWAP 首部，在控制信道收到的是控制报文，在数据信道收到的是数据报文。CAPWAP 控制报文如图 3-30 所示，可以采取明文或者加密方式进行封装。

图 3-30　CAPWAP 控制报文

在数据通道中，如果 AP 与 AC 使用隧道转发模式，那么数据报文就是被 CAPWAP 封装转发的。CAPWAP 数据报文如图 3-31 所示，可以采取明文或者加密方式进行封装。

图 3-31　CAPWAP 数据报文

3.3.3　CAPWAP 状态机制

CAPWAP 隧道建立过程主要包括 DHCP 交互、AC 发现、数据包传输层安全（DTLS）连接、AP 加入、镜像升级、配置、数据检测、运行等。CAPWAP 隧道建立流程如图 3-32 所示。

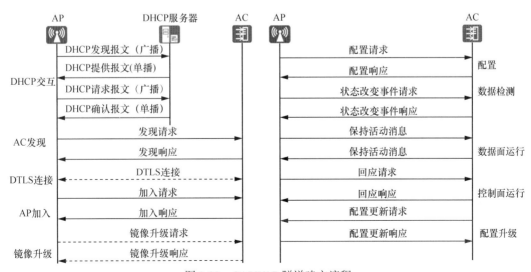

图 3-32　CAPWAP 隧道建立流程

CAPWAP 隧道建立流程如下。

1. DHCP 交互

在没有预配置 AP 的 IP 地址的情况下，AP 发送 DHCP 发现报文（广播），请求 DHCP 服务器响应；DHCP 服务器监听到发现报文后，响应 DHCP 提供报文（单播），通过 DHCP 中的选项字段返回 AC 地址列表，该报文中还会包含一个租约期限的信息。

当 AP 端收到多台 DHCP 服务器的响应时，只会挑选其中一个发出 DHCP 提供报文的服务器（通常是最先抵达的那个），发送 DHCP 请求报文（广播），告诉所有回应 DHCP 提供报文的服务器结果，并重新单播发送 DHCP 请求。

当 DHCP 服务器接收到 AP 的 DHCP 请求报文后，会向 AP 发送 DHCP 确认报文（单播）。该报文中携带的信息包括 AP 的 IP 地址、租约期限、网关信息以及 DNS 服务器地址等，重点是通过选项字段获取了 AC 的地址，就此完成 DHCP 的 4 步交互工作。

2. AC 发现

AP 以单播（三层组网）或广播（二层组网）的形式发送发现请求试图关联 AC，AC 收到 AP 的发现请求后，会发送一个单播发现响应给 AP，AP 可以通过发现响应中的 AC 优先级或者 AC 上当前 AP 的个数等，确定与哪个 AC 建立会话。

3. DTLS 连接

AP 与 AC 通过 DTLS 连接进行消息交互。与 AC 建立连接后，AP 根据此 IP 地址与 AC 协商，AP 接收到响应消息后开始与 AC 建立 CAPWAP 隧道。该过程是可选过程，根据报文是否需要加密来决定。是否需要加密的开关在发现响应中。

4. AP 加入

在完成 DTLS 连接后，AC 与 AP 开始建立控制通道，AP 发送加入请求给 AC。在建立控制通道的过程中，AC 回应的加入响应中会携带用户配置的升级版本号、握手报文间隔/超时时间、控制报文优先级等信息。AC 会检查 AP 的当前版本，如果 AP 的版本无法与 AC 要求的相匹配，AP 和 AC 会进入镜像升级进行固件升级，以此更新 AP 的版本；如果 AP 的版本符合要求，则进入配置状态。

5. 镜像升级

镜像升级不会每次都出现，第一次 AP 根据协商参数判断当前版本是否是最新版本，如果不是最新版本，则进入镜像升级。AP 将在 CAPWAP 隧道上开始更新软件版本，AP 向 AC 发送镜像升级请求，AP 在软件版本更新完成后自动重新启动，再次进行 AC 发现、DTLS 连接、AP 加入过程，后续加入 AC 不会升级镜像。

6. 配置

进入配置时，AP 将现有配置和 AC 设定配置进行匹配检查，AP 发送配置请求到 AC（携带 AC 名称、射频等信息），启动等待配置请求超时定时器。配置请求中包含了现有 AP 的配置，当 AP 的当前配置与 AC 要求不符合时，AC 会通过配置响应通知 AP。AP 收到报文后，停止等待配置响应超时定时器，并迁移到配置检查。

7. 数据检测

完成配置后，AP 发送状态改变事件请求，其中包含射频配置、配置结果、国家（地区）代码等信息，并启动等待响应超时定时器。当 AC 接收到状态改变事件请求后，迁移状态到数据检测并发送状态改变事件响应（目前没有携带错误码信息）。数据检测完成标志着管理隧道建立过程的完成，AP 开始进入运行状态。

8．数据面运行

AP 发送保持活动消息到 AC，AC 收到保持活动消息后表示数据隧道建立，并回应保持活动消息。AP 进入"正常"状态，开始工作。

9．控制面运行

AP 进入运行状态后，同时发送回应请求给 AC，宣布已建立 CAPWAP 管理隧道并启动发送定时器和隧道检测超时定时器以检测管理隧道的异常。当 AC 收到回应请求后，同样进入运行状态，并发送回应响应给 AP，启动隧道超时定时器。AP 收到回应响应后，会重新设置检验隧道超时的定时器，此时，AP 已经正常上线。

3.3.4　无线局域网媒体访问过程

相对于有线网络通过电流感知终端接入，WLAN 终端接入存在几个特点：使用无线媒介，通过频段扫描感知 AP 的存在；无线媒介是开放的，所有在其覆盖范围内的用户都能监听信号，需要加强 WLAN 的安全与保密性。为此，IEEE 802.11 协议规定了 STA 接入过程，如图 3-33 所示。

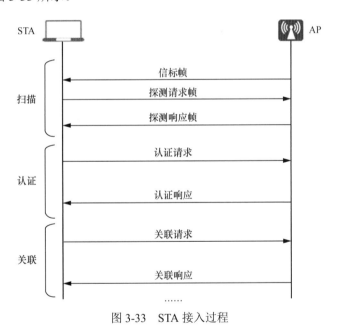

图 3-33　STA 接入过程

STA 接入过程分为以下 3 个阶段。

（1）扫描阶段：STA 进行扫描，定期搜索周围的无线网络，获取周围的无线网络信息。

（2）认证阶段：STA 接入 WLAN 前需要进行终端身份验证，即链路认证。链路认证通常被认为是终端连接 AP 并访问 WLAN 的起点。

（3）关联阶段：完成链路认证后，STA 会继续发起链路服务协商。

根据探测请求帧是否携带 SSID，可以将扫描分为两种方式：一种是被动扫描，STA 只是通过监听周围 AP 发送的信标帧获取无线参数信息；另一种是主动扫描，STA 在进行扫描时，主动发送一个探测请求帧，通过收到探测响应帧获取网络信息。

被动扫描：客户端在每个信道上侦听 AP 定期发送的信标帧（信标帧中包含 SSID、支持速率等信息），以获取 AP 的相关信息。当用户需要节省电量时，可以使用被动扫描。一般 VoIP 语音终端使用被动扫描方式，如图 3-34 所示。

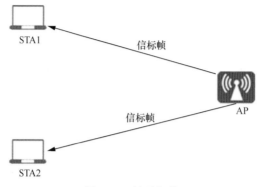

图 3-34   被动扫描

主动扫描：客户端发送携带指定 SSID 的探测请求帧，终端依次在每个信道发出探测请求帧，寻找与 STA 有相同 SSID 的 AP，只有能够提供指定 SSID 无线服务的 AP 接收到该探测请求帧后才回复探测响应帧。主动扫描如图 3-35 所示，STA 发送探测请求帧寻找 SSID 为 huawei 的 AP。这种方式适用于 STA 通过主动扫描接入指定的无线网络。

认证阶段（链路认证）：802.11 链路定义了两种认证机制——开放系统认证和共享密钥认证。开放系统认证是任意 STA 都可以认证成功，相当于不认证，如图 3-36 所示。

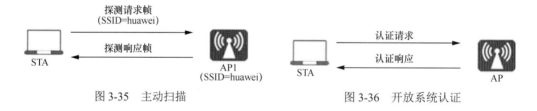

图 3-35   主动扫描   图 3-36   开放系统认证

共享密钥认证需要 STA 和 AP 预先配置相同的共享密钥并验证两边的密钥配置是否相同。如果一致，则认证成功；否则认证失败，如图 3-37 所示。

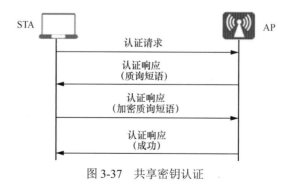

图 3-37   共享密钥认证

共享密钥认证的过程如下。

（1）STA 向 AP 发送认证请求。

（2）AP 随即生成一个"质询短语"发给 STA。

（3）STA 使用预先设置的密钥加密"质询短语"并发给 AP。

（4）AP 接收到经过加密的"质询短语"，用预先设置的密钥解密该消息，并将解密后的"质询短语"与之前发送给 STA 的进行比较。如果相同，认证成功；否则，认证失败。

关联阶段：完成链路认证后，STA 会继续发起链路服务协商，具体的协商通过关联报文实现。终端关联实质上是链路服务协商的过程，协商内容包括：支持的速率、信道等，如图 3-38 所示。

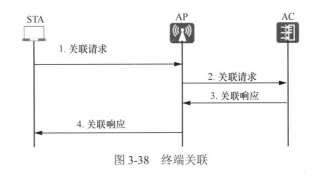

图 3-38　终端关联

终端关联过程如下。

（1）STA 向 AP 发送关联请求，其中会携带 STA 自身的各种参数以及根据服务配置选择的各种参数（主要包括支持的速率、信道、QoS 的能力以及选择的接入认证和加密算法）。

（2）AP 收到关联请求帧后将其进行 CAPWAP 封装，并上报 AC。

（3）AC 收到关联请求后判断是否需要进行用户的接入认证，并发送关联响应。

（4）AP 收到关联响应后将其进行 CAPWAP 解封装，并发给 STA。

3.3.5　VLAN 在无线局域网业务中的应用

WLAN 中的 VLAN 主要分为两类：管理 VLAN 和业务 VLAN。管理 VLAN 负责传输 CAPWAP 隧道转发的报文，包括管理报文和 CAPWAP 隧道转发的业务数据报文；业务 VLAN 负责传输业务数据报文。在进行 VLAN 规划时需要注意管理 VLAN 和业务 VLAN 分离，业务 VLAN 应根据实际业务需要与 SSID 匹配映射关系。

（1）管理 VLAN：对于无线局域网来说，管理 VLAN 主要是用来传送 AC 与 AP 之间的管理数据，如 AP DHCP 报文、AP ARP 报文、AP CAPWAP 报文（包含控制 CAPWAP 报文和数据 CAPWAP 报文）。

（2）业务 VLAN：主要负责传送无线局域网用户上网的数据。业务 VLAN 是基于 VAP 区域的，与位置有关，与用户无关，VAP 内的用户使用此业务 VLAN 封装数据。

从 AP 角度看，在直接转发模式下，业务 VLAN 是 AP 给数据报文加的 VLAN；在隧道转发模式下，业务 VLAN 是 CAPWAP 隧道内用户报文的 VLAN。

从 AC 角度看，无线局域网 ESS 接口的 PVID VLAN 需要管理员手工配置，仅在

AP 发送的用户报文为 Untag 时生效，表示 AC 发送和接收的用户报文的默认 VLAN。服务集模板中的 Service VLAN（AP 上传的用户报文 VLAN）始终为当前用户的业务VLAN。

从接入无线用户角色角度看，用户在使用 802.1x 方式进行用户接入安全认证时，涉及的 VLAN 有：用户 VLAN，基于用户权限的 VLAN；Guest VLAN，用户在没有经过认证的情况下也能访问 Guest VLAN 内部的部分资源；Restrict VLAN，允许用户在认证失败的情况下访问某一特定 VLAN 中的资源。

采用隧道模式组网，交换机和 AP 接口互连的配置示例代码如下。

```
[S5700-1] interface gigabitethernet 0/0/1
[S5700-1-GigabitEthernet0/0/2] port link-type trunk
[S5700-1-GigabitEthernet0/0/2] port trunk allow-pass vlan 100 201 //允许业务 VLAN 和管
理 VLAN
[S5700-1-GigabitEthernet0/0/2] port trunk pvid vlan 100          //直连 AP 的接口需要
配置 PVID
[S5700-1-GigabitEthernet0/0/2] port-isolate enable              //配置端口隔离以减
少广播报文
[S5700-1-GigabitEthernet0/0/2] quit
```

3.4　无线组网业务配置

3.4.1　华为 VRP 介绍

通用路由平台（VRP）是华为公司数据通信产品的通用操作系统平台。它以 IP 业务为核心，采用组件化的体系结构，在实现路由交换、网络安全、无线等功能特性的同时，还提供了基于应用的可裁剪和可扩展的分布式功能，使硬件平台和系统的运行效率大大提升。熟悉 VRP 操作系统并且熟练掌握 VRP 配置是高效管理华为网络设备的必备基础。

VRP 以 TCP/IP 协议栈为核心，实现了数据链路层、网络层和应用层的多种协议，在操作系统中集成了路由技术、交换技术、安全技术和 VoIP 语音技术等数据通信要件，并以 IP 转发引擎技术作为基础，为网络设备提供了出色的数据转发能力。

到目前为止，VRP 已经开发了 5 个版本，分别是 VRP1、VRP2、VRP3、VRP5和 VRP8。

VRP5 是一款分布式网络操作系统，具有高可靠性、高性能、可扩展的架构设计。目前，企业园区大多数华为设备使用的是 VRP5，它对当前配置所做的修改是即时生效。无线控制器的操作系统在华为 VRP5.0 的基础上进行开发，实现对无线 AP 的管理、无线射频的调整优化、用户接入认证、流量转发等功能。

VRP 提供以下功能。

（1）实现统一的用户界面和管理界面；命令行相同的解释器和统一风格的 Web 界面。

（2）实现控制平面功能，并定义转发平面接口规范；路由交换和防火墙功能在单一设备实现。

（3）实现各产品转发平面与 VRP 控制平面之间的交互。

（4）屏蔽各产品链路层对于网络层的差异。

通过命令行对 VRP 系统进行配置时，常常通过命令行视图切换的方式配置不同业务。VRP 操作系统对不同的对象操作需要切换到不同的视图下进行。配置某一功能时，需首先进入对应的命令行视图，然后执行相应的命令进行配置，例如对接口进行配置 IP 地址需要进入接口视图，对所运行的协议进行操作需要进入协议视图。常用的命令行视图见表 3-2。

表 3-2　常用的命令行视图

视图名称	进入视图	视图功能
用户视图	用户从终端成功登录设备即进入用户视图，在屏幕上显示：<HUAWEI> "<>"表示用户视图	在用户视图下，用户可以查看运行状态和统计信息等
系统视图	在用户视图下，执行命令 system-view 即可进入系统视图。 <HUAWEI> system-view Enter system view, return user view with Ctrl+Z. [HUAWEI] "[]"表示除用户视图外的其他视图	在系统视图下，用户可以配置系统参数以及通过该视图进入其他的功能配置视图
接口视图	使用 interface 命令并指定接口类型及接口编号可以进入相应的接口视图。 [HUAWEI] interface gigabitethernet X/Y/Z [HUAWEI-GigabitEthernetX/Y/Z] 说明： X/Y/Z 为需要配置的接口的编号，分别对应"槽位号/子卡号/接口序号"。 上述举例中 GigabitEthernet 接口仅为示例	配置接口参数的视图称为接口视图。在该视图下可以配置接口相关的物理属性、链路层特性及 IP 地址等重要参数
路由协议视图	在系统视图下，使用路由协议进程运行命令可以进入相应的路由协议视图。 [HUAWEI] isis [HUAWEI-isis-1]	路由协议的大部分参数是在相应的路由协议视图下进行配置的。例如 IS-IS 协议视图、OSPF 协议视图、RIP 视图
WLAN 视图	在系统视图下，执行命令 wlan 即可进入 WLAN 视图。 [HUAWEI] wlan [HUAWEI-wlan-view]	WLAN 的大部分参数是在 WLAN 视图下进行配置的

为了增加设备的安全性，VRP 系统将命令进行分级管理，各个视图下的每条命令都有指定的级别。设备管理员可以根据用户需要重新设置命令的级别，以实现低级别用户可以使用部分高级别命令的需求，或者将命令的级别提高。为了限制不同用户对设备的访问权限，系统对用户也进行分级管理。用户的级别与命令级别对应，不同级别的用户登录后，只能使用等于或低于自己级别的命令。在默认情况下，命令级别按 0～3 级进行注册，用户级别按 0～15 级进行注册，用户级别和命令级别对应关系见表 3-3。

表 3-3　用户级别和命令级别对应关系

用户级别	命令级别	级别名称	说明
0	0	参观级	网络诊断工具命令（ping、tracert）、从本设备出发访问外部设备的命令（Telnet 客户端）、配置保存（save）等
1	0、1	监控级	用于系统维护，包括 display 等命令。 说明：并不是所有 display 命令都是监控级，比如 display current-configuration 命令和 display saved-configuration 命令是 3 级管理级
2	0、1、2	配置级	业务配置命令，其中包括路由、各个网络层次的命令，向用户提供直接网络服务
3～15	0、1、2、3	管理级	用于系统基本运行的命令，对业务提供支撑作用，其中包括文件系统、FTP、TFTP 下载、配置文件切换命令、备板控制命令、用户管理命令、命令级别设置命令、系统内部参数设置命令、命令级别设置命令以及用于业务故障诊断的 debugging 命令等

为了方便用户对 AC 的维护和使用，除命令行配置外，用户还可以通过浏览器访问 AC。AC 内置一个 Web 服务器，使用与 AC 相连的 PC 可以通过 Web 浏览器对 AC 进行配置和管理。AC Web 网管运行环境如图 3-39 所示。Web 网管提供以下管理员角色。用户级别配置在 2 级以上才具有管理级权限。2 级以下的用户仅具有参观级权限。建议用户将用户等级设置在 2 级以上。

普通管理员：用户级别 1。

企业管理员：用户级别 2。

前台管理员：用户级别 3。

超级管理员：用户级别 3～15。

图 3-39　AC Web 网管运行环境

使用有线连接的 Web 方式登录设备前，需完成以下任务。

（1）确认 AC 设备的接入端口已配置 IP 地址。华为控制器内置地址为 169.254.1.1。

（2）PC 终端和 AC 设备网络互通。在 PC 网卡开启 DHCP 且没有 DHCP 服务器响应的情况下，自动分配 169.254.x.x.地址，可以和 AC 在同一个广播网络通信。

（3）AC 设备正常运行，默认出厂已经开启 HTTP 服务和 HTTPS 服务，运行在默认 80 和 443 端口。

（4）PC 终端已安装浏览器软件，在地址栏中输入"http://169.254.1.1"或"https://169.254.1.1"（169.254.1.1 为示例，以实际配置的接入端口 IP 地址为准），按下回车键，显示 Web 网管的登录页面。

需要注意的是，登录 Web 网管要求操作系统版本为 Windows 7.0 以上，要求浏览器为 IE 10～IE 11、Firefox 85～Firefox 89 或 Chrome 82～Chrome 91。如果浏览器版本过低，

可能会出现 Web 页面显示异常。在个别情况下，如果使用 Chrome 浏览器登录 Web 网管时发现页面打开很慢，可尝试使用 IE 或 FireFox 浏览器。

3.4.2　场景一：FAT AP 组网配置实例

企业使用 WLAN 技术为用户提供方便的无线上网服务。其中，路由器设备作为 FAT AP，提供用户无线接入网络功能，同时作为 DHCP 服务器为用户分配 IP 地址。

具体要求如下。

① 提供名为"huawei"的无线网络。

② 配置 DHCP 服务器，为 FAT AP 下的用户分配 IP 地址。

FAT AP 组网拓扑如图 3-40 所示。

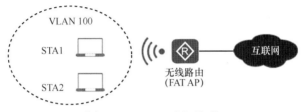

图 3-40　FAT AP 组网拓扑

配置步骤具体如下。

（1）配置 FAT AP 的默认路由，代码如下。

```
<Huawei> system-view
[Huawei] ip route-static 0.0.0.0 0 1.1.1.1
```

实例中假定下一跳路由地址为 1.1.1.1。

（2）创建 VLANIF 接口作为数据转发的逻辑三层接口，并使能 DHCP 服务功能，为 STA 分配 IP 地址，代码如下。

```
[Huawei] dhcp enable
[Huawei] vlan 100
[Huawei-vlan100] quit
[Huawei] interface vlanif 100
[Huawei-Vlanif100] ip address 10.10.10.1 24
[Huawei-Vlanif100] dhcp select interface
[Huawei-Vlanif100] quit
```

（3）配置 FAT AP 的国家（地区）码，方便识别和管理，代码如下。

```
[Huawei] wlan global country-code cn
```

（4）配置 WLAN-BSS 接口，使无线用户报文到达设备后能够送至 WLAN 业务处理模块进行处理，代码如下。

```
[Huawei] interface wlan-bss 1
[Huawei-Wlan-Bss1] port hybrid tagged vlan 100
[Huawei-Wlan-Bss1] quit
```

（5）创建名为"security-1"的安全模板，代码如下。

```
[Huawei] wlan
[Huawei-wlan-view] security-profile name security-1 id 1
```

```
[Huawei-wlan-sec-prof-security-1] security-policy wpa2
[Huawei-wlan-sec-prof-security-1] wpa2 authentication-method psk pass-phrase
cipher huawei@123 encryption-method ccmp
[Huawei-wlan-sec-prof-security-1] quit
```

（6）创建服务集，配置 SSID 为 huawei，并关联安全模板、WLAN-BSS 接口，代码如下。

```
[Huawei-wlan-service-set-huawei-1] ssid Huawei
[Huawei-wlan-service-set-huawei-1] security-profile name security-1
[Huawei-wlan-service-set-huawei-1] wlan-bss 1
[Huawei-wlan-service-set-huawei-1] quit
[Huawei-wlan-view] quit
[Huawei-wlan-view] service-set name huawei-1 id 1
```

（7）将射频口绑定服务集"huawei-1"，代码如下。

```
[Huawei] interface wlan-radio 0/0/0
[Huawei-Wlan-Radio0/0/0] service-set name huawei-1
[Huawei-Wlan-Radio0/0/0] quit
```

（8）验证配置结果。

无线接入用户可以搜索到 SSID 标识为"huawei"的 WLAN，输入密码 huawei@123 即可正常使用 WLAN 上网服务。

注意：本场景使用了默认的 WMM 模板、射频模板和流量模板。

3.4.3 场景二：AC+FIT AP 组网配置实例

普通无线覆盖场景，如办公室、普通教室、会议室等非高密场景，其主要业务需求如下。

① 随时、随地无线业务接入。

② 无线覆盖需要做到覆盖均匀、无盲区。

③ 无线漫游需求为多层网络、快速切换、网络时延短、业务不中断。

AC+FIT AP 组网拓扑如图 3-41 所示。

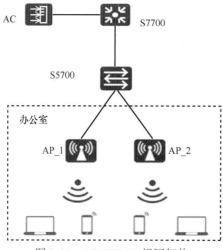

图 3-41   AC+FIT AP 组网拓扑

AC+FIT AP 场景数据规划见表 3-4。

表 3-4　AC+FIT AP 场景数据规划

配置项	数据规划
AP 管理 VLAN	VLAN100
用户业务 VLAN	VLAN101
DHCP 服务器	AC 是 DHCP 服务器，192.168.101.254 是用户网关
AC 地址	VLANIF100：192.168.100.254/24
AP 地址池	192.168.100.1～192.168.100.253/2
用户地址池	192.168.101.1～192.168.101.253/24
AP 组	名称：ap-group1
域管理模板	域名称：default。 国家（地区）码：CN
SSID 模板	模板名称：HCIA-WLAN。 SSID 名称：HCIA-WLAN
安全模板	模板名称：HCIA-WLAN
VAP 模板	模板名称：HCIA-WLAN。 转发模式：直接转发

配置步骤具体如下。

（1）有线侧基本配置，接入层交换机连接 AP 接口配置 Trunk，代码如下。

```
[S5700] vlan batch 100 101
    Info: This operation may take a few seconds. Please wait for a moment...done.
[S5700] interface GigabitEthernet 0/0/13
[S5700-GigabitEthernet0/0/13] port link-type trunk
[S5700-GigabitEthernet0/0/13] port trunk allow-pass vlan 100 101
[S5700-GigabitEthernet0/0/13] quit
[S5700] interface GigabitEthernet 0/0/14
[S5700-GigabitEthernet0/0/14] port link-type trunk
[S5700-GigabitEthernet0/0/14] port trunk allow-pass vlan 100 101
[S5700-GigabitEthernet0/0/14] quit
[S5700] interface GigabitEthernet 0/0/10
[S5700-GigabitEthernet0/0/10] port link-type trunk
[S5700-GigabitEthernet0/0/10] port trunk allow-pass vlan 100 101
[S5700-GigabitEthernet0/0/10] quit
```

（2）有线侧基本配置，AC 连接交换机接口配置 Trunk，代码如下。

```
[AC] vlan batch 100 101
    Info: This operation may take a few seconds. Please wait for a moment...done.
[AC] interface GigabitEthernet 0/0/10
[AC-GigabitEthernet0/0/10] port link-type trunk
[AC-GigabitEthernet0/0/10] port trunk allow-pass vlan 100 101
[AC-GigabitEthernet0/0/10] quit
```

（3）有线侧基本配置，核心交换机接口配置 Trunk，代码如下。

```
[S7700] vlan batch 100 101
    Info: This operation may take a few seconds. Please wait for a moment...done.
```

```
[S7700] interface MultiGE0/0/1
[S7700-MultiGE0/0/1] port link-type trunk
[S7700-MultiGE0/0/1] port trunk allow-pass vlan 100 to 101
[S7700-MultiGE0/0/1] quit
[S7700] interface MultiGE0/0/4
[S7700-MultiGE0/0/4] port link-type trunk
[S7700-MultiGE0/0/4] port trunk pvid vlan 100
[S7700-MultiGE0/0/4] port trunk allow-pass vlan 100 to 101
[S7700-MultiGE0/0/4] quit
```

（4）配置接口 IP 地址，代码如下。

```
[S7700] interface Vlanif 101
[S7700-Vlanif101] ip address 192.168.101.254 24
[S5700-Vlanif101] quit
[AC] interface Vlanif 100
[AC-Vlanif100] ip address 192.168.100.254 24
```

（5）DHCP 配置。配置 AC 为 DHCP 服务器，客户和 AP 从 AC 上获取 IP 地址；核心交换机配置 DHCP 中继，转发客户 DHCP 请求，代码如下。

```
[S7700]dhcp enable
Info: The operation may take a few seconds. Please wait for a moment.done.
[S7700] interface Vlanif 101
[S7700-Vlanif101] dhcp select relay
[S7700-Vlanif101] dhcp relay server-ip 192.168.100.254
[S7700-Vlanif101] quit
[AC] dhcp enable
Info: The operation may take a few seconds. Please wait for a moment.done.
[AC] ip pool ap
Info: It is successful to create an IP address pool.
[AC-ip-pool-ap] network 192.168.100.254 mask 24
[AC-ip-pool-ap] gateway-list 192.168.100.254
[AC-ip-pool-ap] quit
[AC] ip pool sta
[AC-ip-pool-ap] network 192.168.101.254 mask 24
[AC-ip-pool-ap] gateway-list 192.168.101.254
[AC-ip-pool-ap] quit
[AC] interface Vlanif 100
[AC-Vlanif100] dhcp select global
[AC-Vlanif100] quit
```

（6）配置 AP 上线，创建名为"ap-group1"的 AP 组，代码如下。

```
[AC] wlan
[AC-wlan-view] ap-group name ap-group1
   Info: This operation may take a few seconds. Please wait for a moment.done.
[AC-wlan-ap-group-ap-group1] quit
```

（7）创建域管理模板，在域管理模板下配置 AC 的国家（地区）码，代码如下。域管理模板提供对 AP 的国家（地区）码、调优信道集合和调优带宽等的配置。在默认情况下，系统上存在名为"default"的域管理模板，因此当前进入了 default 模板。国家（地区）码用来标识 AP 射频所在的国家（地区），不同国家（地区）码规定了不同的 AP 射频特性，如 AP 的发送功率、支持的信道等。配置国家（地区）码是为了使 AP 的射频特性符合不同国家或地区法律法规要求。在默认情况下，设备的国家（地区）码标识为"CN"。

```
[AC] wlan
[AC-wlan-view] regulatory-domain-profile name default
[AC-wlan-regulate-domain-default] country-code cn
    Info: The current country code is same with the input country code.
[AC-wlan-regulate-domain-default] quit
```

（8）在 AP 组下引用域管理模板，代码如下。在 AP 组视图下，regulatory-domain-profile 命令用来将指定的域管理模板引用到 AP 或 AP 组。在默认情况下，AP 组下引用名为"default"的域管理模板，AP 下未引用域管理模板。在默认的域管理模板中，2.4GHz 调优信道集合包括 1、6、11，5GHz 调优信道集合包括 149、153、157、161、165 。

```
[AC] wlan
[AC-wlan-view] ap-group name ap-group1
[AC-wlan-ap-group-ap-group1] regulatory-domain-profile default
Warning: Modifying the country code will clear channel, power and antenna gain
configurations of the radio and reset the AP. Continue?[Y/N] :y
[AC-wlan-ap-group-ap-group1] quit
```

（9）配置 AC 建立 CAPWAP 隧道的源接口，代码如下。

```
[AC] capwap source interface Vlanif 100
```

（10）在 AC 上离线导入 AP，并将 AP 加入配置好的 AP 组"ap-group1"中。AC 上添加 AP 的方式有以下 3 种。

- 离线导入 AP：预先配置 AP 的 MAC 地址和 SN，当 AP 与 AC 连接时，如果 AC 发现 AP 与预先增加的 AP 的 MAC 地址和 SN 匹配，则 AC 开始与 AP 建立连接。
- 自动发现 AP：配置 AP 的认证模式为不认证或配置 AP 的认证模式为 MAC 或 SN 认证且将 AP 加入 AP 白名单中，当 AP 与 AC 连接时，AP 将被 AC 自动发现并正常上线。
- 手工确认未认证列表中的 AP：配置 AP 的认证模式为 MAC 或 SN 认证，但 AP 没有离线导入且不在已设置的 AP 白名单中，则该 AP 会被记录到未授权的 AP 列表中。需要用户手工确认后，此 AP 才能正常上线。

配置 AP 使用 MAC 地址认证，代码如下。

```
[AC] wlan
[AC-wlan-view] ap auth-mode mac-auth
[AC-wlan-view] ap-id 0 ap-mac 2811-FD8A-F6A1
```

ap auth-mode 命令用来配置 AP 认证模式，只有通过认证的 AP 才能允许上线。除了 MAC 地址认证外，AP 认证模式还有 SN 认证和不认证。在默认情况下，AP 认证模式为 MAC 地址认证。

注意：AP 的 MAC 地址和 SN 可以通过设备包装箱内 MAC 地址标签和 SN 标签查询得到。

ap-id 命令用来离线增加 AP 设备或进入 AP 视图。当增加 AP 时，若使用 MAC 认证，需要配置 ap-mac 参数；若使用 SN 认证，则需要配置 ap-sn 参数。当进入 AP 视图时，只需要输入 ap-id 即可进入相应的 AP 视图。

ap-name 命令用来配置单个 AP 的名称，注意各个 AP 的名字不能重复。如果未配置 AP 的名称，那么 AP 上线后默认的名称为 AP 的 MAC 地址。

```
[AC-wlan-ap-0] ap-name ap1
[AC-wlan-ap-0] ap-group ap-group1
[AC-wlan-ap-0] quit
[AC-wlan-view] ap-id 1 ap-mac 2811-FD8A-A6C2
[AC-wlan-ap-1] ap-name ap2
[AC-wlan-ap-1] ap-group ap-group1
[AC-wlan-ap-1] quit
```

ap-group 命令用来配置 AP 所加入的组，AC 会给 AP 下发相应 ap-group 内的配置。

此处 AP1 被加入 ap-group1，那么 ap-group1 关联的域管理模板、射频模板、VAP 模板都会被下发给 AP1。在默认情况下，AP 加入默认的组。修改 AP 所加入的组并下发配置后，AP 自动重启，加入修改后的 AP 组。

（11）查看当前的 AP 信息，代码如下。执行 display ap 命令查看 AP 信息，其中包括 IP 地址、型号（AirEngine5760）、状态（nor）、上线时长等。此外，还可以在命令后面加 by-state state、by-ssid ssid 来筛选处于特定状态或者使用指定 SSID 的 AP。

```
[AC] wlan
  [AC-wlan-view] display ap all
  Info: This operation may take a few seconds. Please wait for a moment.done.
  Total AP information:
  nor : normal [2]
  --------------------------------------------------------------------------------
  ID MAC            Name Group     IP               Type          State  STA Uptime
  --------------------------------------------------------------------------------
  0  2811-fd8a-f6a1 ap1  ap-group1 192.168.100.206  AirEngine5760 nor      0  30M:4S
  1  2811-FD8A-a6c2 ap2  ap-group1 192.168.100.170  AirEngine5760 nor      0  31M:31S
  --------------------------------------------------------------------------------
Total: 2
```

从输出结果可以看到，此时两台 AP 都处于正常状态。

（12）配置 WLAN 业务参数，创建名为"HCIA-WLAN"的安全模板，并配置安全策略，代码如下。

```
[AC-wlan-view]security-profile name HCIA-WLAN
[AC-wlan-sec-prof-HCIA-WLAN] security wpa-wpa2 psk pass-phrase HCIA-Datacom aes
[AC-wlan-sec-prof-HCIA-WLAN] quit
```

security psk 命令用来配置 WPA/WPA2 的预共享密钥认证和加密。当前使用 WPA 和 WPA2 混合方式，用户使用 WPA 或 WPA2 都可以进行认证。预共享密钥为 HCIA-Datacom。通过 AES 加密算法加密用户数据。

（13）创建名为"HCIA-WLAN"的 SSID 模板，并配置 SSID 名称为"HCIA-WLAN"，代码如下。

```
[AC] wlan
[AC-wlan-view] security-profile name HCIA-WLAN
[AC-wlan-ssid-prof-HCIA-WLAN] ssid HCIA-WLAN
Info: This operation may take a few seconds, please wait.done.
[AC-wlan-ssid-prof-HCIA-WLAN] quit
```

（14）创建名为"HCIA-WLAN"的 VAP 模板，配置业务数据转发模式、业务 VLAN，并引用安全模板和 SSID 模板，代码如下。

```
[AC] wlan
[AC-wlan-view] vap-profile name HCIA-WLAN
[AC-wlan-vap-prof-HCIA-WLAN] forward-mode direct-forward
[AC-wlan-vap-prof-HCIA-WLAN] service-vlan vlan-id 101
Info: This operation may take a few seconds, please wait.done.

[AC-wlan-vap-prof-HCIA-WLAN] security-profile HCIA-WLAN
Info: This operation may take a few seconds, please wait.done.
[AC-wlan-vap-prof-HCIA-WLAN] ssid-profile HCIA-WLAN
Info: This operation may take a few seconds, please wait.done.
[AC-wlan-vap-prof-HCIA-WLAN] quit
```

vap-profile 命令用来创建 VAP 模板。VAP 模板能够引用 SSID 模板、安全模板、流量模板等。

forward-mode 命令用来配置 VAP 模板下的业务数据转发模式。在默认情况下，VAP 模板下的业务数据转发模式为直接转发。

service-vlan 命令用于配置 VAP 的业务 VLAN，当 STA 接入无线网络后，从 AP 转发的用户数据就会带上 service-VLAN 的标签。

（15）配置 AP 组引用 VAP 模板，AP 上射频 0 和射频 1 都使用 VAP 模板"HCIA-WLAN"的配置，代码如下。

```
[AC] wlan
[AC-wlan-view] ap-group name ap-group1
[AC-wlan-ap-group-ap-group1] vap-profile HCIA-WLAN wlan 1 radio all
    Info: This operation may take a few seconds, please wait...done.
[AC-wlan-ap-group-ap-group1] quit
```

vap-profile 命令用来将指定的 VAP 模板引用到射频。执行该命令后，VAP 下所有的配置，包括 VAP 引用的各类模板下的配置都会下发到 AP 的射频。

（16）验证结果。

① 使用无线终端接入 SSID 为"HCIA-WLAN"的无线信号，密码为"HCIADatacom"，查看 STA 获取的 IP 地址。

② STA 连接的同时，在 AC 上使用命令 display station all 查看 STA 信息，具体如下。

```
<AC> display station all
    Rf/WLAN: Radio ID/WLAN ID
    Rx/Tx: link receive rate/link transmit rate(Mbit/s)
--------------------------------------------------------------------------
STA MAC            AP ID   Ap name       Rf/WLAN Band  Type  Rx/Tx     RSSI
VLAN IPv4 address       SSID     Status     IPv6 address          AC ID
--------------------------------------------------------------------------
14cf-9208-9abf     0       2811-fd8a-f6a1 0/2    2.4G  11n   3/8       -70
10   192.168.101.253    tap1    Normal      FC02::546E:C25C:F4C7:B2AD  1
--------------------------------------------------------------------------
Total: 1 2.4G: 1 5G: 0
```

第 4 章
无线高级技术

本章主要内容

　　本章首先介绍无线局域网安全的相关知识，描述 WIDS、WIPS 概念，特别对不合规的 AP 进行定义和反制；然后介绍无线射频的调优方法，如信道和功率调整，讲解频谱导航技术多射频调优的具体方法；最后针对无线漫游的原理和场景进行说明和举例，对于如何实现快速漫游和智能漫游进行详细的说明。

4.1　无线局域网安全

4.1.1　无线安全组件

数据通信安全主要有以下 3 个安全目标。

机密性：是为了防范未经授权的第三方获取数据并泄露内容。

完整性：是确定数据没有遭到篡改。

可靠性：是所有安全策略的基础，因为数据的可信度取决于数据来源的可靠性，通信双方需要互相确认对方身份。

在无线信号覆盖的范围内，无线终端即可接入。用户数据是在开放空间传播的，那么承载用户收发数据的无线信号就会被任何合适的接收装置接收，这将导致未经授权的用户可以轻易地截获传输的数据，恶意攻击者可以通过伪装身份进入网络窃取信息，使用户的数据遭受威胁。另外，在无线网络中，移动设备的存储资源及计算资源有限，致使许多有线网络中潜在的安全威胁在 WLAN 中更加明显。保护用户的隐私、敏感数据的安全，是设计部署人员和无线网络管理员非常关心的问题，主要有以下 3 个方面。

（1）数据易被窃取：无线局域网主要采用无线射频在开放的环境通信，其数据包很容易被截获。由于不能在物理空间严格界定，因此处于无线信号覆盖范围内的攻击者可以监听并获取敏感信息，如用户名和密码等，即使是经过加密的报文，监听者也可以进行解码破译，从而获取敏感信息。

（2）拒绝服务（DoS）攻击：无线局域网的收发设备在开放的空间内进行通信时，任何恶意的或者非恶意的设备都能够自由地接收无线数据，当然也能够任意地发送无线数据。攻击者通过短时间内发送大量随机的报文，很容易抢占空口资源，让合法的无线接收端设备一直处于退避状态。

（3）非法设备入侵：无线局域网很容易受到未授权 AP、Ad-hoc 无线网络、DoS 攻击等网络威胁，其中非法设备对无线局域网安全的影响最为严重。以非法 AP 为例，攻击者在 WLAN 中安放未经授权的 AP 或客户端提供对网络的无限制访问，或者模仿合法的 SSID，通过欺骗用户接入伪装的 SSID 来截取数据。无线局域网的用户在不知情的情况下，以为自己通过很好的信号连接无线局域网，却不知已遭到黑客的监听，用户信息丢失，从而导致财产、名誉等受到严重侵害。

结合数据安全和要求及无线通信的特点，WLAN 安全可以包含：边界防御安全、用户接入安全、业务安全。

（1）边界防御安全：非法设备和非法攻击对企业网络安全是一个很严重的威胁，如在公司内未经授权私设 AP 导致同频信号被干扰、非法无线用户破解密钥接入网络、Ad-hoc 无线网络的干扰、仿冒 AP 伪装合法 SSID 欺骗、恶意终端的 DoS 攻击等。WIDS/WIPS 就是监测和防范上述 WLAN 安全威胁的技术手段。

（2）用户接入安全：用户接入无线局域网的合法性和安全性，包括链路认证、用户接入认证和数据加密。

（3）业务安全：保证用户的业务数据在传输过程中的安全，避免合法用户的业务数据在传输过程中被非法截获。

4.1.2　WIDS、WIPS 介绍

无线入侵检测系统（WIDS）用于对非法终端和入侵无线局域网的行为进行安全检测，可以检测出非法的 AP、网桥、用户终端、Ad-hoc 无线网络，恶意的用户攻击，以及信道重合的干扰 AP。

无线入侵防御系统（WIPS）可以保护企业网和用户不被无线局域网中未经授权的设备访问，在 WIDS 的基础上进一步保护企业无线局域网的安全，如阻止企业网被非法设备接入和非授权用户访问，以及提供网络系统的攻击防护；可以断开合法用户与仿冒 AP 的 WLAN 连接、非法用户终端和 Ad-hoc 的接入，实现对非法设备的反制。

WIDS/WIPS 可以提供无线安全威胁的检测、识别、防护、反制等。根据网络规模的不同，WIDS/WIPS 可以分为以下几种。

（1）针对家庭或者小型企业可以使用基于黑白名单的 AP 和 Client 接入控制。

（2）针对中小型企业可以使用 WIDS。

（3）针对大中型企业可以设置专用 AP 检测、识别、防护、反制。

WIDS/WIPS 常用术语如下。

Rogue AP：网络中未经授权或者有恶意的 AP，它是私自接入网络的 AP，或者是攻击者操作的 AP。

Rogue Client：非法客户端，网络中未经授权或者有恶意的客户端，通过破解密码的方式接入网络的终端。

Rogue Wireless Bridge：非法无线网桥，网络中未经授权或者有恶意的网桥，中继放大无线接入信号，使非法用户接入无线网络。

Ad-hoc 模式：无线客户端的工作模式设置为 Ad-hoc 模式时，可以不需要任何设备支持而直接进行双向通信。

Monitor AP：监测 AP。网络中用于扫描或侦听无线介质的 AP。Monitor AP 通过扫描所有频段，检测无线网络中是否存在恶意 AP，是防范非法接入的有力工具，此 AP 不再接入用户，而是自动地在无线频段上通过扫描以发现攻击来源。在 Monitor 模式下，部分 AP 支持配置以下功能。

- 跨频段扫描：该模式下射频支持跨 2.4GHz/5GHz 扫描。
- 代理扫描：该模式下射频专门用于扫描，所有业务射频的空口扫描相关功能由该射频代理完成，可以保证射频上的业务不受影响。

4.1.3　非法设备攻击检测原理

为了保障小型企业的 WLAN 安全，可以启动 WIDS 功能，它可以实现对泛洪（Flood）攻击、弱初始向量（Weak IV）攻击、欺骗（Spoof）攻击的检测，以便及时发现网络的不安全因素，并通过日志、统计信息及 Trap 方式及时通知管理员。

大中型企业主要使用 WIDS/WIPS 对非法设备进行检测、识别、防护、反制。

为了防止非法设备或干扰设备的入侵，可以在需要保护的网络空间中部署监测 AP，

通过无线入侵检测系统 WIDS，监测 AP 可以定期对无线信号进行探测，这样，AC 就可以了解到无线网络中设备的情况，进而对非法设备或干扰设备采取相应的防范措施。

为了发现并反制非法设备攻击，一般按图 4-1 所示的非法设备判断流程来实现。

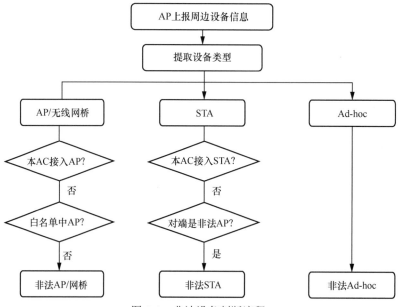

图 4-1　非法设备判断流程

控制器逐一提取 AP 上报的周边设备信息，根据设备类型进行以下判断。

AP 合法性识别：控制器使用 SSID、OUI 白名单协助进行 AP 分类。注册到本控制器的是合法 AP，非控制器管理的且不属于控制器 SSID、OUI 白名单的 AP 为非法 AP，否则属于合法 AP。

STA 合法性识别：关联到合法 AP 的终端为合法终端，关联到非法 AP 的终端为非法终端。

网桥合法性识别：无线网桥是能够利用无线传输方式，在两个或多个网络之间搭起通信桥梁的设备，其合法性同识别 AP 一样。

Ad-hoc 合法性识别：检测到的所有 Ad-hoc 都为非法设备。

注意，控制器被判断为非法 AP 会触发"非法 AP 告警"，以 SNMP Trap 方式通知网络管理台；其他非法设备类型不会触发"非法设备告警"。

设备按安全类别分类如下。

（1）合法设备：非控制器管理的且无安全风险的设备。合法设备有合法 AP、合法网桥、合法 STA。

• 合法 AP：本地的 AP 或加入 WIDS 白名单的 AP。

• 合法网桥：本地的网桥或加入 WIDS 白名单的网桥。

• 合法 STA：连接在合法 AP 上的终端。

（2）非法设备：非控制器管理的且可能存在安全风险的设备。非法设备有非法 AP、非法网桥、非法 STA、非法 Ad-hoc。

• 非法 AP：不在 WIDS 白名单中，且 AP 的 SSID 与本地 SSID 相同或仿冒 SSID 满足匹配规则的 AP。

- 非法网桥：不在 WIDS 白名单中，且网桥的 SSID 与本地 SSID 相同或仿冒 SSID 满足匹配规则的网桥。
- 非法 STA：连接在非法 AP 上的终端。
- 非法 Ad-hoc：检测到的 Ad-hoc 设备均被认为是非法设备。

（3）干扰设备：只与管理网络中存在信道重叠的 AP。干扰设备有干扰 AP、干扰网桥、干扰 STA。

- 干扰 AP：既不是合法 AP，也不是非法 AP。
- 干扰网桥：既不是合法网桥，也不是非法网桥。
- 干扰 STA：连接在干扰 AP 上的终端。

4.1.4　非法设备反制方法

识别到非法设备后，监测 AP 可以采取以下针对性反制方法，如图 4-2 所示。

（1）非法 AP 或干扰 AP：AC 确定非法 AP 或干扰 AP 后，将非法 AP 或干扰 AP 告知监测 AP。监测 AP 以非法 AP 或干扰 AP 的身份发送广播解除关联帧，这样，接入非法 AP 或干扰 AP 的 STA 收到解除关联帧后，就会断开与非法 AP 或干扰 AP 的连接。这种反制方法可以阻止 STA 与非法 AP 或干扰 AP 的连接。

（2）非法 STA 或干扰 STA：AC 确定非法 STA 或干扰 STA 后，将非法 STA 或干扰 STA 告知监测 AP。监测 AP 以非法 STA 或干扰 STA 的身份发送单播解除关联帧，这样，非法 STA 或干扰 STA 接入的 AP 在接收到解除关联帧后，就会断开与非法 STA 或干扰 STA 的连接。这种反制方法可以阻止 AP 与非法 STA 或干扰 STA 的连接。

（3）Ad-hoc 设备：AC 确定 Ad-hoc 设备后，将 Ad-hoc 设备告知监测 AP。监测 AP 以 Ad-hoc 设备的身份（使用该设备的 BSSID、MAC 地址）发送单播解除关联帧，这样，接入 Ad-hoc 网络的 STA 收到解除关联帧后，就会断开与 Ad-hoc 设备的连接。这种反制方法可以阻止 STA 与 Ad-hoc 设备的连接。

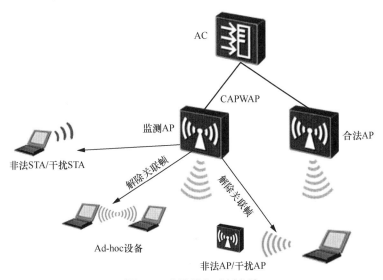

图 4-2　非法设备反制方法

4.1.5　非法攻击检测

中小型企业为了及时发现 WLAN 受到的攻击,可以启动非法攻击检测功能,对 Flood 攻击、Weak IV 攻击和 Spoof 攻击等进行检测,及时发现网络的不安全因素。使能非法攻击检测功能后可以添加攻击者到动态黑名单中,并将告警信息上报至 AC,从而及时通知管理员。

非法攻击检测有以下几种方法。

1. Flood 攻击检测

Flood 攻击指当 AP 在短时间内接收了大量的来自同一个源 MAC 地址的同类型的管理报文或空数据帧报文时,AP 的系统资源被攻击报文占用,无法处理合法 STA 的报文,如图 4-3 所示。Flood 攻击检测指 AP 通过持续地监控每个 STA 的流量来预防 Flood 攻击。当流量超出可容忍的上限时(例如 1s 中接收到超过 100 个报文),该 STA 将被认为要在网络内广播,AP 上报告警信息给 AC。如果使能了动态黑名单,检测到的攻击设备将被加入动态黑名单。在动态黑名单老化之前,AP 丢弃该攻击设备的所有报文,防止对网络造成冲击。如果在提供 WLAN 接入服务的同时启动 WIDS 攻击检测、Flood 攻击检测及动态黑名单功能,WIDS 会检测到来自该恶意用户的 Flood 攻击,并将该用户添加到动态黑名单中,这样所有的来自该用户的报文将全部被丢弃,从而实现了对网络的安全防御。

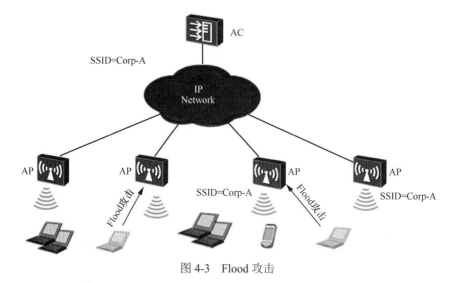

图 4-3　Flood 攻击

2. Weak IV 攻击检测

Weak IV 指当采用有线等效保密(WEP)加密方式时,每一个报文在发送前都会使用一个 3 字节的初始向量(IV)和固定的共享密钥一起加密报文,使相同的共享密钥产生不同的加密效果。如果 AP 使用了 Weak IV(当 AP 检测到 IV 的第一个字节取值为 3~15,第二个字节取值为 255 时,就是 Weak IV),在 STA 发送报文时,IV 作为报文头的一部分被明文发送,攻击者就很容易暴力破解出共享密钥并访问网络资源。Weak IV 攻击检测通过识别每个 WEP 报文的 IV 来预防这种攻击,当一个包含 Weak IV 的报文被检测到,AP 就会向 AC 上报告警信息,便于用户使用其他的安全策略来避免 STA 使用 Weak IV 加密。

Weak IV 攻击检测如图 4-4 所示，如果客户端的数据报文使用了 WEP 加密算法，则启动 IV 检测，根据 IV 的安全性策略判断是否存在 Weak IV 攻击。当一个有 Weak IV 的报文被检测到时，这个报文将立刻被记录到日志中。

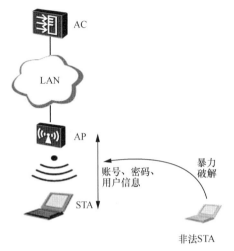

图 4-4　Weak IV 攻击检测

3. Spoof 攻击检测

Spoof 攻击指攻击者（恶意 AP 或恶意用户）冒充合法设备向 STA 发送 Spoof 攻击报文，导致 STA 下线或者不能上线，这种攻击也称为中间人攻击。Spoof 攻击报文主要包括两种类型：广播型的解除关联报文和解除认证报文。

Spoof 攻击检测如图 4-5 所示，开启 Spoof 攻击检测功能后，当 AP 接收到上述两种报文，就会检测报文的源地址是否为 AP 自身的 MAC 地址。如果是，则表示 WLAN 受到了解除认证报文或解除关联报文的 Spoof 攻击，AP 会上报告警信息给 AC，AC 接收到信息立刻将其定义为 Spoof 攻击报文并将该报文记录到日志中。

图 4-5　Spoof 攻击检测

4. 防暴力破解

暴力破解法又称为穷举法，是一种破解密码的方法，利用字典对密码组合进行逐个尝试，直到找出真正的密码为止。例如，一个已知是 4 位并且全部由数字组成的密码，共有 10000 种组合，因此最多尝试 10000 次就能找到正确的密码。理论上利用这种方法可以破解任何密码。

防暴力破解如图 4-6 所示，当 WLAN 采用的安全策略为 WPA/WPA2-PSK、WAPI-PSK、WEP-Share-Key 时，攻击者即可利用暴力破解法来破解密码。为了提高密码的安全性，可以通过防暴力破解 PSK 密码功能，延长破解密码的时间，即 AP 检测 WPA/WPA2-PSK、WAPI-PSK、WEP-Share-Key 认证时的密钥协商报文在一定时间内的密钥协商失败次数是否超过配置的阈值。如果超过，则认为该用户在通过暴力破解法破解密码，AP 上报告警信息给AC。如果同时使能了动态黑名单功能，则 AP 将该用户加入动态黑名单中，丢弃该用户的所有报文，直至动态黑名单老化。当然也可以手工启用静态黑名单来防止已知非法攻击者。

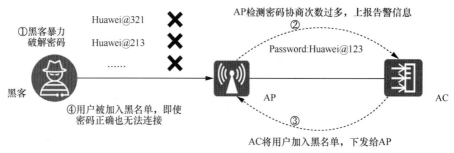

图 4-6   防暴力破解

4.1.6   无线用户安全接入

在 WLAN 的安全保护措施中，认证和加密是两个重要的因素，通过认证可以确保合法用户通过受信任的接入点访问网络，通过加密可以给用户的数据提供隐私和机密保护。基于以上考虑，802.11 工作组和其他标准化组织提出了一系列 WLAN 安全保护机制，期望通过认证和加密的方式保证 WLAN 安全或降低网络风险。下面我们从这两个方面分别分析如何保障无线用户安全接入。

1. 无线认证方式

第一种认证方式是 SSID 匹配。出于安全考虑，管理员在配置 SSID 时选择不广播来隐藏 SSID，无线终端接入时必须事先知道这个 SSID 的名称。隐藏 SSID 必须被手动设置为与无线 AP 相同的 SSID，才能接入无线网络；如果输入的的 SSID 与 AP 隐藏的 SSID 不同，那么 AP 将拒绝它接入网络。利用 SSID 设置，可以进行用户群体分组，避免任意漫游带来的安全和访问性能的问题。具体可以通过设置隐藏 AP、SSID 区域的划分和权限控制来达到基本的保密目的，保障一定程度的安全。但是攻击者可以通过某些嗅探设备或者特殊软件搜索出隐藏 SSID 的无线网络，因此，若仅仅使用 SSID 隐藏策略来保证无线网络安全是不行的。

第二种认证方式是 MAC 地址认证。基于设备的 MAC 地址对用户的网络访问权限进行控制。由于无线终端的网卡都具备唯一的 MAC 地址，因此可以通过检查无线终端数据包的源 MAC 地址来识别无线终端的合法性。MAC 地址认证要求预先在控制器、胖 AP 或者专用服务器中写入合法的 MAC 地址列表，只有当用户的 MAC 地址和合法 MAC 地址列表中的地址匹配，AP 才允许用户与之通信，实现物理地址过滤。由于大多数无线设备的操作系统支持重新配置 MAC 地址，攻击者容易伪造或复制 MAC 地址，因此不建议单独使用 MAC 地址认证。但是一些旧设备或哑终端不支持更高级的认证方式时，可以选用 MAC 地址认证。

　　第三种认证方式是共享密钥认证。共享密钥认证必须结合 WEP 加密方式使用，要求终端和 AP 使用相同的共享密钥，通常被称为静态 WEP 密钥。共享密钥认证过程共有 4 步，后 3 步是一个完整的 WEP 加密/解密过程（框架与 CHAP 类似），对 WEP 加密的密钥进行了验证，确保网卡在发起关联时与 AP 配置了相同的密钥。共享密钥认证的过程如图 4-7 所示。

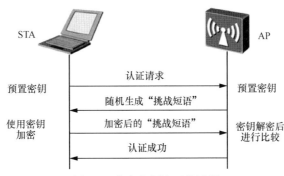

图 4-7　共享密钥认证的过程

　　共享密钥认证的过程具体如下。

　　（1）STA 先向 AP 发送认证请求。

　　（2）AP 会随机产生一个"挑战短语"，发送给 STA。

　　（3）STA 会将接收到的"挑战短语"复制到新的消息中，用密钥加密后再发送给 AP。

　　（4）AP 接收到该密文后，用密钥将其解密，然后对解密后的字符串和最初发送给 STA 的字符串进行比较。如果相同，则说明 STA 拥有与 AP 相同的共享密钥，即通过了共享密钥认证；如果不同，则共享密钥认证失败。

　　共享密钥认证的缺点有以下几个。

　　（1）可扩展性较差，因为必须在每台设备上配置一个很长的密钥字符串。

　　（2）安全性不高，静态密钥的使用时间非常长，直到手工重新配置新密钥为止。密钥的使用时间越长，恶意用户便有更长的时间来收集从它派生出来的数据，并最终通过逆向工程破解密钥。静态 WEP 密钥是比较容易被破解的。

　　第四种认证方式是基于 Web 的 Portal 认证。Portal 认证是以网页的形式为用户提供身份认证和个性化信息服务的一种接入认证方式。Portal 认证包括 4 个基本要素：客户端、接入设备（AP）、Portal 服务器和 Radius 服务器。Portal 认证的流程如图 4-8 所示。

　　（1）客户端连接开放网络，访问原始 HTTP 网址。

　　（2）浏览器弹窗重定向到 Portal 服务器，并推送身份验证页面。

　　（3）客户端访问 Portal 页面，用户输入用户名和密码，提交页面并向 Portal 服务器发起连接请求。

　　（4）Portal 服务器转发请求到控制器（AC）。

　　（5）AC 向 RADIUS 服务器发起 RADIUS 认证请求。

（6）RADIUS 服务器向 AC 发送 RADIUS 认证应答。

（7）AC 转发 RADIUS 认证应答。

（8）AC 将 Portal 认证应答发送到 Portal 服务器。

（9）Portal 服务器确认 Portal 认证应答，显示 Portal 认证成功页面并推送给客户端。

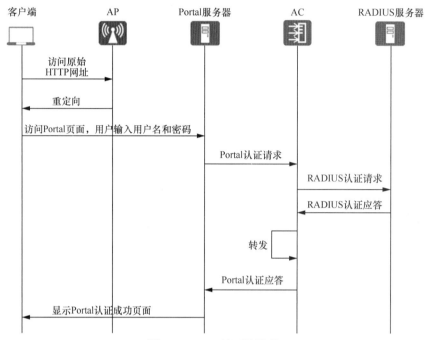

图 4-8　Portal 认证的流程

Portal 认证具有以下优点。

（1）不需要额外安装客户端。使用浏览器 Web 页面即可完成认证，减少管理员的维护工作量。

（2）认证的同时可以推送个性化信息服务，可以在 Portal 页面上开展业务拓展，如广告展示、责任公告、企业宣传等。

（3）认证的同时认证服务器可以收集客户端相关信息，便于二次无感知认证、提供计时计费功能。

第五种认证方式是 802.1x 认证。最初 IEEE 定义了基于有线网络端口的网络接入控制协议，其中端口可以是物理端口，也可以是逻辑端口，后来引入无线网络接入认证。802.1x 认证的最终目的就是确定一个端口是否可用。对于一个端口，如果认证成功那么就"打开"这个端口，允许所有的报文通过；如果认证不成功就使这个端口保持"关闭"，此时只允许 802.1x 的认证报文基于局域网的扩展认证协议（EAPOL）通过。常用的 802.1x 认证协议有受保护的扩展认证协议（PEAP）和传输层安全协议（TLS），其中，PEAP 方式由管理员给用户分配用户名、密码，用户在接入 WLAN 时输入用户名、密码进行认证；TLS 方式由用户使用证书进行认证，认证一般结合 CA（认证机构）使用。

802.1x 认证的流程如图 4-9 所示。

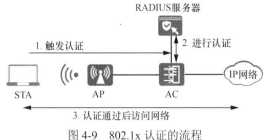

图 4-9 802.1x 认证的流程

802.1x 认证的流程具体如下。

（1）STA 作为请求方关联 AP 时，触发认证方 AC 设置的 802.1x 认证并请求 STA 的身份信息。

（2）STA 响应 AC 端发出的请求，将身份信息发送给 AC。AC 响应报文中的 EAP 报文封装在 RADIUS Access-Request 报文中，并发送给 RADIUS 服务器进行处理。RADIUS 服务器收到 AC 转发的身份信息后，开始和 STA 进行 EAP 认证方法的协商。RADIUS 服务器选择一个 EAP 认证方法，将认证方法封装在 RADIUS Access-Challenge 报文中，发送给 AC。AC 收到 RADIUS 服务器发送的 RADIUS Access-Challenge 报文后，将其中的 EAP 信息转发给 STA。

（3）STA 收到由 AC 传来的 EAP 信息后，解析其中的 EAP 认证方法，如果支持该认证方法，那么 STA 发送 EAP-Response 报文给 AC；如果不支持，那么 STA 选择一个支持的 EAP 认证方法封装 EAP-Response 报文并发送给 AC。AC 再将报文中的 EAP 信息封装到 RADIUS 报文中发给 RADIUS 服务器。

（4）RADIUS 服务器收到 RADIUS 报文后，如果 STA 与 RADIUS 服务器选择的认证方法一致，那么 EAP 认证方法协商成功，开始认证。以 EAP-PEAP 认证方法为例，RADIUS 服务器将自己的证书封装到 RADIUS 报文中发送给 AC。AC 收到后将证书转发给 STA。STA 校验 RADIUS 服务器证书（可选），与 RADIUS 服务器协商 TLS 参数，建立 TLS 隧道。TLS 隧道建立完成后，用户信息将通过 TLS 加密在 STA、AC 和 RADIUS 服务器之间传输。如果 STA 与 RADIUS 服务器的 EAP 认证方法协商失败，则终止认证流程，通知 AC 认证失败，AC 去关联 STA。

（5）RADIUS 服务器完成 STA 身份验证之后，通知设备认证成功，并下发密钥用于 AC 和 STA 之间握手。

（6）AC 收到认证通过报文后向 STA 发送认证成功报文（EAP-Success），并将端口改为授权状态，允许用户通过该端口访问网络。AC 使用 RADIUS 服务器下发的密钥，完成和 STA 的握手，握手成功后 STA 关联成功。

不同的认证方式可以灵活组合实现复杂的混合认证需求，如 MAC 优先的 Portal 认证，用户进行 Portal 认证成功后，在一定时间内断开网络重新连接，能够直接通过 MAC 认证接入，不需要输入用户名、密码重新进行 Portal 认证。该功能需要在设备上配置 MAC+Portal 的混合认证，同时在认证服务器上开启 MAC 优先的 Portal 认证功能并配置 MAC 地址有效时间。用户 Portal 认证成功后，在 MAC 地址有效的时间内，可以通过 MAC 认证重新接入网络。结合短信、微信、扫码等可以实现多认证方式支持，提高了接入安全等级。

2. 无线加密方式

在认证通信双方合法身份后，接下来就需要考虑通信数据安全。实现数据安全通用的方法是加密，下面介绍几种无线加密方式。

第一种加密方式：WEP。WEP 是 1999 年 9 月通过的 802.11b 标准的一部分，是第一种用于无线局域网的安全性协议，是 WLAN 最初的安全防护方式。WEP 使用 RC4 算法来保证数据的保密性，通过共享密钥来实现认证，支持开放式系统和共享密钥两种认证方式。WEP 的报文处理如图 4-10 所示。

WEP 需要以下 3 个输入项：

（1）需要保护的原始数据；

（2）密钥，用来加密帧，WEP 允许同时储存 4 把密钥；

（3）IV。

WEP 经过处理后会产生加密报文。采用 RC4 算法加密的特征是相同的明文将产生相同的加密结果，如果能够发现加密的规律，破解并不困难。为了破坏规律，802.11 引入了 IV，IV 和密钥一起作为输入来生成密钥流，所以相同密钥将产生不同加密结果。IV 在报文中明文携带，虽然接收方可以解密，但是攻击者也容易获取。IV 虽然逐包变化，但是 24 比特的长度，使一个繁忙的 AP 在若干个小时后就出现 IV 重用，所以 IV 无法真正破坏加密的规律。WEP 的安全防护并没有达到预期效果。

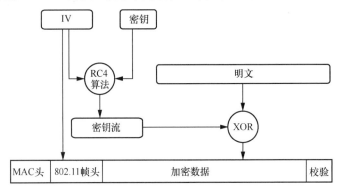

图 4-10　WEP 的报文处理

第二种加密方式：WPA。WPA 是 Wi-Fi 联盟吸取 802.11i 工作组的一些研究成果提出的安全协议，是在 802.11i 完备之前替代 WEP 的过渡方式，采用时限密钥完整性协议（TKIP）加密算法进行加密。

开发 TKIP 的主要动机是升级 WEP 硬件的安全性。TKIP 的加密机制同 WEP 一样，但为了防范对 IV 的攻击，TKIP 将 IV 的长度由 24 比特增为 48 比特，极大地提升了 IV 的空间。TKIP 同时以密钥混合的方式来防范针对 WEP 的攻击。在 TKIP 中，各个帧均会被特有的 RC4 密钥加密，更进一步扩展了 IV 的空间。

被混合到 TKIP 密钥中的最重要因素是基本密钥。如果没有一种生成独特的基本密钥的方法，TKIP 尽管可以解决许多 WEP 存在的问题，却不能解决最糟糕的问题：所有人都可以在无线局域网上不断重复使用一个众所周知的密钥。为了解决这个问题，无线终端每次与接入点建立联系时，TKIP 就生成一个新基本密钥。这个基本密钥通过将特定的会话内容、用接入点和无线终端生成的一些随机数及接入点和无线终端的 MAC 地址进行散列处理来生成。基本密钥的生成过程如图 4-11 所示。

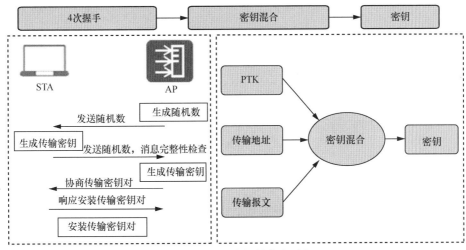

图 4-11　基本密钥的生成过程

802.11i 的密钥管理中最主要的是 4 次握手协议和组密钥更新协议。4 次握手协议用于协商单播密钥，主要目的是通过无线客户端与 AP 动态协商生成 PMK，再由无线客户端和 AP 在 PMK 的基础上经过 4 次握手协商出单播密钥。每一个无线客户端与 AP 通信的密钥都不相同，而且会定期更新密钥，很大程度上保证了通信的安全。

4 次握手是密钥管理系统中最主要的步骤，如图 4-11 所示，主要目的是确定 STA 和 AP 得到的 PMK 是相同且最新的，以保证可以产生最新的成对临时密钥（PTK），其中 PMK 在认证结束时由 STA 和 AP 协商生成。PTK 可以由 AP 发起 4 次握手过程定时更新，也可以在不改变 PMK 的情况下，由 STA 发出初始化 4 次握手的请求产生新 PTK。

第三种加密方式：WPA2。WPA2 是 WPA 的第二版，是最终的 802.11i 标准，使用计数器模式密码块链消息完整码协议（CCMP）加密算法进行加密。WPA/WPA2-PSK（预共享密钥）可以被认为是 WPA/WPA2 的简化模式，不需要专门的认证服务器，只需要用户在每个 WLAN 节点预先输入一个密钥，只要密钥匹配，用户就可以获得 WLAN 的访问权。此种认证方式适用于普通家庭和小型企业。

CCMP 基于高级加密标准（AES）加密算法和 CCM 认证方式，使 WLAN 的安全性能大大提高，是实现 RSN 的强制性要求。由于 AES 对硬件要求比较高，因此 CCMP 无法通过在现有设备的基础上进行升级。CCMP 能提供高可靠的安全性，因为它是独立的设计，不是妥协的产物。

AES 是 2001 年的美国政府的加密标准，用于取代数据加密标准（DES）。该标准采用了由两个比利时人发明的 Rijndael 分组加密算法，即分组长度为 128 比特，128/192/256 位密钥长度，进行 10/12/14 轮迭代。目前还没有发现破解 AES 加密算法的方法。AES 对 CCMP 的关系就像 RC4 对 TKIP 的关系一样。

第四种加密方式：WPA3。WPA3 是 WPA2 加密协议的升级版本，使用 Wi-Fi 增强开放技术来提升公共 Wi-Fi 的连接安全。WPA3 使用机会性无线加密（OWE）的算法，即未连接时输入密码，这将使公共 Wi-Fi 网络的连接更为安全。OWE 的认证流程如图 4-12 所示。

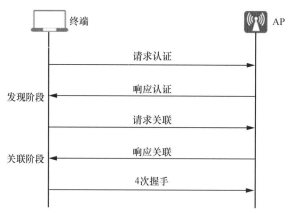

图 4-12　OWE 的认证流程

（1）OWE 发现阶段：终端向 AP 请求认证，AP 采用 OWE 算法响应认证，终端请求认证通过，AP 返回认证结果。认证结果中包含 AKM 字段，向终端宣称自己支持 OWE 认证。支持 OWE 认证的终端收到认证结果后，进入 OWE 关联阶段；不支持 OWE 认证的终端将以开放认证的方式接入。

（2）OWE 关联阶段：终端向 AP 请求关联，并在 Diffie-Hellman Parameter 字段中添加终端公钥。AP 响应关联，向终端返回关联结果，并在 Diffie-Hellman Parameter 字段中添加 AP 公钥。终端和 AP 完成公钥交换后生成 PMK。

（3）4 次握手：终端和 AP 进行 4 次握手，确定双方通信要采用的密钥。

另外，WPA3 可防止暴力破解，WPA3 加密方式使用 SAE 算法，取代了 WPA2 中的 PSK 算法。在 Wi-Fi 被攻击的场景中，通常攻击者会借助自动化工具，快速连续尝试各种密码，从而猜测 Wi-Fi 的密码。而 SAE 算法可以有效防止这种暴力破解，会在多次验证失败后阻断认证请求。WPA3 还引入了前向保密机制，可确保会话密钥独立性，即使攻击者拿到 Wi-Fi 密码，也无法解密网络中其他用户的通信流量，安全性大大提升；同时 WPA3 还新增了 Wi-Fi 轻松连接功能，那些没有键盘、显示屏的智能音箱、智能插座和智能灯泡等物联网设备，都可快速、安全地接入无线网络。

开放式网络到增强型开放式网络的迁移是循序渐进的，用户设备的更新换代也是逐步进行的。为了兼容部分不支持 OWE 认证的终端，OWE 还支持过渡模式，即不支持 OWE 认证的终端将以开放认证方式接入 Wi-Fi，支持 OWE 认证的终端以 OWE 认证方式接入 Wi-Fi。OWE 过渡模式的工作原理如下。

① AP 需要创建两个 SSID，SSID 1 启用开放认证，SSID 2 启用 OWE 认证。

② SSID 2 将被设置为隐藏，只有 SSID 1 对外广播它的名称，因此对于终端而言，只能看到 SSID 1。

③ SSID 1 包含过渡模式字段和对应 SSID 2 的信息，终端连接 SSID 1 时，如果终端支持 OWE 认证，则会通过过渡模式直接连接 SSID 2。

3. 完整性保障技术

为了确保无线数据能够正确传输，802.11 标准定义了消息完整性检查（MIC），接收方计算出消息完整性校验码进行对比，如果一致，证明数据没有被篡改。目的 MAC 地址、源 MAC 地址、数据、消息完整性检查密钥是计算 MIC 的因素，如图 4-13 所示，其中消息完整性检查密钥是用来保护帧内容的密钥。

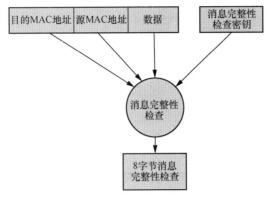

图 4-13　计算 MIC 的因素

4.1.7　无线局域网安全策略及安全模板配置

华为设备可提供的 WLAN 安全机制有链路认证方式、WLAN 数据加密、用户接入认证和安全系统防护。

用户接入认证是对用户进行区分，并在用户访问网络前限制其访问权限，使用户在进行链路认证时只有有限的网络访问权限，确定用户身份后才有完整的网络访问权限。用户接入认证主要有 WPA/WPA2-PSK 认证、802.1x 认证、WAPI 认证、Portal 认证和 MAC 认证。在应用中，结合 WLAN 数据加密，认证加密组合有 WPA/WPA2-PSK + TKIP、WPA/WPA2-PSK + CCMP、WPA/WPA2-802.1x + TKIP 和 WPA/WPA2-802.1x + CCMP。

配置 WPA2-PSK 认证，安全模板名称为"wlan-security"，加密方式为 TKIP，示例代码如下。

```
[AC-wlan-view] security-profile name wlan-security
[AC-wlan-sec-prof-wlan-security] security wpa2 psk pass-phrase 12345678 tkip
```

配置 802.1x 认证，AC 部分的配置示例如下。

（1）配置 RADIUS 和 AAA 认证模板，代码如下。

```
[AC] radius-server template radius_huawei
[AC-radius-radius_huawei] radius-server authentication 10.23.200.1 1812
[AC-radius-radius_huawei] radius-server shared-key cipher Example@123
[AC] aaa
[AC-aaa] authentication-scheme radius_huawei
[AC-aaa-authen-radius_huawei] authentication-mode radius
```

（2）配置 802.1x 接入模板，代码如下。

```
[AC] dot1x-access-profile name dot1x_temple
[AC] authentication-profile name p1
[AC-authentication-profile-p1] dot1x-access-profile dot1x_temple
[AC-authentication-profile-p1] authentication-scheme radius_huawei
[AC-authentication-profile-p1] radius-server radius_huawei
```

（3）在 WLAN 视图中启用 802.1x 认证，代码如下。

```
[AC] wlan
```

```
[AC-wlan-view] security-profile name wlan-security
[AC-wlan-sec-prof-wlan-security] security wpa2 dot1x aes
```

（4）在 VAP 中引用安全模板、认证模板，代码如下。

```
[AC-wlan-view] vap-profile name wlan-vap
[AC-wlan-vap-prof-wlan-vap] forward-mode tunnel
[AC-wlan-vap-prof-wlan-vap] security-profile wlan-security
[AC-wlan-vap-prof-wlan-vap] authentication-profile p1
```

4.1.8　WLAN 安全配置举例

WLAN 安全配置场景如下。

（1）配置非法设备检测和反制功能，使 AC 能够检测出非法的 AP。

（2）为了保障网络的稳定和安全，预防 Flood 攻击和暴力破解 PSK 攻击，需要配置攻击检测和动态黑名单。通过将检测到的攻击设备加入动态黑名单，丢弃攻击设备的报文，阻止攻击行为。

WLAN 安全配置具体要求如下。

（1）AC 组网方式：旁挂二层组网。

（2）DHCP 部署方式：AC 作为 DHCP 服务器为 AP 分配 IP 地址。

（3）汇聚交换机 B 作为 DHCP 服务器为 STA 分配 IP 地址。

（4）业务数据转发方式：隧道转发。

（5）配置非法设备检测和反制功能。

（6）配置攻击检测功能。

WLAN 安全配置场景拓扑如图 4-14 所示。

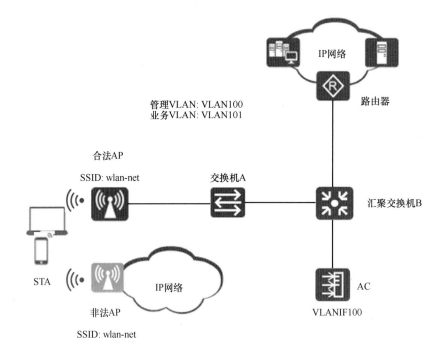

图 4-14　WLAN 安全配置场景拓扑

WLAN 安全配置场景数据规划见表 4-1。

表 4-1　WLAN 安全配置场景数据规划

配置项	数据规划
管理 VLAN	VLAN100
业务 VLAN	VLAN101
DHCP 服务器	AC 作为 DHCP 服务器为 AP 分配 IP 地址。 汇聚交换机 B 作为 DHCP 服务器为 STA 分配 IP 地址。 STA 的默认网关为 10.23.101.2
合法 AP 的 IP 地址池	10.23.100.2～10.23.100.254/24
STA 的 IP 地址池	10.23.101.3～10.23.101.254/24
AC 的源接口 IP 地址	VLANIF100：10.23.100.1/24
AP 组	名称：ap-group1。 引用模板：VAP 模板 wlan-net、域管理模板 default 和 WIDS 模板 default。 AP 组射频的工作模式：normal。 AP 组射频的非法设备检测和反制功能：开启
域管理模板	名称：default。 国家（地区）码：中国
SSID 模板	名称：wlan-net。 SSID 名称：wlan-net
安全模板	名称：wlan-net。 安全策略：WPA-WPA2+PSK+AES。 密码：a1234567
VAP 模板	名称：wlan-net。 转发模式：隧道转发。 业务 VLAN：VLAN101。 引用模板：SSID 模板 wlan-net、安全模板 wlan-net
WIDS 模板	名称：default。 对非法设备的反制模式：反制仿冒 SSID 的非法 AP

配置步骤具体如下。

（1）配置 Trunk，交换机和 AC 均以 Trunk 互通，放行 VLAN100 和 VLAN101。

（2）配置 DHCP，交换机和 AC 均以接口为 DHCP 服务。

（3）配置 AP 上线。

创建 AP 组，开启 WPA2-PSK 认证方式的暴力破解密钥攻击检测功能和 Flood 攻击检测功能，示例代码如下。

```
[AC] wlan
[AC-wlan-view] ap-group name ap-group1
[AC-wlan-ap-group-ap-group1] radio 0
[AC-wlan-group-radio-ap-group1/0] wids attack detect enable wpa2-psk
[AC-wlan-group-radio-ap-group1/0] wids attack detect enable flood
[AC-wlan-group-radio-ap-group1/0] quit
[AC-wlan-ap-group-ap-group1] radio 1
```

```
[AC-wlan-group-radio-ap-group1/1] wids attack detect enable wpa2-psk
[AC-wlan-group-radio-ap-group1/1] wids attack detect enable flood
```

创建域管理模板，在域管理模板下配置 AC 的国家（地区）码并在 AP 组下引用域管理模板，示例代码如下。

```
[AC-wlan-view] regulatory-domain-profile name default
[AC-wlan-regulate-domain-default] country-code cn
[AC-wlan-regulate-domain-default] quit
[AC-wlan-view] ap-group name ap-group1
[AC-wlan-ap-group-ap-group1] regulatory-domain-profile default
  Warning: Modifying the country code will clear channel, power and antenna gain
  configurations of the radio and reset the AP. Continue?[Y/N]:y
[AC] capwap source interface vlanif 100
[AC] wlan
[AC-wlan-view] ap auth-mode mac-auth
[AC-wlan-view] ap-id 0 ap-mac 60de-4476-e360
[AC-wlan-ap-0] ap-name area_1
  Warning: This operation may cause AP reset. Continue? [Y/N]:y
[AC-wlan-ap-0] ap-group ap-group1
  Warning: This operation may cause AP reset. If the country code changes, it
  will clear channel, power and antenna gain configuration s of the radio, Whether
  to continue? [Y/N]:y
```

（4）配置 WLAN 业务参数。

创建名为"wlan-net"的安全模板，并配置安全策略，示例代码如下。

```
[AC-wlan-view] security-profile name wlan-net
[AC-wlan-sec-prof-wlan-net] security wpa-wpa2 psk pass-phrase a1234567 aes
[AC-wlan-sec-prof-wlan-net] quit
```

创建名为"wlan-net"的 SSID 模板，并配置 SSID 名称为"wlan-net"，示例代码如下。

```
[AC-wlan-view] ssid-profile name wlan-net
[AC-wlan-ssid-prof-wlan-net] ssid wlan-net
```

创建名为"wlan-net"的 VAP 模板，配置业务数据转发模式、业务 VLAN，并且引用安全模板和 SSID 模板，示例代码如下。

```
[AC-wlan-view] vap-profile name wlan-net
[AC-wlan-vap-prof-wlan-net] forward-mode tunnel
[AC-wlan-vap-prof-wlan-net] service-vlan vlan-id 101
[AC-wlan-vap-prof-wlan-net] security-profile wlan-net
[AC-wlan-vap-prof-wlan-net] ssid-profile wlan-net
```

配置 AP 组引用 VAP 模板，AP 上射频 0 和射频 1 都使用 VAP 模板"wlan-net"的配置。

```
[AC-wlan-view] ap-group name ap-group1
[AC-wlan-ap-group-ap-group1] vap-profile wlan-net wlan 1 radio 0
[AC-wlan-ap-group-ap-group1] vap-profile wlan-net wlan 1 radio 1
```

（5）配置非法设备检测和反制功能。

配置 AP 组"ap-group1"的射频 0 工作在 normal 模式，并开启非法设备检测和反制功能，示例代码如下。

```
[AC-wlan-view] ap-group name ap-group1
[AC-wlan-ap-group-ap-group1] radio 0
[AC-wlan-group-radio-ap-group1/0] work-mode normal
[AC-wlan-group-radio-ap-group1/0] wids device detect enable
[AC-wlan-group-radio-ap-group1/0] wids contain enable
[AC-wlan-group-radio-ap-group1/0] quit
```

配置 AP 组"ap-group1"的射频 1 工作在 normal 模式，并开启非法设备检测和反制功能，示例代码如下。

```
[AC-wlan-ap-group-ap-group1] radio 1
[AC-wlan-group-radio-ap-group1/1] work-mode normal
[AC-wlan-group-radio-ap-group1/1] wids device detect enable
[AC-wlan-group-radio-ap-group1/1] wids contain enable
```

进入名为"default"的 WIDS 模板视图，并配置反制模式为反制仿冒 SSID 的非法 AP，示例代码如下。

```
[AC-wlan-view] wids-profile name default
[AC-wlan-wids-prof-default] contain-mode spoof-ssid-ap
```

（6）配置并使能动态黑名单功能，示例代码如下。

```
[AC-wlan-wids-prof-wlan-wids] dynamic-blacklist enable
[AC-wlan-wids-prof-wlan-wids] quit
```

创建名为"wlan-system"的 AP 系统模板，配置动态黑名单的老化时间为 200s，示例代码如下。

```
[AC-wlan-view] ap-system-profile name wlan-system
[AC-wlan-ap-system-prof-wlan-system] dynamic-blacklist aging-time 200
[AC-wlan-ap-system-prof-wlan-system] quit
```

在 AP 组"ap-group1"中引用 WIDS 模板"default"和 AP 系统模板"wlan-system"，示例代码如下。

```
[AC-wlan-view] ap-group name ap-group1
[AC-wlan-ap-group-ap-group1] ap-system-profile wlan-system
```

（7）验证配置结果。

验证非法设备检测和反制功能，示例代码如下。

```
[AC] display wlan ids contain ap
#Rf: Number of monitor radios that have contained the device
CH: Channel number
-------------------------------------------------------------------------------
MAC address      CH  Authentication  Last detected time    #Rf    SSID
-------------------------------------------------------------------------------
000b-6b8f-fc6a   11  wpa-wpa2        2022-11-20/16:16:57   1      wlan-net
-------------------------------------------------------------------------------
Total: 1, printed: 1
```

从 MAC 地址可以看到被反制的设备信息。

验证攻击的设备，示例代码如下。

```
[AC-wlan-view] display wlan ids attack-detected all
```

```
#AP: Number of monitor APs that have detected the device
AT: Last detected attack type
CH: Channel number
act: Action frame            asr:   Association request
aur: Authentication request  daf:   Deauthentication frame
dar: Disassociation request  wiv:   Weak IV detected
pbr: Probe request           rar:   Reassociation request
eaps: EAPOL start frame      eapl:  EAPOL logoff frame
saf: Spoofed disassociation frame
sdf: Spoofed deauthentication frame
otsf: Other types of spoofing frames
-------------------------------------------------------------------
MAC address      AT      CH  RSSI(dBm)  Last detected time      #AP
-------------------------------------------------------------------
000b-c002-9c81   pbr     165 -87        2022-11-20/15:51:13     1
0024-2376-03e9   pbr     165 -84        2022-11-20/15:51:13     1
0046-4b74-691f   act     165 -67        2022-11-20/15:51:13     1
```

从 MAC 地址可以看到攻击设备的信息。

验证动态黑名单，示例代码如下。

```
[AC-wlan-view] display wlan dynamic-blacklist all
#AP: Number of monitor APs that have detected the device
act: Action frame            asr:   Association request
aur: Authentication request  daf:   Deauthentication frame
dar: Disassociation request  eapl:  EAPOL logoff frame
pbr: Probe request           rar:   Reassociation request
eaps: EAPOL start frame
-------------------------------------------------------------------
MAC address      Last detected time      Reason   #AP   LAT
-------------------------------------------------------------------
000b-c002-9c81   2022-11-20/16:15:53     pbr      1     100
0024-2376-03e9   2022-11-20/16:15:53     pbr      1     100
0046-4b74-691f   2022-11-20/16:15:53     act      1     100
-------------------------------------------------------------------
Total: 3, printed: 3
```

从输出结果可以看到攻击设备的 MAC 地址已经被添加到动态黑名单。

4.2　无线局域网射频资源管理

4.2.1　射频调优

在空气中传播无线电磁波会因为周围环境的影响而出现无线信号衰减等现象，进而影响无线用户的网络质量。通过配置射频资源管理，可以动态调整射频资源以适应变化的无线信号环境，确保用户接入无线网络的质量，保持最优的射频资源状态，提高用户上网体验。射频资源管理能够自动检查周边无线环境，动态调整信道和发射功率等射频资源，智能均衡用户接入，从而调整无线信号覆盖范围，降低射频信号干扰，使无线网络能够快速适应无线环境。

射频调优方案主要由以下两方面组成。

（1）AP：主动或者被动地收集射频环境的信息；将收集的射频环境信息发送给 AC；执行 AC 下发的调优结果。

（2）AC：根据 AP 上送的射频环境信息，维护 AP 邻居拓扑结构信息；运行调优算法，统筹分配 AP 的信道和发射功率；将调优结果反馈给 AP 执行。

1. 信道调整

对于无线局域网中的 AP，相邻 AP 只能工作在非重叠信道上，这是因为当相邻 AP 的工作信道存在重叠频段时，某个 AP 的功率过大会对相邻 AP 造成信号干扰。射频调优功能可以动态调整 AP 的信道和功率，使同一台 AC 管理的各个 AP 的信道和功率保持相对平衡，保证 AP 工作在最佳状态。信道调整如图 4-15 所示。

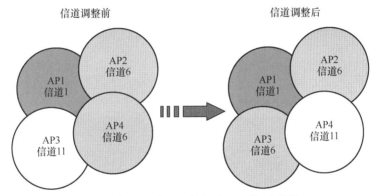

说明：圆形表示AP的信号覆盖范围；信道X表示AP的工作信道。

图 4-15　信道调整

信道调整前，AP2 和 AP4 都使用信道 6，存在同频信号干扰；信道调整后，AP4 使用信道 11，干扰消除，相邻 AP 工作在非重叠信道。信道调整可以保证每个 AP 能够分配到最优的信道，尽可能地减少和避免相邻或相同信道的干扰，保证网络的可靠传输。

信道调整除了用在射频调优功能外，还可以用在 DFS 功能。例如，某些地区的雷达系统工作在 5GHz 信道，与工作在同一信道的 AP 射频信号会存在干扰。当 AP 通过 DFS 功能检测到其所在工作信道的频段有干扰时，会自动切换工作信道。

2. 功率调整

AP 的发射功率决定了其射频信号的覆盖范围，AP 功率越大，其覆盖范围越大。传统的功率控制方法只是静态地将发射功率设置为最大值，单纯地追求信号覆盖范围大，但是功率过大可能对其他无线设备造成不必要的干扰。因此，需要选择一个能平衡覆盖范围和信号质量的最佳功率。功率调整是根据实时的无线环境情况动态地分配合理的功率。当增加邻居后，AP 的功率会减小，如图 4-16 所示，其中圆圈代表 AP 的覆盖范围。增加 AP4 后，通过功率调整功能，每个 AP 的功率减小。如果 AP 检测到邻居减少，也会动态地增加功率，保障覆盖范围。

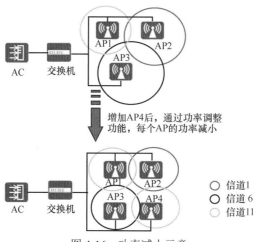

图 4-16   功率减小示意

3. 冗余射频调整

工作在同一频段的 AP，邻居间射频容易存在同频干扰，无法避免。干扰区域是邻居 AP 可以同时覆盖的区域，如果干扰区域由 2.4GHz 射频覆盖，这样的射频被称为冗余射频，如图 4-17 所示。

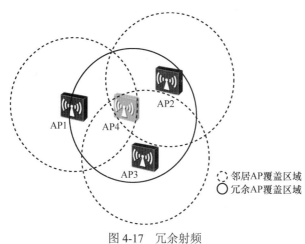

图 4-17   冗余射频

WLAN 中的冗余射频形成同频干扰，浪费网络资源。因此，对于冗余射频，可以采用以下方法进行处理。

（1）切换为 5GHz：如果 5GHz 可用信道比较多且该冗余射频支持切换为 5GHz，可以切换为 5GHz 来增加 5GHz 射频的最大容量。

（2）切换为 monitor：如果 5GHz 信道的使用已经饱和，可以切换为 monitor，专用于扫描类业务。

（3）关闭：关闭冗余射频不会产生覆盖问题，同时有利于降低同频干扰。

如果通过人工识别冗余射频并进行手动切换或关闭，会形成大量的网络维护成本。动态频率分配（DFA）功能能够自动识别 2.4GHz 冗余射频，并自动切换或关闭冗余射频，降低了 2.4GHz 同频干扰，增加了系统容量。

4. 实现射频调优

射频调优在实现过程中并不是仅仅使用单一的方法，而是综合上述方法进行调整并进一步优化的。优化的方式有全局射频调优和局部射频调优。

全局射频调优：主要思想是通过局部优化达到全局优化。全局射频调优的主要手段是调整信道和功率，作用域为 AC 管理的所有 AP，即 AC 统一协调各个 AP 的信道和功率，在整体上达到最优。全局射频调优一般在业务较少或新部署 WLAN 时使用。全局视频调优工作流程如图 4-18 所示。

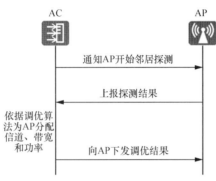

图 4-18　全局射频调优工作流程

（1）使能全局射频调优后，AC 通知各个 AP 开始进行周期性的邻居探测。

（2）AP 进行周期性的邻居探测并将探测结果上报 AC。

（3）AC 等待所有 AP 都上报探测信息后，依据调优算法为 AP 分配信道、带宽和功率。

（4）AC 向 AP 下发调优结果。如果是第一次启动全局射频调优，那么 AC 需等待一段时间后，根据新收集到的探测信息再次启动全局射频调优，如此连续调优多次，使调优结果尽快接近最佳并稳定下来。

全局射频调优算法主要包括动态信道分配（DCA）算法、动态带宽选择（DBS）算法、DFA 算法和发射功率控制（TPC）算法。信道调整和功率调整是两个独立的算法，两者不存在耦合关系。

DCA 算法：根据 AP 间邻居关系的紧密程度，全局射频调优将所有 AP 分为许多小的局部调优组，通过为每一个调优组分配信道实现为全局的 AP 分配信道。在局部调优组内部采用比较简单的迭代穷举算法，迭代所有可能的"AP–信道"组合，最终选出一组最优的组合。

DBS 算法：从 802.11ac 开始，Wi-Fi 系统中的带宽类型增加到 4 种：20MHz、40MHz、80MHz 和 160MHz。带宽越大，吞吐量越大。由于可用信道数量有限，因此无法将每个 AP 的单射频带宽都配置为 80MHz 或 160MHz 模式。对于室内非高密部署场景（AP 间距为 10～15m）的 5G 网络，通过 DBS 算法可以自动识别业务优先级、业务吞吐量和干扰的情况，优先为负载高的区域分配更多网络资源，为每个 AP 的射频动态分配合理的带宽，提升用户体验。DBS 算法的原理如下。

（1）根据能够组成 80MHz/40MHz 信道的能力，对可用的 5GHz 信道进行分组。

（2）按拓扑距离对 AP 进行分配顺序排序。

（3）根据干扰指数、带宽满足度、信道隔离度、信道复用指数等因素分配主信道。

（4）各个 AP 基于 20MHz 信道，按分配顺序升级为 40MHz 和 80MHz。

DFA 算法：主要是自动识别和调整冗余 2.4GHz 射频。DFA 算法对于冗余射频的处理步骤如下。

（1）识别某个射频为冗余射频后，DFA 算法会根据当前网络中射频的信道、带宽、干扰等来决定将该射频切换为 5GHz 还是 monitor。

（2）当该射频被切换为 5GHz 时，其信道为默认的 5GHz 信道。此时，需要再次通过 DFA 算法对该射频的信道进行调整。

（3）在此过程中，一旦漏洞检测机制检测到 2.4GHz 射频存在覆盖漏洞，切换后的 5GHz 射频会回切到 2.4GHz 射频。

（4）如果 AC 出现重启，AP 会携带 AC 重启前的信道、功率、频段、射频开关等配置信息重新上线。如果 AP 长时间未上线，再次上线后会重新进行冗余射频的判断和频段分配。

（5）当关闭 DFA 功能时，冗余射频将恢复为原配置值。例如，被自动切换为 5GHz 或 monitor 的射频将恢复为 2.4GHz。

TPC 算法：目标是选择一个合适的发送功率，既能满足本 AP 的覆盖范围要求，又不会对邻居 AP 形成较大的干扰。TPC 算法的步骤如下。

（1）根据 AP 的邻居数目估计 AP 的布放密度，确定发送功率初始值，及最小和最大干扰门限。最小干扰门限表示对邻居干扰强度很低，干扰可接受，两个 AP 既相互不感知，又能同时发送报文。最大干扰门限表示对邻居干扰非常大，两个 AP 之间几乎不能避免相互感知，只能通过 CSMA 竞争收发报文。

（2）AP 重新检测邻居间的信号强度。如果邻居的干扰 < 最小干扰门限，则根据两者差值大小决定是否提高发送功率。如果邻居的干扰 > 最大干扰门限，则根据两者差值的大小决定是否降低发送功率。

局部射频调优：目标是在局部信号环境恶化时，通过小范围内的信道和功率调整，使局部的信号环境达到最佳。局部射频调优算法中的 DCA 算法和 TPC 算法与全局调优是一致的。以下几个场景会触发局部射频调优。

（1）AP 上线：AC 检测到 AP 上线后，将会给新上线的 AP 分配信道和功率。为了获得更好的结果，AC 可能还会对新上线 AP 的直接邻居重新分配信道或功率，例如，为了避免新上线 AP 和邻居间的互相干扰，可能会适当调小邻居的功率。

（2）AP 下线：AC 检测到 AP 下线后，会运行调优算法适当增加下线 AP 邻居的功率，以覆盖下线 AP 留下的信号范围。考虑到 AP 异常重启或人为维护等导致的短时间内的重启，AC 并不会在 AP 下线后立刻开始调优，而是会等待一段时间，在更新邻居信息后运行局部射频调优算法。

（3）非法 AP 干扰：邻居探测识别非法 AP，并将干扰信息作为调优的输入，设备根据干扰大小决定是否触发局部调优。当干扰超过门限（默认为−65dBm）时，AP 被认为是严重干扰，设备及时触发局部调优，调整非法 AP 周边 AP 的信道，尽量避开非法 AP 的干扰。

（4）无线环境恶化：干扰、信号弱等各种原因引起丢包率、误码率等增长。如果 AP 发现信道利用率过高、底噪过高或无法正常发送 Beacon 帧，会上报 AC 触发局部射频调优。

（5）非 Wi-Fi 设备干扰：包括微波炉、无绳电话等与 Wi-Fi 系统使用相同频率的非 Wi-Fi 设备带来的干扰。对非 Wi-Fi 设备干扰的识别由频谱分析模块负责，输出的干扰信息作为调优模块的输入，根据干扰的级别判断是否触发局部调优。如果存在一个严重干扰或一个周期内多次出现较大的干扰，则及时触发局部调优，通过调整非 Wi-Fi 设备周边 AP 的信道或功率，尽量避开非 Wi-Fi 设备的干扰。

（6）手动触发局部调优：用户手动指定 AP 组或 AP 来触发局部调优。

4.2.2　频谱导航

在现网无线应用中，大多数 STA 同时支持 2.4GHz 和 5GHz 频段。某些 STA 通过 AP 接入网络时，默认选择 2.4GHz 接入，这就导致本来信道就少的 2.4GHz 频段更加拥挤、负载高、干扰大，而信道多、干扰小的 5GHz 频段的优势得不到发挥。特别是在高密度用户或 2.4GHz 频段干扰较为严重的环境中，5GHz 频段可以提供更好的接入能力，减少干扰对用户上网的影响。通过频谱导航功能，AP 可以控制 STA 优先接入 5GHz，减少 2.4GHz 频段上的负载和干扰，提升用户体验。

在 AP 的两个频段使用相同的 SSID 和安全策略的前提下，频谱导航的工作原理主要分为以下两个阶段。

第一阶段：优先接入 5GHz 频段，即在 AP 的接入用户数没有达到频谱导航 5GHz 优先的起始门限前，用户优先使用 5GHz 频段接入 AP。AP 在收到一个新 STA 发送的探测请求帧（Probe Request）时，会从中解析此 STA 支持的频段信息。如果支持双频，则抑制在 2.4GHz 射频上的探测应答帧（Probe Response），从而引导 STA 接入 5GHz 射频。

第二阶段：STA 自由选择接入频段，即当 AP 的接入用户数达到频谱导航 5GHz 优先的起始门限，并且 AP 的 5GHz 射频接入用户数相对于总接入用户数的占比超过占比门限时，则由 STA 自由选择接入频段。

4.2.3　基于 AP 的负载均衡功能

基于 AP 的负载均衡功能可以实现在 WLAN 中均衡 AP 接入用户的负载，充分地保证每个 STA 的带宽。负载均衡适用于高密度无线网络环境，用来有效保证 STA 的合理接入。基于 AP 的负载均衡功能工作原理如图 4-19 所示，负载均衡功能的 AP 必须连接在同一台 AC 上，且 STA 能够扫描到进行负载均衡的 AP 的 SSID。

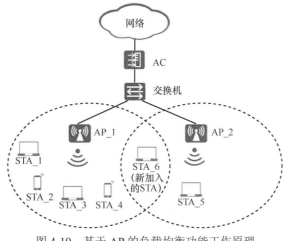

图 4-19　基于 AP 的负载均衡功能工作原理

在当前环境中，AP_1 覆盖范围内的无线用户过多，这样导致 AP_1 上负载过重，AP_2 上资源空闲。现在启用负载均衡功能，那么 AC 会在综合衡量终端双频能力、AP 的负载和信号质量后，引导部分 STA 迁移到负载相对较轻的 AP_2 上。STA_6 可以同时扫描到两个 AP 发出的 SSID 信号，AC 也会在综合衡量终端双频能力后引导 STA_6 接入合适的 AP，从而实现 AP 资源的有效利用。

基于 AP 的负载均衡功能分为静态负载均衡和动态负载均衡，具体如下。

静态负载均衡：将提供相同业务的一些 AP 通过手工配置加入一个负载均衡组中。AP 周期性地向 AC 发送与其关联的 STA 的信息，AC 根据这些信息周期性地执行负载均衡过程。实现静态负载均衡需要在 AP 相同频段的射频之间实现。每个负载均衡组内最多支持 16 个成员。

动态负载均衡：STA 上线后，AC 可以通过终端 Probe 上报、终端 Beacon 测量上报等方式获取终端支持的频段和邻居 AP 信息，并根据负载均衡算法判断是否要引导该 STA 接入负载相对较轻的 AP。动态负载均衡解决了静态负载均衡的成员数目有限的问题。

负载均衡算法为：先通过公式（当前射频已关联的用户数/当前射频支持的最大关联用户数）×100%，计算均衡组内所有成员（即所有 AP 射频）的负载百分比，得到最小值；再取 STA 预加入的 AP 射频的负载百分比与最小值的差值，并将此差值与设置的负载差值门限（通过命令行配置）比较，如果差值小于负载差值门限，则认为负载均衡，否则认为负载不均衡，并启动负载均衡迁移机制。

4.3　无线网络可靠性

4.3.1　无线网络可靠性介绍

随着网络的快速普及和应用的日益增加，实时应用中的语音通话和视频通话得到了广泛部署；电子商务每时每刻都在发生交易，网络中断可能影响大量业务，造成重大损失。无线网络作为业务承载主体的基础网络，其可靠性日益成为受关注的焦点。在实际网络中，总避免不了各种非技术因素造成的网络故障和服务中断。因此，提高系统容错能力、加快故障恢复速度、降低故障对业务的影响，是提高系统可靠性的有效途径。

可靠性需求根据其目标和实现方法的不同可分为 3 个级别，具体如下。

第 1 级需求应在网络设备的设计和生产过程中予以满足。

第 2 级需求应在网络架构的设计过程中予以满足。

第 3 级需求应在网络部署过程中，根据网络架构和业务特点采用相应的可靠性技术来予以满足。

通常，我们使用平均故障间隔时间（MTBF）和平均修复时间（MTTR）两个技术指标评价系统的可靠性。其中，MTBF 指一个系统无故障运行的平均时间，通常以小时为单位，MTBF 值越大，可靠性越高；MTTR 指一个系统从故障发生到故障恢复所需的平均时间，广义的 MTTR 还涉及备件管理、客户服务等，是设备维护的一项重要指标。MTTR 的计算公式为：MTTR=故障检测时间+硬件更换时间+系统初始化时间+链路恢复时间+路由覆盖时间+转发恢复时间。MTTR 值越小，可靠性越高。

通过提高 MTBF 或降低 MTTR 都可以提高网络的可靠性。在实际网络中，各种因素造成的故障难以避免，因此能够让网络从故障中快速恢复的技术就显得非常重要。可靠性技术的种类繁多，我们根据其解决网络故障的侧重不同，可分为故障检测技术和保护倒换技术。

故障检测技术：侧重于网络的故障检测和诊断，具体有以下几种。

（1）以太网操作管理维护（OAM）属于链路层的故障检测技术。

（2）双向转发检测（BFD）是一个通用的、标准化的、与介质和协议无关的故障检测技术，用于快速检测、监控网络中链路或 IP 路由的转发连通状况。

（3）除了 BFD 外，第一英里以太网（EFM）也是一种故障检测技术。EFM 主要用于规范接入部分的以太网物理层及管理和维护以太网，是链路级的 OAM。EFM 常用于解决以太网接入"最后一公里"的链路问题。用户通过在两个点到点连接的设备上启用 EFM 功能，可以监控这两台设备之间的链路状态，提供链路连通性检测功能、链路故障监控功能、远端故障通知功能和远端环回功能。

保护倒换技术：侧重于网络的故障修复，主要通过对硬件、链路、路由信息和业务信息等进行冗余备份及故障时快速切换到备用设备，保证网络业务的连续性。保护倒换技术有以下几种。

（1）虚拟路由器冗余协议（VRRP）是一种容错协议，在具有组播或广播能力的局域网（如以太网）中，即使设备出现故障也能提供默认链路，有效地避免了单一链路发生故障后出现网络中断的问题。

（2）VRRP 双机热备份为各个业务模块提供统一的备份机制，当主用设备出现故障后，备用设备及时接替主用设备运行业务，以提高网络的可靠性。

（3）双链路冷备份是在 AC+FIT AP 的网络架构中，使用两台 AC 管理相同 AP，AP 同时与两台 AC 建立 CAPWAP 链路，其中一台 AC 作为主 AC，为 AP 提供业务服务，另一台 AC 作为备 AC，不提供业务服务。当主 AC 故障或主 AC 与 AP 间的 CAPWAP 链路故障时，备 AC 代替主 AC 管理 AP，为 AP 提供业务服务。

（4）N+1 备份是在 AC+FIT AP 的网络架构中，使用一台 AC 作为备 AC，为多台主 AC 提供备份服务。在网络正常的情况下，AP 只与各自所属的主 AC 建立 CAPWAP 链路。当主 AC 故障或主 AC 与 AP 间的 CAPWAP 链路故障时，备 AC 代替主 AC 管理 AP，备 AC 与 AP 间建立 CAPWAP 链路，为 AP 提供业务服务。

4.3.2　设备可靠性

不同的网络场景对设备可靠性的要求不一样，因此存在不同的备份方式以满足差异化的场景需求。备份方式分为 VRRP 双机热备份、双链路热备份、双链路冷备份和 N+1 备份。

园区网络场景（如企业、学校等）对网络的可靠性要求高，通常采用 VRRP 双机热备份方式。VRRP 双机热备份拥有主备 AC 切换速度快，对业务影响小的特点，一旦主 AC 或 CAPWAP 链路发生故障，备 AC 能迅速替换主 AC 管理 AP，保障网络业务的连续性。

但 VRRP 双机热备份存在不支持 AC 负载分担组网、主备 AC 间网络必须是二层组网的缺点，如果希望主备 AC 的资源都能达到最大化利用或者主备 AC 间无法满足二层组网条件，可以选择双链路热备份方式。

双链路热备份的切换响应速度比 VRRP 双机热备份略慢，且两种备份方式都不适用于异地容灾的场景。如果需要在异地分别部署主备 AC，且对可靠性要求较低，可以采用双链路冷备份方式。

如果希望控制网络部署成本，可以采用 N+1 备份方式。相比于 VRRP 双机热备份、双链路热备份、双链路冷备份，N+1 备份不需要为每台主 AC 分别规划一台备 AC，通过减少备 AC 的数量降低了成本。

N+1 备份的可靠性是 4 种备份方式中最低的，如果要提高 N+1 备份的可靠性，可以采用 VRRP 双机热备份和 N+1 备份组合的方式，即两两 AC 间配置 VRRP 双机热备份，对外呈现为一台虚拟设备，不同的虚拟设备间配置 N+1 备份。

为了保障 AC 高可用，可以实施 VRRP 双机热备份、双链路热备份、双链路冷备份和 N+1 备份，一旦主 AC 出现故障，备 AC 会代替故障 AC 继续管理 AP 和维护 AP 正常业务，能够增强无线网络的可靠性，保障用户使用无线网络不受影响。VRRP 双机热备份场景如图 4-20 所示。

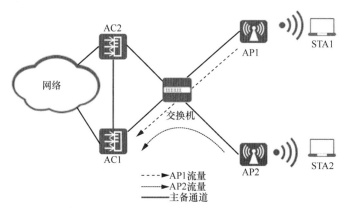

图 4-20　VRRP 双机热备份场景

VRRP 双机热备份场景中部署了 AC1 和 AC2 两台 AC，角色分为主和备，状态分为工作和备份。AC 角色是数据规划时指定的，不因网络和设备的故障或恢复而改变。

主 AC：管理 AP 和为 AP 提供业务服务的 AC。在图 4-20 中，AC1 的角色是主 AC，数据规划人员希望网络和设备正常无故障时，由 AC1 承担 AP 的管理工作。

备 AC：主 AC 的备份。在图 4-20 中，AC2 的角色是备 AC，数据规划人员希望网络或设备故障时，由 AC2 承担 AC1 的工作。

工作状态：处于管理 AP 和为 AP 提供业务服务的状态。AC1 故障前，AC1 是工作状态；AC1 故障后，AC2 是工作状态；AC1 故障恢复后，AC1 重新变成工作状态。

备份状态：不管理 AP，也不为 AP 提供业务服务，仅等待工作状态的 AC 出现故障后接替其工作。AC1 故障前，AC2 是备份状态；AC1 故障恢复后，AC2 重新从工作状态变成备份状态。

从角色和状态看，AC 备份的基本概念是从一个 AP 的角度来描述的。如果网络中所有的 AP 都规划 AC1 为主 AC、AC2 为备 AC，这种组网方式称为主备方式。一般情况下，主用设备 AC1 处理所有业务，备用设备 AC2 不处理业务，只用作备份。在主备方式的组网中，主 AC 处理业务数据，数据压力大，而备 AC 空闲，AC 资源没有得到充分利用，因此引入负载分担方式的组网。在负载分担方式的组网中，将一部分 AP 规划 AC1 为主 AC、AC2 为备 AC，剩下一部分 AP 规划 AC2 为主 AC、AC1 为备 AC，这样 AC1、AC2 都需处理业务数据，实现资源的有效利用。负载分担方式如图 4-21 所示。

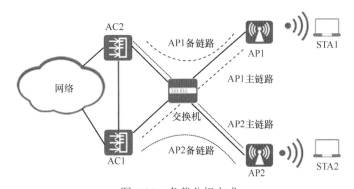

图 4-21　负载分担方式

4.3.3　业务可靠性

在实施 AC 双机热备份后，当主用设备不可用，流量切换到备用设备时，要求主备设备的会话表项完全一致，否则会导致会话中断。这里主备设备采用主备公共机制热备份（HSB）来确保会话表项一致。HSB 主备服务负责在两个互为备份的设备间建立主备备份通道，维护主备通道的链路状态，为其他业务提供报文的收发服务，并在备份链路发生故障时通知主备业务备份组进行相应的处理。

HSB 主备服务主要包括以下两个方面。

建立主备备份通道：通过配置主备服务本端和对端的 IP 地址和端口号，建立主备机制发送报文的 TCP 通道，为其他业务提供报文的收发及链路状态变化通知服务。

维护主备通道的链路状态：通过发送主备服务报文和重传等机制来防止 TCP 较长时间中断但协议栈没有检测到该中断。如果在主备服务报文时间间隔与重传次数乘积的时间内还未收到对端发送的主备服务报文，设备则会收到异常通知，并且准备重建主备备份通道。

HSB 支持 3 种数据同步方式：批量备份、实时备份和定时同步。HSB 备份组使能后，对 HSB 备份组的相关配置才会生效，HSB 备份组才会在状态发生变化时通知相应的业务模块进行处理。

4.4　无线局域网用户漫游

4.4.1　无线漫游基本原理

无线漫游指无线终端移动到同属一个 BSS 的不同 AP 的覆盖范围的临界区域时，与新的 AP 关联并与原有 AP 断开且保持用户业务不中断的行为。

无线漫游技术保证用户的 IP 地址不变，漫游后仍能访问初次上线时关联的无线网络 SSID，用户业务可平滑地切换到新的 AP，且所能执行的业务保持不变。对于用户来说，漫游的行为是透明的、无缝的，即用户在漫游过程中，不会感知到漫游的发生。

为了实现平滑的漫游，无线设备和无线终端双方需要共同支持。漫游协议有以下几个。

（1）802.11r 定义了快速 BSS 切换（FT）功能。该协议的功能是加快漫游中的认证，从而提高设备关联到新 AP 的效率。终端在加密的无线网络环境中漫游时，每次都需要重新认证后才能关联 AP，而 802.11r 协议简化了认证的步骤，加快了漫游的速度。802.11r 让 STA 在 AP 间切换时，加速关联过程，降低漫游过程中的时延，解决怎样快速漫游的问题。

（2）802.11k 协议，即无线局域网的无线电资源测量（RRM）协议。该协议提供了 AP 与终端互相申请测量对方无线接口状态的机制，通过创建优化的邻居资源列表收集终端的信号信息，供漫游决策使用。802.11k 协议可以提前告知无线终端可选 AP，当无线终端要进行漫游时，就能够快速选择这些 AP 中资源最好的一个。在无线终端移动过程中，当 AP 检测到关联的无线终端逐渐远离时，会要求无线终端收集周围的 AP 信息并反馈，AP 结合自己的邻居 AP 的信息再反馈给无线终端推荐漫游的 AP。因此，802.11k 协议也被称为"邻居报告"协议。

（3）802.11v 协议，即无线网络管理（WNM）协议。该协议允许无线设备与 AP 交换有关网络拓扑的信息。AP 不仅会响应无线设备的邻居 AP 报告请求，而且还会评估无线终端的连接质量，并引导无线终端漫游到能提供更好的上网体验的最佳 AP，从而进一步平衡 AP 之间的负载，避免某一个 AP 负载过多。简而言之，802.11v 协议的作用是让终端可以请求漫游目标，而 AP 给无线终端提供一个建议漫游的目标 AP。

一般情况下，802.11k 协议和 802.11v 协议协同工作来确定无线终端要漫游的目标 AP，并且决定无线终端在漫游过程中什么时候切换。

无线漫游的架构如图 4-22 所示。

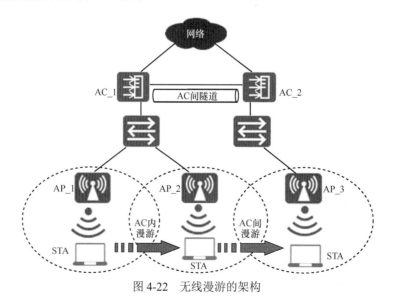

图 4-22　无线漫游的架构

WLAN 通过 AC_1 和 AC_2 对 AP 进行管理,其中 AP_1 和 AP_2 与 AC_1 关联,AP_3 与 AC_2 关联。STA 在 WLAN 中漫游,漫游过程中与不同的 AP 关联。

漫游过程具体如下。

STA 从 AP_1 覆盖范围漫游到 AP_2 覆盖范围的过程中,因为 AP_1 和 AP_2 均与 AC_1 关联,所以此次漫游为 AC 内漫游。STA 第一次上线与 AP_1 关联,AP_1 为 STA 的 HAP,AP_2 为 STA 的 FAP,AC_1 既为 STA 的 HAC,也为 STA 的 FAC。

STA 从 AP_2 覆盖范围漫游到 AP_3 覆盖范围的过程中,因为 AP_2 和 AP_3 分别与 AC_1 和 AC_2 关联,漫游需要跨越不同的 AC,所以此次漫游为 AC 间漫游。AP_1 为 STA 的 HAP,AC_1 为 STA 的 HAC,AP_3 为 STA 的 FAP,AC_2 为 STA 的 FAC。AC 间漫游的前提是 AC_1 和 AC_2 分配在同一个漫游组内,只有同一个漫游组内的 AC 才能进行 AC 间漫游,漫游组内的 AC 可以通过 AC 间隧道进行数据同步和报文转发。

漫游过程中的术语介绍如下。

- **HAC**(Home AC,主 AC):一个无线终端首次与某个 AC 进行关联,该 AC 为它的 HAC,即在图 4-22 中,AC_1 为 STA 的 HAC。
- **HAP**(Home AP,主 AP):一个无线终端首次与某个 AP 进行关联,该 AP 为它的 HAP,即在图 4-22 中,AP_1 为 STA 的 HAP。
- **FAC**(Foreign AC,漫游 AC):一个无线终端漫游后关联的 AC 就是它的 FAC,即在图 4-22 中,AC_2 就是 STA 的 FAC。
- **FAP**(Foreign AP,漫游 AP):一个无线终端漫游后关联的 AP 就是它的 FAP,即在图 4-22 中,AP_3 就是 STA 的 FAP。
- **AC 内漫游**:如果漫游过程中关联的是同一台 AC,那么这次漫游就是 AC 内漫游,即在图 4-22 中,STA 从 AP_1 漫游到 AP_2 的过程被称为 AC 内漫游。AC 内漫游是 AC 间漫游的一种特殊情况,即 HAC 和 FAC 重合。
- **AC 间漫游**:如果漫游过程中关联的不是同一台 AC,那么这次漫游就是 AC 间漫游,即在图 4-22 中,STA 在从 AP_1 漫游到 AP_3 的过程为 AC 间漫游。
- **漫游组**:在 WLAN 中,管理员可以对不同的 AC 进行分组,STA 可以在同一个组的 AC 间进行漫游,这个组就叫漫游组。
- **AC 间隧道**:为了支持 AC 间漫游,漫游组内的所有 AC 需要同步每台 AC 管理的 STA 和 AP 设备的信息,因此在 AC 间建立一条隧道作为数据同步和报文转发的通道。AC 间隧道也是利用 CAPWAP 创建的。在图 4-22 中,AC_1 和 AC_2 建立 AC 间隧道进行数据同步和报文转发。
- **漫游组服务器**:STA 在 AC 间进行漫游,选定一台 AC 作为漫游组服务器,在该 AC 上维护漫游组的成员表,并下发到漫游组内的各台 AC,使漫游组内的各台 AC 间相互识别并建立 AC 间隧道。

(1)漫游组服务器既可以是漫游组外的 AC,也可以是漫游组内的 AC。

(2)一台 AC 可以同时作为多个漫游组的漫游组服务器,但是自身只能加入一个漫游组。

(3)漫游组服务器管理其他 AC 的同时不能被其他的漫游组服务器管理。也就是说，如果一个 AC 是作为漫游组服务器角色负责向其他 AC 同步漫游配置的，则它无法再作为被管理者接受其他 AC 向其同步漫游配置（即配置了漫游组就不能再配置漫游组服务器）。

（4）漫游组服务器作为一个集中配置点，不需要有特别强的数据转发能力，只要能够和各个 AC 互通即可。

- **主网络代理**：能够和 STA 所在网络的网关二层互通的一台设备。为了支持 STA 在漫游后仍能正常访问漫游前所在的网络，需要将 STA 的业务报文通过隧道转发到主网络代理，再由主网络代理中转。STA 的主网络代理由 HAC 或 HAP 兼任，在图 4-22 中，用户可以选取 AC_1 或 AP_1 作为 STA 的主网络代理。
- **漫游的流量转发**：根据 STA 是否在同一个子网内漫游，可以将漫游分为二层漫游和三层漫游。

（1）漫游后 STA 仍然在原来的子网中，FAP/FAC 对用户的报文转发同普通新上线用户一样，直接在 FAP/FAC 本地的网络转发，不需要通过 AC 间隧道转回到 HAP/HAC 中转，这种场景是二层漫游，如图 4-23 所示。

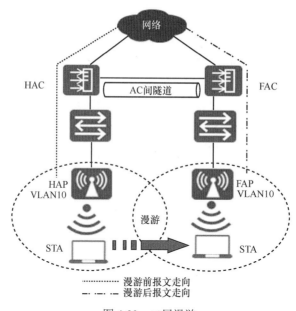

图 4-23　二层漫游

漫游前：STA 发送业务报文给 HAP；HAP 接收到 STA 发送的业务报文并发送给 HAC；HAC 直接将业务报文发送给上层网络。

漫游后：STA 发送业务报文给 FAP；FAP 接收到 STA 发送的业务报文并发送给 FAC；FAC 再将业务报文发送给上层网络。

（2）漫游后，AP 释放的 SSID 关联的子网和最初关联的 AP 处于不同的网段，STA 在两个子网间漫游属于三层漫游。三层漫游时，用户漫游前后不在同一个子网中。为了保障用户在漫游后仍能正常访问漫游前所在的网络，需要将用户流量通过隧道转发到原来的子网进行中转，如图 4-24 所示。

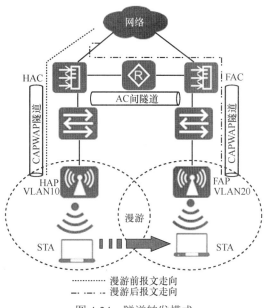

图 4-24 隧道转发模式

在隧道转发模式中,HAP 和 HAC 之间的业务报文通过 CAPWAP 隧道封装,此时可以将 HAP 和 HAC 看作在同一个子网内,报文无须返回到 HAP,直接通过 HAC 中转到上层网络。

在直接转发模式中,如果产生漫游,情况有所不同,即 HAP 和 HAC 之间的业务报文不通过 CAPWAP 隧道封装,因此无法判定 HAP 和 HAC 是否在同一个子网内,此时设备默认报文需要返回到 HAP 进行中转。如果 HAP 和 HAC 在同一个子网,就可以将家乡代理设置为性能更强的 HAC,减少 HAP 的负荷并提高转发效率。直接转发模式如图 4-25 所示。

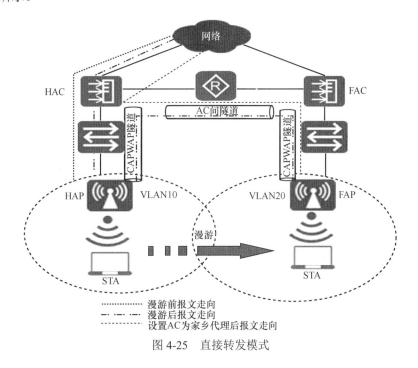

图 4-25 直接转发模式

在设置 AC 为家乡代理后，STA 发生漫游，发送业务报文给 FAP；FAP 接收到 STA 发送的业务报文并通过 CAPWAP 隧道发送给 FAC；FAC 通过 HAC 和 FAC 之间的 AC 间隧道将业务报文转发给 HAC；HAC 直接将业务报文发送给上层网络，无须经过 HAP。

（3）例外的情况：两个子网的 VLAN ID 相同，但是这两个子网属于不同的子网。此时为了避免系统仅依据 VLAN ID 将用户在两个子网间的漫游误判为二层漫游，需要通过漫游域来确定设备是否在同一个子网。只有当 VLAN ID 相同且漫游域也相同的时候才是二层漫游，否则是三层漫游。

4.4.2 快速漫游

漫游切换时间是影响无线用户体验漫游业务的核心指标。当用户使用 WPA2-802.1x 安全策略，或使用 WPA-WPA2-802.1x 安全策略且 802.1x 客户端选择的认证方式为 WPA2，同时 STA 支持快速漫游技术时，用户在漫游过程中不需要重新完成 802.1x 认证，只需要完成密钥协商即可。快速漫游可以缩短 802.1x 用户的漫游时延，提升用户上网体验。

快速漫游的方式有以下几种。

（1）PMK 快速漫游。PMK 快速漫游是通过 PMK 缓存技术实现的，如图 4-26 所示。

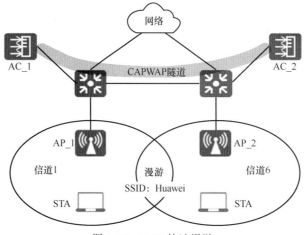

图 4-26   PMK 快速漫游

PMK 快速漫游的实现原理如下。

① STA 首次通过 AP_1 接入网络时，当 STA 与 AC_1 认证成功生成 PMK 后，STA 和 AC_1 分别保存 PMK 信息，每个 PMK 信息对应一个 PMK-ID。PMK-ID 是由 PMK、SSID、STA 的 MAC 地址和 BSSID 计算出来的，AC_1 通过 CAPWAP 隧道将 PMK 信息同步给 AC_2。

② STA 在漫游过程中向 AP_2 发起重关联请求，重关联请求帧中包含了 PMK-ID 信息。

③ AP_2 收到请求后及时向 AC_2 通报用户切换消息。

④ AC_2 根据 STA 携带的 PMK-ID 信息查找 PMK 缓存表中 STA 对应的 PMK。如果能找到，就认为 STA 已经进行过 802.1x 认证，直接跳过认证过程，利用缓存的 PMK 进行密钥协商。

（2）802.11r 快速漫游。802.11r 协议定义了在同一个漫游域中，通过 FT 功能省略了用户漫游过程中的 802.1x 认证和密钥协商，减少了信息交互次数，从而实现漫游过程中业务数据流低时延，用户不会感知业务中断，提高用户上网体验。

802.11r 快速漫游支持以下两种方式。

① Over-the-air：STA 直接与 FAP 进行 FT 认证。

② Over-the-ds：STA 通过 HAP 与 FAP 进行 FT 认证。

AC 内 802.11r 快速漫游如图 4-27 所示。

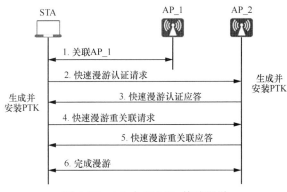

图 4-27　AC 内 802.11r 快速漫游

（1）STA 首次通过 AP_1 接入网络时，STA 与 AC 认证成功并生成 PMK。

AC 根据 PMK 生成 PMK-R0（由 SSID、MDID、AC 的 MAC 地址和 STA 的 MAC 地址计算得来）和每个 AP 对应的 PMK-R1（由 PMK-R0、AP 的 MAC 地址和 STA 的 MAC 地址计算得来），并将 PMK-R1 下发给 AP_1。STA 和 AC 通过密钥协商的 4 次握手和 2 次握手分别生成并安装 PTK 和组临时密钥（GTK）。

（2）STA 在漫游过程中向 AP_2 发起快速漫游认证请求，并将 PMK-R1 下发给 AP_2。

（3）AP_2 收到请求后，根据其中包含的信息和 PMK-R1 生成并安装 PTK，同时启动重关联定时器，向 STA 发送快速漫游认证应答。

（4）STA 收到应答后，根据其中包含的信息生成并安装 PTK。STA 向 AP_2 发起快速漫游重关联请求。

（5）AP_2 收到快速漫游重关联请求后，关闭重关联定时器，并向 STA 发送快速漫游重关联应答。

（6）STA 收到 AP_2 的应答后，完成漫游。

4.4.3　智能漫游

在现网应用中，有一类终端漫游的主动性较差，始终"坚持"关联在其最初关联的 AP 上。这类终端即使随着移动已经与当前关联的 AP 距离很远、信号很弱、速率很低，也依旧不会漫游到其他信号更好的邻居 AP。这类终端被称为黏性终端。

黏性终端带来的危害有以下几点。

（1）自身业务体验差：终端始终关联在信号差的 AP 上，导致无线信道速率严重下降。

（2）影响无线信道整体性能：终端信号差、速率低，导致传输经常丢包或者重传，长时间占用无线信道，影响其他信号好的终端没有足够的时间使用无线信道。

智能漫游功能正好解决了这一问题。用户配置了智能漫游功能后，系统主动促使终端及时漫游到信号更好的邻居 AP。

智能漫游带来的好处有以下几个。

（1）性能提升：针对普通覆盖场景，通过将信号差的终端漫游到信号更好的 AP 上，提升终端自身的业务体验和无线信道整体性能；针对高密覆盖场景，终端信号一般比较好，但是通过智能漫游将终端关联到信号更优的 AP 上，仍能显著提升无线信道性能。

（2）负载均衡：通过智能漫游，确保每个终端都关联到离自己最近的 AP 上，实现了 AP 间负载均衡。

智能漫游工作原理如图 4-28 所示。

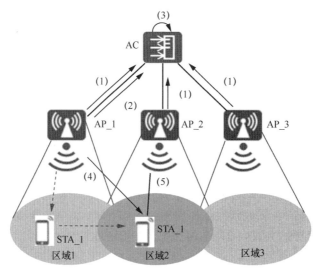

图 4-28 智能漫游工作原理

（1）AP 采集周边终端的信息，发现邻居 AP，周期性地上报 AC。

发现邻居 AP 有以下几种方式。

① AP 侦听终端的探测帧。

② AP 周期性地切换信道，主动扫描终端。802.11k 协议的信标报告机制要求终端上报它所看到的邻居 AP。AC 通过上报信息维护终端邻居表。终端邻居表主要是记录每个终端的邻居 AP 和对应的 RSSI、接收信号信噪比。

（2）STA_1 关联 AP_1 时，AP_1 会实时采集 STA_1 的信噪比和接入速率，并判断 STA_1 是否为黏性终端。如果 AP_1 认为 STA_1 为黏性终端，则 AP_1 将此信息上报 AC。

（3）判断终端为黏性终端的标准：与终端 STA_1 当前关联的 AP_1 如果在持续一段时间内均检测到 STA_1 的信号低于阈值，STA_1 就会被认为是黏性终端。

在图 4-28 中，STA_1 从区域 1 移动到区域 2，AP_1 在持续一段时间内均检测到 STA_1 的信号低于阈值，此时 AP_1 认为 STA_1 为黏性终端。

（4）选择漫游目标：AC 查询终端邻居表信息，选出 RSSI 和接收信号信噪比超过当前关联 AP 且超出程度达到一定阈值的邻居 AP。选出的邻居 AP 即为漫游目标备选。

AC 在漫游目标备选中，根据信噪比、接入速率、负载均衡等因素，进一步选出最佳的 AP 作为触发终端漫游的目标 AP。为了防止终端移动或信号波动情况下频繁触发终端漫游，终端只有连续 3 次被检测为黏性终端后才会触发漫游。

在图 4-28 中，AC 收到上报的信息后，在终端邻居表中选出 STA_1 最佳的邻居 AP_2，并将其作为终端 STA_1 的漫游目标下发给 AP_1。

（5）AP_1 通过 802.11v 协议的 BSS 切换机制或者强制用户下线的方式，促使 STA_1 漫游到目标 AP_2 上。与发生漫游的终端（STA_1）断开关联时，原关联 AP（AP_1）会临时抑制该 STA 的关联请求，防止它再次关联到信号差的原关联 AP（AP_1）。部分终端由于个体差异，即使 AP 将其强制下线也不会漫游到信号更好的 AP 上，而是"固执"地关联上次关联的 AP，甚至不再发起关联。针对这类终端，AC 会进行记录，将其标记为"不可切换"终端。当一个"不可切换"终端被判断为黏性终端时，AP 在一定时间内不再对其触发漫游，以防止终端业务中断。

4.4.4　漫游应用场景

常见的漫游应用场景有以下几种。

1. AC 内漫游

业务需求：某小型企业需要通过 WLAN 为用户提供服务，用户需要在企业内部移动办公的同时，保持网络业务不中断。由于项目经费预算有限，在这种场景下，可以在企业内部仅部署一台 AC 和多个 AP，所有 AP 均由 AC 管理，为用户提供 WLAN 服务。

AC 内漫游如图 4-29 所示，企业部署 AC 对多个 AP 进行管理，用户可以通过 AP_1 和 AP_2 接入 WLAN。用户进行移动办公时，从 AP_1 的区域漫游到 AP_2 的区域时，网络业务不中断。

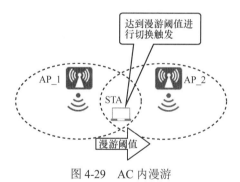

图 4-29　AC 内漫游

2. AC 间二层漫游

业务需求：某大中型企业内部分为多个办公或生产区域，需要通过 WLAN 为用户提供服务，用户需要在企业内部不同区域间移动办公的同时，保持网络业务不中断。在这种场景下，可以在企业的不同区域内分别部署 AC 和多个 AP，通过 AC 管理 AP，为用户提供 WLAN 接入服务。

AC 间二层漫游如图 4-30 所示，配置 AC_1 和 AC_2 在同一个漫游组内，形成 CAPWAP 隧道。AC_1 和 AC_2 分别对企业的区域 1 和区域 2 的 AP 进行管理，用户可以通过 AP_1 和 AP_2 接入 WLAN。用户进行移动办公时，从 AP_1 的区域漫游到 AP_2 的区域时，网络业务不中断。

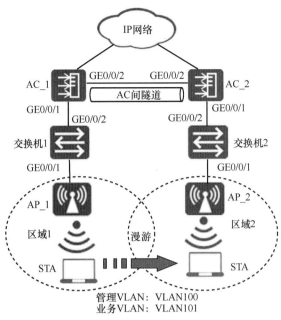

图 4-30　AC 间二层漫游

AC 数据规划见表 4-2。

表 4-2　AC 数据规划

配置项	数据规划
DHCP 服务器	AC_1 作为 DHCP 服务器，为 STA 和 AP 分配 IP 地址
AP 的 IP 地址池	10.23.100.3～10.23.100.254/24
STA 的 IP 地址池	10.23.101.3～10.23.101.254/24
AC 的源接口 IP 地址	源接口：VLANIF100。 AC_1：10.23.100.1/24。 AC_2：10.23.100.2/24
AP 组	名称：ap-group1。 引用模板：VAP 模板 wlan-net、域管理模板 default、2GHz 射频模板 wlan-radio2g、5GHz 射频模板 wlan-radio5g
域管理模板	名称：default。 国家（地区）码：中国。 调优信道集合：配置 2.4GHz 和 5GHz 调优带宽和调优信道
SSID 模板	名称：wlan-net。 SSID 名称：wlan-net
安全模板	名称：wlan-net。 安全策略：WPA-WPA2+PSK+AES。 密码：a1234567
VAP 模板	名称：wlan-net。 转发模式：隧道转发。 业务 VLAN：VLAN101。 引用模板：SSID 模板 wlan-net、安全模板 wlan-net

（续表）

配置项	数据规划
空口扫描模板	名称：wlan-airscan。 信道集合：调优信道。 空口扫描间隔时间：60000ms。 空口扫描持续时间：60ms。
2GHz 射频模板	名称：wlan-radio2g。 引用模板：空口扫描模板 wlan-airscan
5GHz 射频模板	名称：wlan-radio5g。 引用模板：空口扫描模板 wlan-airscan
漫游组	名称：mobility。 成员：AC_1 和 AC_2

配置步骤具体如下。

（1）在 AC_1 上配置 AP 上线，创建 AP 组，用于将相同配置的 AP 加入同一个 AP 组，代码如下。

```
[AC_1] wlan
[AC_1-wlan-view] ap-group name ap-group1
```

（2）创建域管理模板，在域管理模板下配置 AC 的国家（地区）码并在 AP 组引用域管理模板，代码如下。

```
[AC_1-wlan-view] regulatory-domain-profile name default
[AC_1-wlan-regulate-domain-default] country-code cn
[AC_1-wlan-regulate-domain-default]
[AC_1-wlan-view] ap-group name ap-group1
[AC_1-wlan-ap-group-ap-group1] regulatory-domain-profile default.Continue?[Y/N]:y
```

（3）配置 AC 的源接口，配置 AP 上线，代码如下。

```
[AC_1] capwap source interface vlanif 100
[AC_1] wlan
[AC_1-wlan-view] ap auth-mode mac-auth
[AC_1-wlan-view] ap-id 0 ap-mac 60de-4476-e360
[AC_1-wlan-ap-0] ap-name area_1 Warning:This operation may cause AP reset.Continue?
[Y/N]:y
[AC_1-wlan-ap-0] ap-group ap-group1 Warning: This operation may cause AP reset.
If the country code changes, it will clear channel, power and antenna gain
configuration s of the radio, Whether to continue? [Y/N]:y
```

（4）配置 WLAN 业务参数，创建名为"wlan-net"的安全模板，并配置安全策略，代码如下。

```
[AC_1-wlan-view] security-profile name wlan-net
[AC_1-wlan-sec-prof-wlan-net] security wpa-wpa2 psk pass-phrase a1234567 aes
[AC_1-wlan-sec-prof-wlan-net] quit
```

（5）创建名为"wlan-net"的 SSID 模板，并配置 SSID 名称为"wlan-net"，代码如下。

```
[AC_1-wlan-view] ssid-profile name wlan-net
[AC_1-wlan-ssid-prof-wlan-net] ssid wlan-net
[AC_1-wlan-ssid-prof-wlan-net] quit
```

（6）创建名为"wlan-net"的 VAP 模板，配置业务数据转发模式、业务 VLAN，并且引用安全模板和 SSID 模板，代码如下。

```
[AC_1-wlan-view] vap-profile name wlan-net
[AC_1-wlan-vap-prof-wlan-net] forward-mode tunnel
[AC_1-wlan-vap-prof-wlan-net] service-vlan vlan-id 101
[AC_1-wlan-vap-prof-wlan-net] security-profile wlan-net
[AC_1-wlan-vap-prof-wlan-net] ssid-profile wlan-net
[AC_1-wlan-vap-prof-wlan-net] quit
```

（7）配置 AP 组引用 VAP 模板，AP 上射频 0 和射频 1 都使用 VAP 模板"wlan-net"的配置，代码如下。

```
[AC_1-wlan-view] ap-group name ap-group1
[AC_1-wlan-ap-group-ap-group1] vap-profile wlan-net wlan 1 radio 0
[AC_1-wlan-ap-group-ap-group1] vap-profile wlan-net wlan 1 radio 1
[AC_1-wlan-ap-group-ap-group1] quit
```

（8）开启射频调优功能自动选择 AP 最佳信道和功率，代码如下。

```
[AC_1-wlan-view] ap-group name ap-group1
[AC_1-wlan-ap-group-ap-group1] radio 0
[AC_1-wlan-group-radio-ap-group1/0] calibrate auto-channel-select enable
[AC_1-wlan-group-radio-ap-group1/0] calibrate auto-txpower-select enable
[AC_1-wlan-group-radio-ap-group1/0] quit
[AC_1-wlan-ap-group-ap-group1] radio 1
[AC_1-wlan-group-radio-ap-group1/1] calibrate auto-channel-select enable
[AC_1-wlan-group-radio-ap-group1/1] calibrate auto-txpower-select enable
```

（9）在域管理模板下配置调优信道集合，代码如下。

```
[AC-wlan-view] regulatory-domain-profile name default
[AC_1-wlan-regulate-domain-default] dca-channel 2.4g channel-set 1,6,11
[AC_1-wlan-regulate-domain-default] dca-channel 5g bandwidth 20mhz
[AC_1-wlan-regulate-domain-default] dca-channel 5g channel-set 149,153,157,161
[AC_1-wlan-regulate-domain-default] quit
```

（10）创建空口扫描模板"wlan-airscan"，并配置调优信道集合、扫描间隔时间和扫描持续时间，代码如下。

```
[AC-wlan-view] air-scan-profile name wlan-airscan
[AC_1-wlan-air-scan-prof-wlan-airscan] scan-channel-set dca-channel
[AC_1-wlan-air-scan-prof-wlan-airscan] scan-period 60
[AC_1-wlan-air-scan-prof-wlan-airscan] scan-interval 60000
[AC_1-wlan-air-scan-prof-wlan-airscan] quit
```

（11）创建 2GHz 射频模板"wlan-radio2g"，并在该模板下引用空口扫描模板"wlan-airscan"，代码如下。

```
[AC_1-wlan-view] radio-2g-profile name wlan-radio2g
[AC_1-wlan-radio-2g-prof-wlan-radio2g] air-scan-profile wlan-airscan
[AC_1-wlan-radio-2g-prof-wlan-radio2g] quit
```

（12）创建 5GHz 射频模板"wlan-radio5g"，并在该模板下引用空口扫描模板"wlan-airscan"，代码如下。

```
[AC_1-wlan-view] radio-5g-profile name wlan-radio5g
[AC_1-wlan-radio-5g-prof-wlan-radio5g] air-scan-profile wlan-airscan
[AC_1-wlan-radio-5g-prof-wlan-radio5g] quit
```

（13）在名为"ap-group1"的 AP 组下引用 5GHz 射频模板"wlan-radio5g"和 2GHz 射频模板"wlan-radio2g"，代码如下。

```
[AC_1-wlan-view] ap-group name ap-group1
[AC_1-wlan-ap-group-ap-group1] radio-5g-profile wlan-radio5g radio 1
[AC_1-wlan-ap-group-ap-group1] radio-2g-profile wlan-radio2g radio 0
[AC_1-wlan-ap-group-ap-group1] quit
```

（14）配置射频调优模式为手动调优，并手动触发射频调优，代码如下。

```
[AC_1-wlan-view] calibrate enable manual
[AC_1-wlan-view] calibrate manual startup
```

（15）在 AC_2 上配置 AP 上线、WLAN 业务参数和射频调优功能，仅 AP 的 MAC 地址不同，配置过程一样参照（1）～（14）配置 AC_2 上的 AP。

（16）配置 AC_1 的 WLAN 漫游功能，创建漫游组，并配置 AC_1 和 AC_2 为漫游组成员，代码如下。

```
[AC_1-wlan-view] mobility-group name mobility
[AC_1-mc-mg-mobility] member ip-address 10.23.100.1
[AC_1-mc-mg-mobility] member ip-address 10.23.100.2
[AC_1-mc-mg-mobility] quit
```

（17）配置 AC_2 的 WLAN 漫游功能，创建漫游组，并配置 AC_1 和 AC_2 为漫游组成员，代码如下。

```
[AC_2-wlan-view] mobility-group name mobility
[AC_2-mc-mg-mobility] member ip-address 10.23.100.1
[AC_2-mc-mg-mobility] member ip-address 10.23.100.2
[AC_2-mc-mg-mobility] quit
```

（18）在 AC_1 上配置 AC 间控制隧道 DTLS 加密，代码如下。

```
[AC_1] capwap dtls inter-controller psk a1234567
[AC_1] capwap dtls inter-controller control-link encrypt onWarning: This operation
may cause devices using CAPWAP connections to reset or go offline. Continue? [Y/N]:y
```

（19）在 AC_2 上配置 AC 间控制隧道 DTLS 加密，代码如下。

```
[AC_2] capwap dtls inter-controller psk a1234567
[AC_2] capwap dtls inter-controller control-link encrypt onWarning: This operation
may cause devices using CAPWAP connections to reset or go offline. Continue? [Y/N]:y
```

（20）验证配置结果。WLAN 业务配置会自动下发给 AP，配置完成后，分别在 AC_1 和 AC_2 上执行命令 display vap ssid wlan-net 查看 VAP 信息。当"Status"显示为"ON"时，表示 AP 对应射频上的 VAP 已创建成功。

AC_1 验证 VAP 配置结果如图 4-31 所示。

AC_2 验证 VAP 配置结果如图 4-32 所示。

在 AC_1 上执行命令 display mobility-group name mobility 查看漫游组成员 AC_1 和 AC_2 的状态，如图 4-33 所示，当"State"显示为"normal"时，表示 AC_1 和 AC_2 正常。

```
[AC_1-wlan-view] display vap ssid wlan-net
WID : WLAN ID
-----------------------------------------------------------------------
AP ID AP name      RfID WID BSSID          Status Auth type      STA  SSID
-----------------------------------------------------------------------
0     area_1       0    1   60DE-4476-E360 ON     WPA/WPA2-PSK    0    wlan-net
0     area_1       1    1   60DE-4476-E370 ON     WPA/WPA2-PSK    0    wlan-net
-----------------------------------------------------------------------
Total: 2
```

图 4-31　AC_1 验证 VAP 配置结果

```
[AC_2-wlan-view] display vap ssid wlan-net
WID : WLAN ID
-----------------------------------------------------------------------
AP ID AP name      RfID WID BSSID          Status Auth type      STA  SSID
-----------------------------------------------------------------------
1     area_2       0    1   DCD2-FC04-B500 ON     WPA/WPA2-PSK    0    wlan-net
1     area_2       1    1   DCD2-FC04-B510 ON     WPA/WPA2-PSK    0    wlan-net
-----------------------------------------------------------------------
Total: 2
```

图 4-32　AC_2 验证 VAP 配置结果

```
[AC_1-wlan-view] display mobility-group name mobility
-----------------------------------------------------
State       IP address            Description
-----------------------------------------------------
normal      10.23.100.1           -
normal      10.23.100.2           -
-----------------------------------------------------
Total: 2
```

图 4-33　漫游组成员状态

STA 在 AP_1 的覆盖范围内搜索到 SSID 为“wlan-net”的无线网络，用户输入密码“a1234567”并正常关联后，在 AC_1 上执行命令 display station ssid wlan-net 查看 STA 的接入信息，如图 4-34 所示。

```
[AC_1-wlan-view] display station ssid wlan-net
Rf/WLAN: Radio ID/WLAN ID
Rx/Tx: link receive rate/link transmit rate(Mbit/s)
-----------------------------------------------------------------------------
STA MAC        AP ID Ap name Rf/WLAN Band Type Rx/Tx   RSSI VLAN IP address
-----------------------------------------------------------------------------
e019-1dc7-1e08 0     area_1  1/1     5G   11n  46/59   -57  101  10.23.101.254
-----------------------------------------------------------------------------
Total: 1 2.4G: 0 5G: 1
```

图 4-34　在 AC_1 上查看 STA 的接入信息

从输出结果可以看到 STA 关联到 AP_1，STA 的 MAC 地址为“e019-1dc7-1e08”。

当 STA 从 AP_1 的覆盖范围移动到 AP_2 的覆盖范围时，在 AC_2 上执行命令 display station ssid wlan-net 查看 STA 的接入信息，如图 4-35 所示。

```
[AC_2-wlan-view] display station ssid wlan-net
Rf/WLAN: Radio ID/WLAN ID
Rx/Tx: link receive rate/link transmit rate(Mbit/s)
------------------------------------------------------------------------------
STA MAC           AP ID Ap name    Rf/WLAN  Band  Type  Rx/Tx    RSSI  VLAN  IP address
------------------------------------------------------------------------------
e019-1dc7-1e08     1    area_2      1/1      5G    11n   46/59    -58   101   10.23.101.254
------------------------------------------------------------------------------
Total: 1 2.4G: 0 5G: 1
```

图 4-35　在 AC_2 上查看 STA 的接入信息

从输出结果可以看到 STA 关联到 AP_2，STA 的 MAC 地址为"e019-1dc7-1e08"。

在 AC_2 上执行命令 display station roam-track sta-mac e019-1dc7-1e08，可以查看该 STA 的漫游轨迹，如图 4-36 所示。

```
[AC_2-wlan-view] display station roam-track sta-mac e019-1dc7-1e08
Access SSID:wlan-net
Rx/Tx: link receive rate/link transmit rate(Mbps)
c:PMK Cache Roam r:802.11r Roam s:Same Frequency Network
------------------------------------------------------------------------------
L2/L3           AC IP               AP name          Radio ID
BSSID           TIME                In/Out RSSI      Out Rx/Tx
------------------------------------------------------------------------------
--              10.23.100.1         area_1           1
60de-4476-e360  2015/02/09 16:11:51 -57/-57          22/3
L2              10.23.100.2         area_2           1
dcd2-fc04-b500  2015/02/09 16:13:53 -58/-          -/-
------------------------------------------------------------------------------
Number: 1
```

图 4-36　STA 的漫游轨迹

3. AC 间三层漫游

业务需求：某大中型企业内部分为多个办公或生产区域，需要通过 WLAN 为用户提供服务，用户需要在企业内部不同区域间移动办公的同时，保持网络业务不中断。在这种场景下，可以在企业的不同区域内分别部署 AC 和多个 AP，通过 AC 管理 AP，为用户提供 WLAN 接入服务。为了区分部门进行管理，不同部门的员工在不同的子网。员工在覆盖区域内移动，其设备发生漫游时，不影响用户的业务使用。

AC 间三层漫游如图 4-37 所示，配置 AC_1 和 AC_2 在同一个漫游组内，形成 CAPWAP 隧道。AC_1 和 AC_2 分别对企业的区域 1 和区域 2 的 AP 进行管理，用户可以通过 AP_1 和 AP_2 接入 WLAN。用户进行移动办公时，从 AP_1 的区域漫游到 AP_2 的区域时，通过隧道流量返回到 AC_1 转发，网络业务不中断。

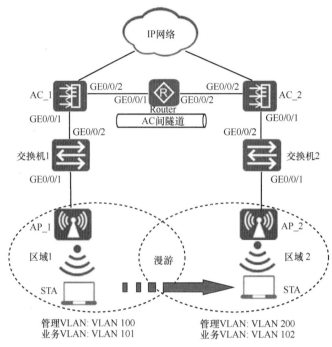

图 4-37　AC 间三层漫游

AC 数据规划见表 4-3。

表 4-3　AC 数据规划

配置项	数据规划
DHCP 服务器	AC_1 作为 DHCP 服务器，为关联 AC_1 的 AP 和 STA 分配 IP 地址； AC_2 作为 DHCP 服务器，为关联 AC_2 的 AP 和 STA 分配 IP 地址
AP 的 IP 地址池	10.23.100.2～10.23.100.254/24； 10.23.200.2～10.23.200.254/24
STA 的 IP 地址池	10.23.101.2～10.23.101.254/24； 10.23.102.2～10.23.102.254/24
AC_1 的源接口 IP 地址	VLANIF100：10.23.100.1/24
AC_2 的源接口 IP 地址	VLANIF200：10.23.200.1/24
AP 组	名称：ap-group1。 引用模板：VAP 模板 wlan-net1、域管理模板 default、2GHz 射频模板 wlan-radio2g、5GHz 射频模板 wlan-radio5g 名称：ap-group2。 引用模板：VAP 模板 wlan-net2、域管理模板 default、2GHz 射频模板 wlan-radio2g、5GHz 射频模板 wlan-radio5g
域管理模板	名称：default。 国家（地区）码：中国。 调优信道集合：配置 2.4GHz 和 5GHz 调优带宽和调优信道

（续表）

配置项	数据规划
SSID 模板	名称：wlan-net。 SSID 名称：wlan-net
安全模板	名称：wlan-net。 安全策略：WPA-WPA2+PSK+AES。 密码：a1234567
VAP 模板	名称：wlan-net1。 转发模式：直接转发。 业务 VLAN：VLAN101。 引用模板：SSID 模板 wlan-net、安全模板 wlan-net 名称：wlan-net2。 转发模式：直接转发。 业务 VLAN：VLAN102。 引用模板：SSID 模板 wlan-net、安全模板 wlan-net
空口扫描模板	名称：wlan-airscan。 信道集合：调优信道。 空口扫描间隔时间：60000ms。 空口扫描持续时间：60ms
2GHz 射频模板	名称：wlan-radio2g。 引用模板：空口扫描模板 wlan-airscan
5GHz 射频模板	名称：wlan-radio5g。 引用模板：空口扫描模板 wlan-airscan
漫游组	名称：mobility。 成员：AC_1 和 AC_2

配置步骤具体如下。

（1）在 AC_1 上配置 AP 上线，创建 AP 组，用于将相同配置的 AP 加入同一个 AP 组，代码如下。

```
[AC_1] wlan
[AC_1-wlan-view] ap-group name ap-group1
[AC_1-wlan-ap-group-ap-group1] quit
```

（2）创建域管理模板，在域管理模板下配置 AC 的国家（地区）码并在 AP 组引用域管理模板，代码如下。

```
[AC_1-wlan-view] regulatory-domain-profile name default
[AC_1-wlan-regulate-domain-default] country-code cn
[AC_1-wlan-regulate-domain-default] quit
[AC_1-wlan-view] ap-group name ap-group1
[AC_1-wlan-ap-group-ap-group1] regulatory-domain-profile default Continue?[Y/N]:y
```

（3）配置 AC 的源接口，代码如下。

```
[AC_1] capwap source interface vlanif 100
[AC_1] wlan
[AC_1-wlan-view] ap auth-mode mac-auth
[AC_1-wlan-view] ap-id 0 ap-mac 60de-4476-e360
[AC_1-wlan-ap-0] ap-name area_1 Warning: This operation may cause AP reset. Continue?
[Y/N]:y
[AC_1-wlan-ap-0] ap-group ap-group1 Warning: This operation may cause AP reset.
If the country code changes, it will clear channel, power and antenna gain
configuration s of the radio, Whether to continue? [Y/N]:y
```

（4）配置 AC_1 的 WLAN 业务参数，代码如下。

```
[AC_1-wlan-view] security-profile name wlan-net
[AC_1-wlan-sec-prof-wlan-net] security wpa-wpa2 psk pass-phrase a1234567 aes
[AC_1-wlan-sec-prof-wlan-net] quit
```

（5）创建名为"wlan-net"的 SSID 模板，并配置 SSID 名称为"wlan-net"，代码如下。

```
[AC_1-wlan-view] ssid-profile name wlan-net
[AC_1-wlan-ssid-prof-wlan-net] ssid wlan-net
[AC_1-wlan-net-prof-wlan-net] quit
```

（6）创建名为"wlan-net1"的 VAP 模板，配置业务数据转发模式、业务 VLAN，并且引用安全模板和 SSID 模板，代码如下。

```
[AC_1-wlan-view] vap-profile name wlan-net1
[AC_1-wlan-vap-prof-wlan-net1] forward-mode direct-forward
[AC_1-wlan-vap-prof-wlan-net1] service-vlan vlan-id 101
[AC_1-wlan-vap-prof-wlan-net1] security-profile wlan-net
[AC_1-wlan-vap-prof-wlan-net1] ssid-profile wlan-net
[AC_1-wlan-vap-prof-wlan-net1] quit
```

（7）配置 AP 组引用 VAP 模板，AP 上射频 0 和射频 1 都使用 VAP 模板"wlan-net1"的配置，代码如下。

```
[AC_1-wlan-view] ap-group name ap-group1
[AC_1-wlan-ap-group-ap-group1] vap-profile wlan-net1 wlan 1 radio 0
[AC_1-wlan-ap-group-ap-group1] vap-profile wlan-net1 wlan 1 radio 1
[AC_1-wlan-ap-group-ap-group1] quit
```

（8）参考 AC_1 的配置过程，在 AC_2 上配置 AP 上线和 WLAN 业务参数，以下仅列出有差异的配置项。

　　① AC_2 上的源接口为 VLANIF200。

　　② AC_2 上添加 MAC 地址为 dcd2-fc04-b500 的 AP，AP 名称配置为"area_2"。

　　③ 在 AC_2 上的 VAP 模板中，配置业务 VLAN 为 VLAN102。

（9）开启射频调优功能自动选择 AP 最佳信道和功率，代码如下。

```
[AC_1-wlan-view] ap-group name ap-group1
[AC_1-wlan-ap-group-ap-group1] radio 0
[AC_1-wlan-group-radio-ap-group1/0] calibrate auto-channel-select enable
[AC_1-wlan-group-radio-ap-group1/0] calibrate auto-txpower-select enable
[AC_1-wlan-group-radio-ap-group1/0] quit
[AC_1-wlan-ap-group-ap-group1] radio 1
```

```
[AC_1-wlan-group-radio-ap-group1/1] calibrate auto-channel-select enable
[AC_1-wlan-group-radio-ap-group1/1] calibrate auto-txpower-select enable
[AC_1-wlan-group-radio-ap-group1/1] quit
```

（10）在域管理模板下配置调优信道集合，代码如下。

```
[AC-wlan-view] regulatory-domain-profile name default
[AC_1-wlan-regulate-domain-default] dca-channel 2.4g channel-set 1,6,11
[AC_1-wlan-regulate-domain-default] dca-channel 5g bandwidth 20mhz
[AC_1-wlan-regulate-domain-default] dca-channel 5g channel-set 149,153,157,161
[AC_1-wlan-regulate-domain-default] quit
```

（11）创建空口扫描模板"wlan-airscan"，并配置调优信道集合、扫描间隔时间和扫描持续时间，代码如下。

```
[AC-wlan-view] air-scan-profile name wlan-airscan
[AC_1-wlan-air-scan-prof-wlan-airscan] scan-channel-set dca-channel
[AC_1-wlan-air-scan-prof-wlan-airscan] scan-period 60
[AC_1-wlan-air-scan-prof-wlan-airscan] scan-interval 60000
[AC_1-wlan-air-scan-prof-wlan-airscan] quit
```

（12）创建 2GHz 射频模板"wlan-radio2g"，并在该模板下引用空口扫描模板"wlan-airscan"，代码如下。

```
[AC_1-wlan-view] radio-2g-profile name wlan-radio2g
[AC_1-wlan-radio-2g-prof-wlan-radio2g] air-scan-profile wlan-airscan
[AC_1-wlan-radio-2g-prof-wlan-radio2g] quit
```

（13）创建 5GHz 射频模板"wlan-radio5g"，并在该模板下引用空口扫描模板"wlan-airscan"，代码如下。

```
[AC_1-wlan-view] radio-5g-profile name wlan-radio5g
[AC_1-wlan-radio-5g-prof-wlan-radio5g] air-scan-profile wlan-airscan
[AC_1-wlan-radio-5g-prof-wlan-radio5g] quit
```

（14）在"ap-group1"的 AP 组下引用 5GHz 射频模板"wlan-radio5g"和 2GHz 射频模板"wlan-radio2g"，代码如下。

```
[AC_1-wlan-view] ap-group name ap-group1
[AC_1-wlan-ap-group-ap-group1] radio-5g-profile wlan-radio5g radio 1
[AC_1-wlan-ap-group-ap-group1] radio-2g-profile wlan-radio2g radio 0
[AC_1-wlan-ap-group-ap-group1] quit
```

（15）配置射频调优模式为手动调优，并手动触发射频调优，代码如下。

```
[AC_1-wlan-view] calibrate enable manual
[AC_1-wlan-view] calibrate manual startup
```

待执行手动调优一小时后，调优结束。将射频调优模式改为定时调优，并将调优时间定为用户业务空闲时段（如当地时间 00:00～06:00）。

```
[AC_1-wlan-view] calibrate enable schedule time 03:00:00
```

配置 AC_2 上的射频调优功能请参考 AC_1 的配置过程，具体的配置请参见 AC_2 的配置文件。

（16）配置 AC_1 的 WLAN 漫游功能，创建漫游组，并配置 AC_1 和 AC_2 为漫游组成员，代码如下。

```
[AC_1-wlan-view] mobility-group name mobility
[AC_1-mc-mg-mobility] member ip-address 10.23.100.1
[AC_1-mc-mg-mobility] member ip-address 10.23.200.1
[AC_1-mc-mg-mobility] quit
```

（17）配置 AC_2 的 WLAN 漫游功能，创建漫游组，并配置 AC_1 和 AC_2 为漫游组成员，代码如下。

```
[AC_2-wlan-view] mobility-group name mobility
[AC_2-mc-mg-mobility] member ip-address 10.23.100.1
[AC_2-mc-mg-mobility] member ip-address 10.23.200.1
[AC_2-mc-mg-mobility] quit
```

（18）在 AC_1 上配置 AC 间控制隧道 DTLS 加密，代码如下。

```
[AC_1]capwap dtls inter-controller psk a1234567
[AC_1]capwap dtls inter-controller control-link encrypt onWarning: This operation
may cause devices using CAPWAP connections to reset or go offline. Continue? [Y/N]:y
```

（19）在 AC_2 上配置 AC 间控制隧道 DTLS 加密，代码如下。

```
[AC_2]capwap dtls inter-controller psk a1234567
[AC_2]capwap dtls inter-controller control-link encrypt onWarning: This operation
may cause devices using CAPWAP connections to reset or go offline. Continue? [Y/N]:y
```

（20）验证配置结果。在 AC_1 上执行命令 display mobility-group name mobility 查看漫游组成员 AC_1 和 AC_2 的状态，如图 4-38 所示。当"State"显示为"normal"时，表示 AC_1 和 AC_2 正常。

```
[AC_1-wlan-view] display mobility-group name mobility
--------------------------------------------------------------
State       IP address                      Description
--------------------------------------------------------------
normal      10.23.100.1                     -
normal      10.23.200.1                     -
--------------------------------------------------------------
Total: 2
```

图 4-38 漫游组成员 AC_1 和 AC_2 的状态

STA 在 AP_1 的覆盖范围内搜索到 SSID 为"wlan-net"的无线网络，用户输入密码"a1234567"并正常关联后，在 AC_1 上查看 STA 的接入信息，如图 4-39 所示。可以看到 STA 关联到 AP_1，STA 的 MAC 地址为"e019-1dc7-1e08"。

```
[AC_1-wlan-view] display station ssid wlan-net
Rf/WLAN: Radio ID/WLAN ID
Rx/Tx: link receive rate/link transmit rate(Mbit/s)
-----------------------------------------------------------------------------------
STA MAC          AP ID Ap name   Rf/WLAN  Band  Type  Rx/Tx   RSSI  VLAN  IP address
-----------------------------------------------------------------------------------
e019-1dc7-1e08   0     area_1    1/1      5G    11n   46/59   -57   101   10.23.101.254
-----------------------------------------------------------------------------------
Total: 1 2.4G: 0 5G: 1
```

图 4-39 在 AC_1 上查看 STA 的接入信息

当 STA 从 AP_1 的覆盖范围移动到 AP_2 的覆盖范围时，在 AC_2 上查看 STA 的接入信息，如图 4-40 所示。可以看到 STA 关联到 AP_2。

```
[AC_2-wlan-view] display station ssid wlan-net
Rf/WLAN: Radio ID/WLAN ID
Rx/Tx: link receive rate/link transmit rate(Mbit/s)

STA MAC          AP ID Ap name   Rf/WLAN Band Type Rx/Tx  RSSI VLAN IP address

e019-1dc7-1e08   1     area_2    1/1     5G   11n  46/59  -58  101  10.23.101.254

Total: 1 2.4G: 0 5G: 1
```

图 4-40　在 AC_2 上查看 STA 的接入信息

在 AC_2 上验证 STA 的漫游轨迹，如图 4-41 所示。

```
[AC_2-wlan-view] display station roam-track sta-mac e019-1dc7-1e08
Access SSID:wlan-net
Rx/Tx: link receive rate/link transmit rate(Mbps)
c:PMK Cache Roam r:802.11r Roam s:Same Frequency Network

L2/L3          AC IP                     AP name        Radio ID
BSSID          TIME                      In/Out RSSI    Out Rx/Tx

--             10.23.100.1               area_1         1
60de-4476-e360 2015/02/09 16:11:51       -57/-57        22/3
L3             10.23.200.1               area_2         1
dcd2-fc04-b500 2015/02/09 16:13:53       -58/-         -/-

Number: 1
```

图 4-41　STA 的漫游轨迹

4. AC 间漫游（VRRP 双机热备份）

某大中型企业内部分为多个区域，需要通过 WLAN 为用户提供服务，用户需要在企业内部不同区域间移动办公的同时，保持网络业务不中断。同时，用户需要在某台 AC 设备发生故障时保持网络业务不中断，以保证 WLAN 管理的可靠性。在这种场景下，可以在企业的不同区域内分别部署互为备份（VRRP 双机热备份）的两台 AC 和多个 AP，通过 AC 管理 AP，为用户提供 WLAN 服务。当某台 AC 发生故障时，自动切换到备份 AC，保证网络业务不中断。

AC 间漫游（VRRP 双机热备份）如图 4-42 所示，企业在区域 1 部署了 AC_1 和 AC_2，在区域 2 部署了 AC_3 和 AC_4，分别对企业的区域 1 和区域 2 的 AP 进行管理，用户可以通过 AP_1 和 AP_2 接入 WLAN。用户进行移动办公时，从 AP_1 的区域漫游到 AP_2 的区域时，网络业务不中断。

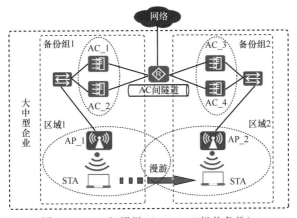

图 4-42　AC 间漫游（VRRP 双机热备份）

通过 VRRP 实现 AC 热备份的配置说明如下。

在区域 1 中，配置 AC_1 和 AC_2 为一个 VRRP 备份组（备份组 1），其中，AC_1 为主 AC，AC_2 为备 AC，管理区域 1 中的 AP。具体配置流程如下。

（1）在 AC_1 上创建备份组 1，配置 AC_1 在该备份组中的优先级为 120，抢占时间为 1200s，并设置备份组 1 为管理 VRRP，代码如下。

```
[AC_1] interface vlanif 800
[AC_1-Vlanif800] vrrp vrid 1 virtual-ip 10.128.1.1
[AC_1-Vlanif800] vrrp vrid 1 priority 120
[AC_1-Vlanif800] vrrp vrid 1 preempt-mode timer delay 1200
[AC_1-Vlanif800] admin-vrrp vrid 1 //设置备份组 1 为管理 VRRP
[AC_1-Vlanif800] quit
```

（2）在 AC_1 上创建 HSB 主备服务，并配置其主备通道的 IP 地址和端口号，代码如下。

```
[AC_1] hsb-service 0
[AC_1-hsb-service-0] service-ip-port local-ip 10.1.1.253 peer-ip 10.1.1.254
local-data-port 10241 peer-data-port 10241
[AC_1-hsb-service-0] quit
```

（3）在 AC_1 上创建 HSB 备份组，并配置其绑定 HSB 主备服务和管理 VRRP，代码如下。

```
[AC_1] hsb-group 0
[AC_1-hsb-group-0] bind-service 0
[AC_1-hsb-group-0] track vrrp vrid 1 interface vlanif 800
[AC_1-hsb-group-0] quit
```

（4）配置业务绑定 HSB 备份组，代码如下。

```
[AC_1] hsb-service-type access-user hsb-group 0      //配置 NAC 业务绑定 HSB 备份组
[AC_1] hsb-service-type ap hsb-group         0      //配置 WLAN 业务备份使用的 HSB 类型
为 HSB 组
[AC_1] hsb-service-type dhcp hsb-group        0      //配置 DHCP 服务器绑定在双机热备
DHCP 服务器组
[AC_1] hsb-group 0
[AC_1-hsb-group-0] hsb enable
```

（5）在 AC_2 上配置 VRRP 方式的双机热备份，配置备份组的状态恢复时延为 60s，代码如下。

```
[AC_2] vrrp recover-delay 60
```

（6）在 AC_2 上创建备份组 1，代码如下。

```
[AC_2] interface vlanif 800
[AC_2-Vlanif800] vrrp vrid 1 virtual-ip 10.128.1.1
[AC_2-Vlanif800] admin-vrrp vrid 1 //设置备份组 1 为管理 VRRP
[AC_2-Vlanif800] quit
```

（7）在 AC_2 上创建 HSB 主备服务，并配置其主备通道的 IP 地址和端口号，代码如下。

```
[AC_2] hsb-service 0
[AC_2-hsb-service-0] service-ip-port local-ip 10.1.1.254 peer-ip 10.1.1.253
local-data-port 10241 peer-data-port 10241
```

```
[AC_2-hsb-service-0] quit
```

（8）在 AC_2 上创建 HSB 备份组，并配置其绑定 HSB 主备服务和管理 VRRP，代码如下。

```
[AC_2] hsb-group 0
[AC_2-hsb-group-0] bind-service 0
[AC_2-hsb-group-0] track vrrp vrid 1 interface vlanif 800
[AC_2-hsb-group-0] quit
```

（9）配置 AC_2 业务绑定 HSB 备份组，代码如下。

```
[AC_2] hsb-service-type access-user hsb-group 0      //配置NAC业务绑定HSB备份组
[AC_2] hsb-service-type ap hsb-group            0    //配置WLAN业务备份使用的HSB类型
为 HSB 组
[AC_2] hsb-service-type dhcp hsb-group          0    //配置DHCP服务器绑定在双机热备
DHCP 服务器组
```

在区域 2 中，配置 AC_3 和 AC_4 为一个 VRRP 备份组（备份组 2），其中，AC_3 为主 AC，AC_4 为备 AC，管理区域 2 中的 AP。备份组 2 和备份组 1 的配置流程是一样的，注意改动 IP 地址，这里不进行赘述。

需要注意以下几点。

① 在 VRRP 备份组中，需保证主备 AC 的配置是相同的。

② 在漫游组中，备份组 1 和备份组 2 作为漫游组成员 AC，互相呈现虚拟 IP 地址。因此,在备份组中添加成员 AC 时只需要添加备份组 1 和备份组 2 对外呈现的虚拟 IP 地址。

③ 当 AC_1 或 AC_3 发生故障时，其备份组成员 AC 承担数据流量，从而保障网络的可靠通信。

4.5　无线局域网 QoS

4.5.1　QoS 服务模型

在网络中，一般使用 QoS 模型来指导部署。需要知道的是，QoS 模型不是一个具体功能，而是端到端 QoS 设计的一个方案，只有当网络中所有设备都遵循统一的 QoS 服务模型时，才能实现端到端的服务质量保证。下面介绍主流的 3 个 QoS 服务模型。

① 尽力而为（Best Effort）服务模型：这是最简单的 QoS 服务模型，也是默认的网络设备转发方式，用户可以在任何时候，发出任意数量的报文，而且不需要通知网络。在这种服务模型中，网络设备尽最大的转发能力发送报文，但对时延、丢包率等性能不提供任何保证。尽力而为服务模型适用于对时延、丢包率等性能要求不高的业务，如电子邮件服务等。

② 预留资源服务模型：指用户在发送报文前，需要通过信令向网络描述自己的流量参数，申请特定的带宽服务，网络根据流量参数，结合设备和线路资源状况，发出承诺满足该请求。用户在收到确认信息，确定网络已经为这个报文预留了资源后，才开始发送报文。用户发送的报文应该控制在流量参数描述的范围内。数据经过的网络

节点需要为每个流维护一个状态，并基于这个状态执行相应的预留资源动作，以满足对用户的承诺。

预留资源模型使用资源预留协议（RSVP）在一条已知路径的网络拓扑上预留带宽、优先级等资源，路径沿途的各个网络设备必须为每个要求服务质量保证的数据流预留需要的资源。通过预留资源，各个网络设备可以判断是否有足够的资源可以使用。只有数据经过的所有网络设备都提供了足够的资源，"路径"才可建立。

③ 差分服务模型：基本原理是将网络中的流量分成多个类，每个类由不同的策略控制。当网络出现拥塞时，不同的类会进入不同转发队列或者分配不同带宽。

差分服务模型中，业务流的分类和标记工作在网络边缘由边界节点完成。边界节点可以通过报文的源地址和目的地址、服务类型域中的优先级、协议类型等灵活地对报文进行分类，而其他节点只需要简单地识别报文中的这些标记，即可进行资源分配和流量控制。

与预留资源模型相比，差分服务模型不需要信令。在差分服务模型中，发出报文前不需要预先向网络提出资源申请，而是通过设置报文的 QoS 参数信息来告知网络节点它的 QoS 需求。网络节点不需要为每个应用数据流维护状态，而是根据每个报文指定的 QoS 参数信息来提供差分服务，即通过报文的服务等级划分，有差别地进行流量控制和转发，提供端到端的 QoS 保证。差分服务模型充分考虑了 IP 网络本身灵活性高、可扩展性强的特点，将复杂的服务质量保证通过报文自身携带的信息转换为单跳行为，从而大大减少了信令的工作，是当前网络中的主流服务模型。

4.5.2 差分服务模型的业务

基于差分服务模型的 QoS 业务主要分为以下几类。

1. 报文分类和报文标记

要实现差分服务，首先需要将数据包分为不同的类别或者设置为不同的优先级。报文分类即把数据包分为不同的类别，可以通过命令行中模块化 QoS 配置的流分类实现。报文标记即为数据包设置不同的优先级，可以通过优先级映射和重标记优先级实现。不同的报文使用不同的 QoS 优先级。

2. 流量监管、流量整形和接口限速

流量监管和流量整形可以将业务流量限制在特定的带宽内，当业务流量超过额定带宽时，超过的流量将被丢弃或缓存。其中，将超过的流量丢弃的技术称为流量监管，将超过的流量缓存的技术称为流量整形。接口限速分为基于接口的流量监管和基于接口的流量整形。

3. 拥塞管理和拥塞避免

拥塞管理是在网络发生拥塞时，将报文放入队列中缓存，并采取某种队列调度算法安排报文的转发次序。拥塞避免可以监督网络资源的使用情况，当发现拥塞有加剧的趋势时，采取主动的、随机的丢弃报文的策略来解除网络的过载。

在差分服务中，数据经过的网络设备的入接口根据应用对报文分类和标记是实现差分服务的前提和基础；流量监管、流量整形、接口限速、拥塞管理和拥塞避免从不同方面对网络流量及其分配的资源实施队列控制，是提供差分服务的具体表现。这些 QoS 技术在网络设备上的处理顺序如图 4-43 所示。

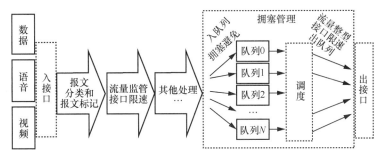

图 4-43　QoS 技术在网络设备上的处理顺序

4.5.3　WLAN QoS 实现原理

WLAN QoS 是为了满足无线用户的不同应用的流量需求而提供的一种差分服务模型的 QoS 方案。在 WLAN 中，使用差分服务 QoS 技术可以实现无线局域网中的 QoS 保障，具体可以归纳为 5 个方面。

（1）无线信道资源的高效利用：通过 Wi-Fi 多媒体（WMM）标准，高优先级的数据可以优先竞争无线信道。

（2）网络带宽的有效利用：通过优先级映射，高优先级数据可以优先进行传输。

（3）网络拥塞的降低：通过流量监管，用户的发送速率被限制，有效避免因为网络拥塞导致的数据丢包。

（4）无线信道的公平占用：通过对 Airtime 进行调度，同一射频下的多个用户可以在时间上相对公平的占用无线信道。

（5）不同类型业务的差分服务：通过将报文信息与访问控制列表（ACL）规则进行匹配，或者通过应用识别同类报文，可以为同类报文提供相同的 QoS，实现对不同类型业务的差分服务。

在 WLAN QoS 的实现原理中，可以通过以下 5 项技术来实施。

（1）WMM 标准：通过动态信道分配实现信道竞争。对于所有终端的空间数据流，分布协调功能帧时间间隔是固定的，退避时间是随机生成的，所以整个网络中设备的信道竞争机会是相同的。WMM 标准通过对 802.11 标准的增强，改变了整个网络完全公平的竞争方式。

WMM 标准定义了一套增强型分布信道接入（EDCA）参数，可以区分高优先级报文并保证高优先级报文优先占用信道资源，以满足不同的业务需求。WMM 标准将报文分为 4 个接入类别（AC），与 802.11 报文中用户优先级（UP）的对应关系见表 4-4。

表 4-4　接入类别和用户优先级的对应关系

用户优先级	接入类别
7	AC_VO（Voice）
6	
5	AC_VI（Video）
4	
3	AC_BE（Best Effort）

（续表）

用户优先级	接入类别
2	AC_BK（Background）
1	
0	AC_BE（Best Effort）

每个 AC 队列定义了一套增强的分布式信道访问参数，该参数决定了队列占用信道的能力大小，对应用户优先级的数值越大，占用信道的机会就越大，得到的转发时间就越长。

另外，WMM 标准定义了两种 ACK 策略：普通 ACK（Normal ACK）和无 ACK（No ACK）。Normal ACK 策略对于发送端发送的每个单播报文，接收端在成功接收到报文后，都需要发送 ACK 帧进行确认。No ACK 策略在通信质量很好、干扰很小的情况下，为了提高传输效率，可以选择不应答 ACK 帧。

（2）优先级映射：可以设置优先级的字段在局域网数据包中有 3 处，具体如下。

第一处优先级映射字段：优先级字段。

IP 报文头服务类型字段有 8 位，其中 3 位的优先级字段标识了 IP 报文的优先级。优先级字段在服务类型字段中的位置如图 4-44 所示。

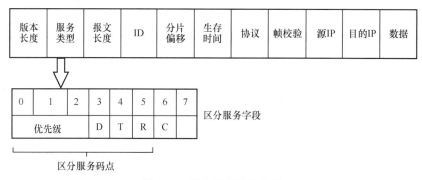

图 4-44　优先级字段的位置

0～2 位表示优先级字段，代表报文传输的 8 个优先级，按照从高到低的顺序取值为 7、6、5、4、3、2、1 和 0。

除了优先级字段外，服务类型字段中还有 D、T、R 位和保留位。

D 位表示时延要求，0 代表正常时延，1 代表低时延。

T 位表示吞吐量，0 代表正常吞吐量，1 代表高吞吐量。

R 位表示可靠性，0 代表正常可靠性，1 代表高可靠性。

C 位及最后一比特是保留位。

第二处优先级映射字段：区分服务码点优先级字段。

IPv4 报文头服务类型字段中的比特 0～5 被定义为区分服务码点，并将服务类型字段改名为区分服务字段。优先级字段在区分服务码点中的位置如图 4-44 所示。

区分服务字段的前 6 位（0 位～5 位）用于区分服务码点，后 2 位（6 位、7 位）是保留位。区分服务字段的前 3 位（0 位～2 位）是类选择代码点，值相同的类选择代码点代表同一类区分服务。区分服务字段根据区分服务码点的值选择相应的每一跳转发行为。

第三处优先级映射字段：802.1p 优先级字段。

通常二层设备之间交互以太帧。根据 IEEE 802.1q 定义，以太帧头中的 PRI 字段（即 802.1p 优先级），也称分类服务字段，标识了服务质量需求。以太帧中的 PRI 字段位置如图 4-45 所示。

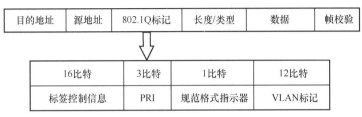

| 目的地址 | 源地址 | 802.1Q标记 | 长度/类型 | 数据 | 帧校验 |

| 16比特 | 3比特 | 1比特 | 12比特 |
| 标签控制信息 | PRI | 规范格式指示器 | VLAN标记 |

图 4-45　VLAN 帧中的 802.1p 优先级

802.1Q 头部包含 3 比特长的 PRI 字段。PRI 字段定义了 8 种优先级，按照优先级从高到低顺序取值为 7、6、5、4、3、2、1 和 0。

（3）流量监管：WLAN QoS 的流量监管和传统 QoS 一致。流量监管就是对流量进行控制，通过监督进入网络的流量速率，对超出部分的流量进行"惩罚"，使进入的流量被限制在一个合理的范围之内，从而保护网络资源和企业网用户的利益。

流量监管是通过令牌桶技术实现的。令牌桶可以看作是一个存放一定数量令牌的容器。系统按设定的速度向桶中放置令牌，当桶中令牌满时，多出的令牌溢出，桶中令牌不再增加。

在使用令牌桶对流量进行评估时，以令牌桶中的令牌数量是否足够满足报文的转发为依据。如果桶中存在足够的令牌可以用来转发报文，则称为流量遵守或符合约定值，否则称为流量超标或不符合约定值。为了实现流量监管，需要由 3 个组件共同完成，如图 4-46 所示。

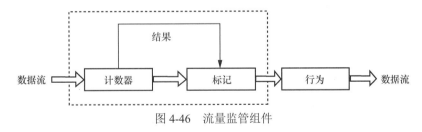

图 4-46　流量监管组件

计数器：通过令牌桶机制对网络流量进行度量，向标记输出度量结果。

标记：根据计数器的度量结果对报文进行染色，报文会被染成绿、黄、红 3 种颜色。

行为：根据报文标记的染色结果，对报文进行一些动作，具体如下。

① 转发：对测量结果为"符合"的报文继续转发。

② 重标记再转发：修改报文内部优先级后再转发。

③ 丢弃：对测量结果为"不符合"的报文进行丢弃。

在默认情况下，绿色报文、黄色报文进行转发，红色报文丢弃。

经过流量监管，如果某流量速率超过标准，设备可以选择降低报文优先级再进行转发或者直接丢弃。在默认情况下，此类报文被丢弃。

（4）Airtime 调度：在同一射频下，对每个用户的无线信道占用时间进行调度，确保每个用户相对公平地占用无线信道。

在实际的无线局域网中，终端支持的射频模式不同或终端所处的无线环境的差异会导致报文传输速率存在差异，报文传输速率过低的用户长时间占用无线信道会影响整个无线局域网的终端用户体验。当开启 Airtime 调度功能后，无线局域网内的用户能够相对公平地占用无线信道，从而在高速和低速同时传输时，提升总体的用户体验。

Airtime 调度原理为：开启 Airtime 调度功能后，设备会对同一射频下多个用户占用无线信道的时间进行统计，以累加的方式记录每个用户占用无线信道的时间，根据占用无线信道的时间由小到大进行排序。

Airtime 调度相对于传统的调度方式增加了以下功能。

① 新用户传输数据时，从原来的直接放入用户队列末尾，修改为根据占用无线信道的时间插入指定的位置。

② 用户传输完第一个队列数据后，判断该用户是否还有数据需要传输。如果没有数据传输，直接调用第二个用户；如果仍有数据需要传输，则根据占用无线信道的时间插入队列并调用当前占用时间最短的用户。

Airtime 调度配置示例代码如下。

```
[AC]wlan
[AC-wlan-view] rrm-profile name airtime //创建 RRM 模板并进入 RRM 模板视图
[AC-wlan-rrm-prof-airtime] airtime-fair-schedule enable  //使能 AP 射频的 Airtime
调度功能。在默认情况下，未使能 AP 射频的 Airtime 调度功能
[AC-wlan-rrm-prof-airtime] quit //将 RRM 模板绑定到 2GHz 或 5GHz 射频模板
[AC-wlan-view]radio-2g-profile name 24G
[AC-wlan-radio-2g-prof-24G]rrm-profile airtime
[AC-wlan-radio-2g-prof-24G]quit
[AC-wlan-view]radio-5g-profile name 58G
```

（5）基于 ACL 的报文过滤：基于 ACL 的简化流策略指通过将报文信息与 ACL 规则进行匹配，为符合相同 ACL 规则的报文提供相同的 QoS 服务，实现对不同类型业务的差分服务。

当用户希望对进入网络的流量进行控制时，可以配置 ACL 规则，根据报文的源 IP 地址、分片标记、目的 IP 地址、源端口号、源 MAC 地址等信息对报文进行匹配，进而配置基于 ACL 的简化流策略实现对匹配 ACL 规则的报文过滤。

与流策略相比，基于 ACL 的简化流策略不需要单独创建流分类、流行为或流策略，配置更为简洁。但是由于仅基于 ACL 规则对报文进行匹配，因此匹配规则没有流策略丰富。

4.5.4　WLAN QoS 应用场景

由于网络带宽有限，需要对不同的业务提供差分服务，如减少语音报文的抖动和时延、保证重要业务的带宽等。WLAN QoS 应用场景如图 4-47 所示。

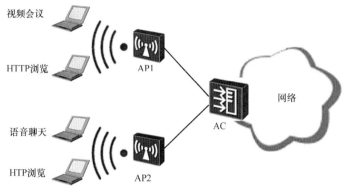

图 4-47 WLAN QoS 应用场景

4.5.5 HQoS

传统 QoS 技术可以满足语音、视频以及数据等业务的不同服务需求，但是随着网络设备的高速发展，接入用户数量和每个用户的业务量不断增加，传统的 QoS 在应用中遇到了新问题：无法做到同时对多个用户的多个业务进行流量管理和调度。

传统 QoS 是基于端口带宽进行调度的，因此流量管理可以基于服务等级进行业务区分，却很难基于用户进行区分，因此适合部署在网络核心侧，但不适合部署在业务接入侧。

为了解决上述问题，人们需要一种既能区分用户流量又能根据用户业务的优先级进行调度的技术，分层 QoS（HQoS）应运而生。HQoS 通过多级队列进一步细化区分业务流量，对多个用户、多种业务等传输对象进行统一管理和分层调度，在现有的硬件环境下使设备具备内部资源的控制策略，既能够为高级用户提供质量保证，又能够从整体上节约网络建设成本。传统 QoS 和 HQoS 如图 4-48 所示。

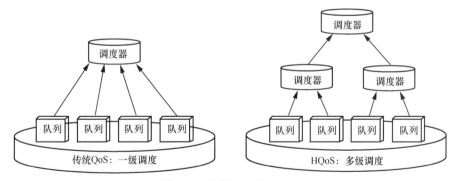

图 4-48 传统 QoS 和 HQoS

HQoS 通过多级队列调度机制来解决区分服务模型下多用户多业务带宽保证的问题，采用多级调度的方式，可以精细区分单个端口下不同无线用户和不同业务的流量，提供差异化的带宽管理服务。

在 AP 侧实施 HQoS 是通过识别 VIP 用户和关键应用来对无线流量进行多级调度的。

基于用户和服务等级的调度功能，智能调度策略通过算法修改用户的权重，从而影响用户选择结果，使 VIP 用户和关键应用在各种场景，尤其是网络状况较差的场景下能够优先被发送，享受到比普通用户更高的优先级。例如：在普通用户下行流量较大导致空口出现瓶颈时，VIP 用户和普通用户运行不同 AC 业务；在普通用户上行流量较大导致空口出现瓶颈时，VIP 用户和普通用户运行相同 AC 业务。

通过对 VIP 用户和普通用户时域资源的精细化分配，即精确分配 VIP 用户和普通用户的空口发送机会，保证 VIP 用户发送优先级，从而使 VIP 用户可以享受更优的空口带宽。

在 AC 侧实施 HQoS，首先，设备通过判断用户是否在 VIP 用户组内来识别是否是 VIP 用户。用户授权结构增加优先级字段，VIP 用户绑定 VIP 用户组，下发授权后，VIP 用户组内的用户继承该优先级。其次，针对 VIP 用户进行关键应用识别。设备通过自带的应用识别功能和应用特征库可以识别各种常见应用，用户也可以根据应用的特征自定义一个新的识别。例如，将访问特定 IP 地址和端口的流量定义为自定义应用，就可以对此应用制定优先转发的策略，从而实现该应用的加速。

目前 AC 支持流队列（FQ）、用户队列（SQ）和用户组队列（GQ）。HQoS 队列调度示意如图 4-49 所示。

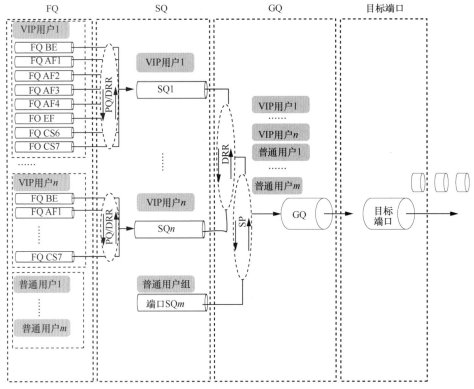

图 4-49 HQoS 队列调度示意

FQ 用于缓存一个 VIP 用户的各个服务等级中的一个优先级的数据流。每个 VIP 用户的数据流可以根据报文的区分服务码点或 802.1p 优先级被划分成 8 个服务等级，即每个 VIP 用户可以使用 8 个 FQ，分别对应 8 个服务等级（优先级从低到高分别为 BE、AF1、AF2、AF3、AF4、EF、CS6、CS7）。

SQ 主要用来区分不同的用户。每一个 VIP 用户上线时都被分配一个 SQ；而所有的普通用户上线时只会被分配到同一个普通用户组 SQ（即端口 SQ，是 AC 设备为每个设备端口预留的 SQ）。

对于 VIP 用户，每个 SQ 都由 8 个固定的 FQ 组成。在 SQ 对 FQ 进行调度时，队列 CS7、CS6、EF 采用优先级队列（PQ）调度，队列 AF4、AF3、AF2、AF1、BE 采用差分轮询（DRR）调度，其中队列 AF4、AF3 的权重为 15，队列 AF2、AF1、BE 的权重为 10。用户可以借助 PQ+DRR 调度，将重要协议的报文和时延敏感应用的业务报文通过调高优先级放入 PQ 调度的各队列中，其他应用按各自的优先级放入采用 DRR 调度的各队列中，按照权重值对各队列进行循环调度。这样既可以确保优先调度时延敏感应用的业务报文，又可以避免低优先级队列的报文长期得不到带宽。

GQ 是多个用户定义为一个组，例如，同一个接口下 AP 的所有用户被归为一个 GQ，因此又被称为端口 GQ。一个 GQ 可以绑定多个 SQ，但是一个 SQ 只能绑定一个 GQ。在 GQ 对 SQ 进行调度时，VIP 用户的 SQ 之间采用的是权重相同的 DRR 调度，VIP 用户的 SQ 与普通用户组的 SQ 之间使用严格优先级（SP）调度，这样做可以保证 VIP 用户能够被优先调度。

4.5.6　HQoS 配置案例

（1）业务需求：网络中有多个用户，其中部分用户的优先级较高，需要优先保证此类用户的视频业务的流量。

（2）HQoS 拓扑如图 4-50 所示。

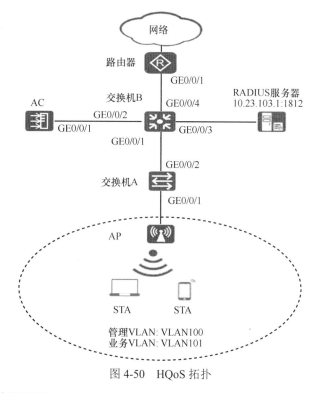

图 4-50　HQoS 拓扑

（3）HQoS 数据规划见表 4-5。

表 4-5　HQoS 数据规划

配置项	数据规划
用户组	名称：vip_group。 用户组优先级：1。 引用模板：SAC 模板 hqos，QoS 模板 hqos
SAC 模板	名称：hqos。 指定 qq_voip 的优先级为 dscp 30
QoS 模板	名称：hqos。 指定 FQ 7 的承诺信息速率（CIR）值为 640Kbit/s

（4）配置步骤具体如下。

① 查看 WLAN 的基本配置，查看 AP 所属的 AP 组，代码如下。

```
display ap all
```

查看 AP 组引用的所有模板，代码如下。

```
display ap-group name ap-group1
```

② 配置 HQoS 功能。

```
<Huawei> system-view
[Huawei] sysname AC
[AC] hqos traffic-management enable     //打开 HQoS 功能
```

③ 配置 FQ 整形，代码如下。

```
[AC] qos queue-profile hqos
[AC-qos-queue-profile-hqos] queue 7 gts cir 640
[AC-qos-queue-profile-hqos] quit
[AC] qos-profile name hqos
[AC-qosprofile-hqos] qos queue-profile hqos
[AC-qosprofile-hqos] quit
```

④ 修改关键应用的优先级，代码如下。

```
[AC] wlan
[AC-wlan-view] sac-profile name hqos
[AC-wlan-sac-prof-hqos] application-group voip app-protocol qq_voip remark dscp
30
[AC-wlan-sac-prof-hqos] quit
[AC-wlan-view] quit
```

⑤ 配置 VIP 用户组的优先级，绑定 SAC 模板和 QoS 模板，代码如下。

```
[AC] user-group vip_group
[AC-user-group-vip_group] priority 1
[AC-user-group-vip_group] sac-profile hqos
[AC-user-group-vip_group] qos-profile hqos
[AC-user-group-vip_group] quit
```

⑥ 检查配置结果。

执行命令 display user-group vip_group 查看 VIP 用户组的配置信息，代码如下。可以

看到名为 "vip_group" 的用户组的优先级为 "1"，绑定的 QoS 模板为 "hqos"，绑定的 SAC 模板为 "hqos"。

```
[AC-wlan-view] display user-group vip_group
  User group ID          :   1
  Group name             :   vip_group
  ACL ID                 :
  IPv6 ACL ID            :
  IPv6 ACL rule number   :   0
  User-num               :   0
  VLAN                   :
  Priority               :   1
  QosName                :   hqos
  IsolateInter           :   No
  IsolateInner           :   No
  VLAN pool name         :
  SAC profile            :   hqos
```

执行命令 display qos-profile name hqos 查看 QoS 模板 "hqos" 的配置信息，代码如下。可以看到 QoS 模板下绑定的队列模板为 "hqos"。

```
[AC-wlan-view] display qos-profile name hqos
Name                        :   hqos
Description                 :   -
Local Precedence            :   -
Inbound 802.1p Precedence   :   -
Outbound 802.1p Precedence  :   -
Inbound DSCP Precedence     :   -
Outbound DSCP Precedence    :   -
qos queue-profile name      :   hqos
Inbound car:  cir -  kbps,  cbs -  bytes,  pir -  kbps,  pbs - bytes
Outbound car: cir -  kbps,  cbs -  bytes,  pir -  kbps,  pbs - bytes
```

执行命令 display qos queue-profile hqos 查看队列模板的配置信息，代码如下。

```
[AC-wlan-view] display qos queue-profile hqos
Queue-profile: hqos
Queue  Schedule  Weight  Length（Bytes/Packets） GTS（CIR/CBS）
--------------------------------------------------------------
0      -         1       -/-                     -/-
1      -         1       -/-                     -/-
2      -         1       -/-                     -/-
3      -         1       -/-                     -/-
4      -         1       -/-                     -/-
5      -         1       -/-                     -/-
6      -         1       -/-                     -/-
7      -         1       -/-                     640/16000
--------------------------------------------------------------
```

执行以下命令查看 SAC 模板的配置信息。

```
[AC-wlan-view] display sac-profile name hqos
```

```
--------------------------------------------------------------------------------
SAC Profile name      :    hqos
User statistic        :    disable
VAP statistic         :    disable
SAC Policy
  APP protocol qq_voip remark DSCP 30
--------------------------------------------------------------------------------
```

HQoS 实施注意事项如下。

（1）建议在与 AP 直连的设备接口上配置端口隔离，如果不配置端口隔离，当业务数据转发方式采用直接转发时，可能会在 VLAN 内形成大量不必要的广播报文，导致网络阻塞，影响用户体验。

（2）AC 侧 HQoS 功能只支持隧道转发模式。在隧道转发模式下，管理 VLAN 和业务 VLAN 不能配置为同一个 VLAN，且 AP 和 AC 之间只能放通管理 VLAN，不能放通业务 VLAN。

（3）HQoS 和 Airtime 调度功能互斥。

（4）HQoS 功能依赖 VIP 用户的识别，仅适用于基于用户组授权的用户，如基于用户组授权的 MAC、802.1x 等认证的用户；对于非用户组授权的用户，如 PSK 等认证的用户，由于无法识别 VIP 用户，此功能不适用。

（5）纯组播报文由于协议要求，在无线空口没有 ACK 机制保障，且无线空口链路不稳定，因此为了保证纯组播报文能够稳定发送，通常会以低速报文形式发送。如果网络侧有大量异常组播流量涌入，则会造成无线空口拥堵。为了减小大量低速组播报文对无线网络造成的冲击，建议配置组播报文抑制功能。配置前需确认是否有组播业务，如果有，则谨慎配置限速值。

第 5 章
无线局域网故障排查

本章主要内容

5.1 故障排除方法介绍

5.2 无线局域网故障排除

　　本章主要介绍无线局域网故障排查，首先描述故障排除的一般原则、流程和方法，这在实际故障排除时起到根本的指导作用；其次从硬件和软件两个方面对无线网络的故障及排除进行细致的讲解，根据不同的故障现象按照一定的流程去定位故障部位；最后通过一些具体的故障案例，验证通用故障排除原则的指导意义。

5.1 故障排除方法介绍

网络设备在运行过程中会不可避免地出现故障，负责安装部署和运行维护的工程师在处理故障时需要掌握故障处理原则及故障处理的流程等。故障处理的原则如下。

① 以快速恢复系统功能为原则。

② 定位故障时，应及时收集故障数据信息，并尽量将收集到的故障数据信息保存在移动存储介质或网络中的其他存储介质中。

③ 在确定处理故障的方案时，应先评估影响，优先保障核心业务的正常通信。

④ 若第三方的硬件故障，可查看第三方的相关资料或拨打第三方公司的服务电话。

⑤ 如果无法定位故障点或无法按手册解决故障，可联系原始设备制造商技术支持，并配合厂商工程师处理故障，最大限度地减少业务中断时间。

故障处理过程应该遵循的一般流程具体如下。

第一步：故障感知。故障的发生可以从用户侧感知（如无法接入网络），也可以从网络侧感知（如设备出现异常告警），确认故障和故障复现的情况。

第二步：故障信息收集。感知到故障后，需要第一时间收集设备的故障信息，确认发生故障的时间、故障点的网络拓扑结构、导致故障的操作、故障现象、发生故障后已采取的措施和结果、故障影响的业务范围；发生故障的设备的名称、版本、当前配置、接口信息及发生故障时产生的日志信息等，信息越多越有助于分析出现故障的根本原因。

第三步：故障信息分析。分析是物理故障，如线路损坏、插头松动、设备 CPU 过载死机、设备温度过高，还是设备系统缺陷，如配置不恰当导致逻辑故障。

第四步：故障定位。先根据故障是否为偶发和是否能重现可以快速定位到具体设备，再根据是否进行过相关配置变更可以缩小定位故障的范围，日志也是故障定位的依据。对于方案级的整网故障，关键是根据故障现象快速将故障发生点定位到部件，然后再进行恢复处理。

第五步：故障修复。

运维工程师开展故障定位和处理工作前，建议注意以下事项。

① 发生故障时先评估是否为紧急故障，若是紧急故障，则使用预先制定的紧急故障处理方法尽快恢复故障模块，进而恢复业务。

② 严格遵守操作规程和行业安全规程，确保人身安全与设备安全。

③ 在故障处理过程中遇到的任何问题，应详细记录各种原始信息，不能随意删除数据或日志。

④ 应先分析故障现象，定位原因后再进行处理。在原因不明的情况下，应避免盲目操作，导致问题扩大化。

⑤ 在处理故障时，为了确保客户网络的安全和隐私，如果需要收集相关故障日志，需事先得到客户的同意。

⑥ 所有的重大操作，如重启设备、擦除数据库等均应进行记录，并在操作前仔细

确认操作的可行性，在做好相应的备份、应急和安全措施后，方可由有权限的操作人员执行。

⑦ 在更换和维护设备部件过程中，特别是热插拔部件时，要做好防静电措施，佩戴防静电腕带，提前释放静电。

⑧ 在系统恢复后，必须对运行情况进行观察，确认故障已经排除并及时填写相关的处理报告。

5.1.1　分块故障排除法

分块故障排除法是根据不同部分在功能实现上的差异，把 WLAN 分为多个部分，结合故障现象，分块进行排查。一般按数据归属进行分块，具体可以分为以下几个部分。

管理部分：AP 分为胖 AP 与瘦 AP，胖 AP 可以自行管理，瘦 AP 需要 AC 或云管控制器对其进行统一管理。

业务部分：业务 VLAN 配置，无线业务类型。

端口部分：VLAN 配置是基于端口的，物理端口必须正常工作。

有线部分：AP 与交换机之间，接入交换机与汇聚交换机、AC 之间及上层网络路由必须保障是可达的。

5.1.2　分段故障排除法

虽然组网方式不相同，但是一般情况下，可以根据设备的连接关系将网络故障进行分段排查。

首先可以由远到近分段。由于设备的一般故障（如端口故障）是通过连接的计算机发现的，因此经常从客户端开始检查。可以沿着客户端无线→AP 的 SSID 空口→AP 和交换机连接→AC 和交换机连接，按设备的顺序逐个检查，先排除远端故障。

其次由外而内分段。如果设备存在故障，可以先从外部的各种指示灯来判断，比如：AC 设备的 POWER LED 为绿色表示电源供应正常，LNK LED 为橙色表示速度协商没有达到最大等；再根据故障指示检查内部的相应部件是否存在故障。外部观察后再分析软件层面的问题，例如：某个区域的 Wi-Fi 上网速度慢，对此故障我们可以先检查是不是终端原因导致无线环境较差，然后排查 AP 方面是否出现故障，最后检查交换机及 AC 上是否存在异常。

5.1.3　对比故障排除法

对比故障排除法是以现有的、相同型号的且能够正常运行的设备及正确的配置文件作为参考对象，和故障设备进行对比，从而找出故障点。这种方法简单有效，尤其是配置上的故障，通过对比能快速找出配置的不同点进而找出故障原因。

5.1.4　替换故障排除法

替换故障排除法是用好的部件替换有可能出现故障的部件，以判断故障现象是否消失的一种方法。替换故障排除法主要用于硬件故障的诊断，但需要注意的是，替换的设备（部件）必须是相同品牌、相同型号、运行相同的系统版本。在条件允许的情况下，使用替换故障排除法可以迅速定位故障硬件，同时找出故障处理方法，可以采用替换故障排除法排除故障的设备有以下几种。

网卡：外置网卡代替内置网卡，或者重装网卡驱动。

AP：瘦 AP 需要零配置或重新上线。胖 AP 需要重新进行相关配置。

网线：如果怀疑网络不通是由网线造成的，就直接换掉某段网线进行验证。如果该网线有千兆以上速率要求或 PoE 供电，那么网络品质应该达到相关标准。

5.1.5　无线网络故障排除方法和工具

出现故障后，用户应该第一时间通过各种手段收集信息，这是进行故障定位的基础。收集的信息完整及时，可以帮助用户缩小定位故障的范围，提高定位故障的准确性。需要注意的是，信息收集必须依据当地法律法规和企业信息安全规则实施。

开始处理故障前需要收集的信息如下。

（1）发生故障的时间、故障点的网络拓扑结构、导致故障的操作、故障现象、发生故障后已采取的措施和结果、故障影响的业务范围等，这些属于必须收集的信息。

（2）发生故障的设备的名称、版本、当前配置、接口信息等，如：AC 和 AP 的设备型号、软件版本等。

（3）发生故障时产生的日志信息。日志信息主要记录用户操作、系统故障、系统安全等信息，包括用户日志和诊断日志。收集设备日志信息，有助于用户了解设备在运行过程中发生的情况，定位故障点。

（4）用户提供的网络拓扑，掌握网络中的设备互连情况。

常用的收集信息的命令和工具如下。

（1）一键信息收集命令：display diagnostic-information，它集合了多条常用 display 命令的输出结果，其中包含启动配置、当前配置、接口信息、时间、系统版本等大量有用的信息，可以将设备目前运行的诊断信息输出到屏幕或 TXT 文件。

（2）获取日志信息：通过 diagnose 和 save diag-logfile 将用户日志和诊断日志分别以 log.log 和 log.dblg 的格式保存在日志目录下。

（3）通过各种 display 命令收集信息，主要收集当前设备的硬件状况、配置信息和相邻设备的基本信息等。

（4）通用的命令行工具 ping，操作系统和网络设备都必须支持其命令，根据每一个本端发出的 ICMP Echo Request（回显请求）报文的响应情况，来帮助判断网络连通情况和辅助分析网络速度。在本地网络和网关可达的情况下，如果超时仍未收到响应报文，则输出 "Request time out（请求超时）"，否则显示响应报文的数据字节数、报文序号、存活时间（TTL）和响应时间、发送报文总数、接收报文总数、未响应报文百分比和响应时间的最小值、平均值和最大值。下面以华为 AC 的命令行为例来说明 ping 参数。

```
[AC1]ping ?
    STRING<1-255> , 目标 IP 地址
    -a, 指定 ping 数据包的源 IP 地址, 默认是数据包出接口 IP 地址
    -c, 指定发送数据包的个数, 默认发送 5 个数据包
```

```
-d，设置 socket 为 debug 模式，默认为非 debug 模式
-f，在数据包中设置"不分片"标记（仅适用于 IPv4）
-h，指定生存时间，表示数据包最多可经历的网络设备的数量，默认为 255 跳
-i，指定数据包出接口
-m，设置发送下一个 ICMP 请求报文的等待时间，取值范围为 1~10000，单位为 ms，默认为 500ms
-n，将 host 参数直接作为 IP 地址，而不需要域名解析
name，目标地址的主机名
-nexthop，指定下一跳信息
-p，设置 ICMP Echo Request 报文填充字节，格式为十六进制，范围是 0~FFFFFFFF。默认情况
下，填充方式为从 0x00 开始，递增至 0xFF，然后循环
-q：只显示统计信息。默认情况下，显示全部信息
-r，记录路由。默认情况下，不记录路由
-range，设置 Echo Request 报文大小（不含 IP 和 ICMP 头）及变化步长。如果指定 -range，那
么发送的第一个报文的长度是最小值（min），后续报文长度按照步长递增，直到报文长度达到最大值（max）。
默认情况下，min 为 56 字节，max 为 9600 字节，步长是 1 字节
-s，指定数据包大小，默认为 56 字节
-system-time，显示 request 包时间
-t，指定数据包超时时长，默认为 2000ms
-tos，指定服务类型（TOS）的值
-v，详细输出
-ignore-mtu，不检查接口的 MTU 值
ip，指定 IPv4
IPv6，指定 IPv6
multicast，组播 ping
```

① 当出现"Request time out"时，表示没有收到目标主机返回的响应数据包，具体的处理步骤如下。

- 确认目标地址所在的设备工作正常。
- 检查链路状态是否正常。查看接口状态、管理状态、物理状态、协议状态是否都为 up。
- 查看路由表，检查是否有到目的 IP 网段的路由。
- 查看 ARP 条目，检查是否能够学到下一跳的 ARP 条目。
- 检查 ping 命令中各项参数的设置是否合理。
- 检查对端设备是否开启防火墙阻止了 ping 报文，比如 ACL 配置。如果有，则关闭这些机制后再用 ping 测试。

② 当出现"destination host unreachable"时，表示目标主机无法到达，检查通信双方的路由表，确保双向路由通信正常。

（5）通用的命令行工具 tracert，其命令可以返回数据包所经过网络设备的跃点序列，从而确定数据包从源到目的的路径。ping 命令用于告诉用户目标是否可达，而 tracert 命令用于测试数据报文从发送主机到目的地所经过的网关，它主要检查网络连接是否可达，以及分析网络在什么地方发生了故障。在网络出现故障时，使用 tracert 命令，能够帮助我们快速定位问题出现在哪个环节。tracert 的工作流程如图 5-1 所示。

图 5-1   tracert 的工作流程

① 源端（交换机 A）向目的端（日志服务器）发送一个 UDP 报文，TTL 值为 1，目的 UDP 端口号是大于 30000 的一个数，因为在大多数情况下，大于 30000 的 UDP 端口号是任何一个应用程序都不可能使用的。

② 第一跳（交换机 B）收到源端发出的 UDP 报文后，判断出报文的目的 IP 地址不是本机 IP 地址，将 TTL 值减 1 后，得出 TTL 值等于 0，则丢弃报文并向源端发送一个 ICMP 超时（Time Exceeded）报文（该报文中含有第一跳的 IP 地址 10.1.1.2），这样源端就得到了交换机 B 的地址。

③ 源端收到交换机 B 的 ICMP 超时报文后，再次向目的端发送一个 UDP 报文，TTL 值为 2。

④ 第二跳（交换机 C）收到源端发出的 UDP 报文后，回应一个 ICMP 超时报文，这样源端就得到了交换机 C 的地址（10.1.2.2）。

⑤ 以上过程不断进行，直到目的端收到源端发送的 UDP 报文后，判断出目的 IP 地址是本机 IP 地址，则处理此报文。根据报文中的目的 UDP 端口号寻找占用此端口号的上层协议，因为目的端没有应用程序使用该 UDP 端口号，所以向源端返回一个 ICMP 端口不可达（Destination Unreachable）报文（该报文含有目的端的 IP 地址 10.1.3.2）。

⑥ 源端收到 ICMP 端口不可达报文后，判断出 UDP 报文已经到达目的端，则停止 tracert 程序，从而得到数据报文从源端到目的端的路径（10.1.1.2→10.1.2.2→10.1.3.2）。

以华为 AC 的命令行为例来说明 tracert 参数。

```
tracert [ -a source-ip-address | -f first-ttl | -m max-ttl | -p port | -q nqueries
| -w timeout ] *host
    -a: 指明本次 tracert 命令配置的报文源地址。如果不指定源地址，那么将采用出接口的 IP 地址作
为 tracert 报文发送的源地址。
    -f: 指定初始 TTL。设置 first-TTL，当经过的跳数小于此参数值时（由于 TTL 字段的值大于 0），
经过的这几个节点不会返回 ICMP 超时报文给源主机。如果已经设置了 max-TTL 参数值，first-TTL 的
取值必须小于 max-TTL。
    -m: 指定最大 TTL。通常情况下，max-TTL 的值被设置为经过站点的跳数。如果已经设置了 first-TTL
参数值，那么 max-TTL 的取值必须大于 first-TTL。默认情况下，最大 TTL 为 30。
    -p: 指定目的主机的 UDP 端口号。如果不指定目的主机的 UDP 端口号，tracert 命令就使用大于 32768
的随机端口作为目标设备的接收报文端口。如果指定目的主机的 UDP 端口号，就要避免采用对端已经开启
的端口号，否则会导致 tracert 失败。
    -q: 指定每次发送的 UDP 探测数据报文的个数。当网络质量较差时，可以增加发送探测数据报文的数
目，保证探测报文能够到达目的节点。默认情况下，每次发送 3 个 UDP 探测数据报文。
    -w: 等待响应报文的超时时间。当发送数据报文到达某网关超时时，则输出 "＊"。如果网络速度很
慢，建议增加发送数据报文的超时时间。默认超时时间为 5000ms。
    host: 可以是 IP 地址或域名。如果是域名，则会首先进行 DNS 解析，并显示解析后的 IP 地址。当
```

响应都为"*"时，处理步骤和思路同 ping 命令，需要注意的是，在数据包经过的网络设备的跃点序列中，如果设备设置了禁止回应 tracert 的报文，那么收到的响应也是"*"。

5.2　无线局域网故障排除

5.2.1　硬件故障

1. AC 硬件故障

经过对故障信息的收集和分析，如果故障定位在 AC 硬件本身，那么可以按照以下六大类来处理。

第一大类：结构类问题。设备内部主板不够牢固，有晃动现象，或者由于残留异物产生异响，接口连接线缆卡口失效等，需要返厂处理。

第二大类：整机电源类问题。在市电输出正常的情况下，如果设备不上电，那么可以插拔电源模块排除接触不良的因素；有条件的情况下，可以解压同类电源模块，交叉验证电源模块。如果类似的设备加电后电源灯亮红色，也可以按照相同的方法处理。有些控制器有 PoE 功能，如果发现异常，在确认受电方正常的情况下，首先检查供电方输出电源功率是否满足，PoE 的功率是不能满足 PoE+的功率要求的；其次检查供电方是否禁用 PoE 功能；最后检查线缆是否存在故障。

第三大类：无法启动类问题，可细分为四小类。

第一小类：AC 可以上电，但无法正常启动，且串口没有打印信息。确认电源正常供电后，观察设备端口的外观，如果没有明显的变化，需要联系厂商解决。

第二小类：AC 可以上电，但无法正常启动，串口可以打印信息。建议在下一次重启过程中，按"Ctrl+B"组合键进入 Bootrom 菜单，再按"Ctrl+E"组合键进入检测菜单，对 Sdram、FLASH 等进行测试，判定硬件器件是否有故障。如果检测硬件器件没有问题，建议进行软件升级或者清空配置启动；如果检测硬件器件故障，则需要返厂检测。

第三小类：启动后串口无输出或输出乱码。首先查看设备面板指示灯，确认是否电源故障；其次确认电缆连接是否正常；最后查看串口参数配置是否正确。一般串口默认的参数设置如下。

波特率：9600。

数据位：8。

停止位：1。

奇偶校验位：无。

流控：无。

特别需要注意波特率参数，通过查看产品文档说明设置正确的参数。

第四小类：设备无故重启。最有可能的原因是设备硬件损坏或系统软件故障。通过 display reset-reason 命令可以查看重启原因，具体如下。

如果显示信息为"Reset for power off"，即断电重启。

如果显示信息为"Reset for unknown reason"，即异常重启。

如果显示信息为"Reset for update version success"，即升级成功重启。

如果显示信息为"Reset for update version failed"，即升级失败重启。

如果显示信息为"Reset for kernel panic"，即 kernel panic 内核异常重启。

如果显示信息为"Reset for mfpi detect fwd abnormal"，即转发核异常重启。

如果显示信息为"Reset for memory use out"，即系统内存不足重启。

如果显示信息为"Reset for exception"，即 VOS 异常重启。

第四大类：光模块问题。常见的光模块问题按以下步骤处理。

（1）查看光模块型号。如果光模块为非华为认证光模块，建议更换为华为认证光模块。

（2）若光端口为 GE 端口，则使用 display interface GigabitEthernet x/x/x 命令查看光模块对接时的端口信息，如速率、波长等，对比查看结果与光模块数据表是否一致。如果不一致，需联系技术支持人员协助处理。

（3）使用光功率器对该光端口的收光功率 RX POWER 进行测试，根据测试情况判断光纤是否折断。

（4）采用单根光纤自环该端口测试是否 UP。如果不能 UP，请更换新的光模块。

（5）查看对接设备的端口设置，比如端口的自协商等。设置如果有问题，需重新设置；如果没有问题，需联系技术支持人员协助处理。

（6）根据以上步骤分析故障原因：如果光模块为故障品，则使用备件更换处理；如果使用环境、配置等导致故障，则需要对环境、配置进行改善；如果仍不能解决故障，则联系技术支持人员协助处理。

第五大类：端口类问题。端口分为电缆接口和光缆接口，因此可细分为电口问题和光口问题。

第一小类：电口问题。不能 UP 问题可以按以下步骤处理。

（1）100M/1000M 电口设备与对端设备连接后，首先将端口设置为自协商。若端口设置成自协商还是不能 UP，再查看对端设备是否也被设置为自协商。个别厂家的设备跟华为设备互连可能自协商不能 UP，这时可以尝试将两端端口都设置为强制方式。

（2）若两端端口都设置为强制方式还是不能 UP，则使用网线在华为设备上进行环回测试（同一块单板上找另外一个端口互连）。若能 UP，则可以确定华为设备没有问题，问题可能出在对端设备上，要联系对端设备厂家协助解决。

（3）若环回测试还是不能 UP，则先排除网线原因并更换端口进行测试。若仍然不能 UP，则判定为单板故障，需联系技术支持人员协助解决。

第二小类：光口问题。光纤连接后，光接口 LINK 指示灯不亮，可以从以下几个方面排除故障。

（1）光纤有问题。光纤有单模和多模，不同模式不能兼容。

（2）光模块存在问题。光模块的使用距离有 10km、15km、20km、40km 和 80km，距离越长光模块发射功率越大。如果误将长距离光模块使用在短距离场景，则光功率过大导致光接口不能 LINK，甚至烧毁光模块接收器。短距离场景下使用长距离光模块时，光模块与光纤之间一定要加入适当光衰，减少光模块发射功率。

（3）光模块有多种速率，如 155Mbit/s、622Mbit/s、1.25Gbit/s 等。尽管光端口速率有一定兼容性和互相协商的能力，但是建议对接的双方和光端口标称速率完全一致，从而保证光通信的高效传输。

（4）光模块的工作波长与对端光模块的工作波长不对应，线路上光衰选择不合适。

（5）对于电口和光口复用的接口，可能是没有将接口配置为光口，此时可以在接口模式下检测，具体命令如下。

```
[AC-GigabitEthernet0/0/24] display this
interface GigabitEthernet0/0/24 combo-port copper
```

combo-port copper 意味着复用端口，copper 将端口设置为电口。使用 combo-port auto 或者 combo-port fiber 命令把光电复用端口设置为 auto 模式或者光模式。

排除光纤和光模块后，光口不能 UP 问题可以按以下步骤处理。

（1）光口设备与对端设备连接后，首先将端口设置为自协商。

（2）若端口设置成自协商还是不能 UP，则查看对端设备是否也被设置为自协商。

（3）个别厂家的设备跟华为设备互连可能自协商不能 UP，这时可以尝试将两端端口都设置为强制方式。若设置为强制方式还是不能 UP，则使用光纤直接在华为设备上进行环回测试。若能 UP，则可以确定华为设备没有问题，问题可能出在对端设备或者光链路上；若仍不能 UP，则使用光功率器测量对接双方的光功率是否满足光接收灵敏度要求，可以通过在各自的接收端测试光功率来确定。

（4）检查光纤跳线接头清洁度情况，必要时可以通过更换光纤跳线进行验证。

（5）检查互连两端设备的光模块型号及模式，确认光模块采用的是单模还是多模，需配合使用相对应的模式。

（6）若以上步骤皆不能使端口 UP，建议更换光模块；若仍不能解决问题，建议更换设备，将故障设备返修。

第六大类：PoE 类问题，可细分为两小类。

第一小类：AC 无法为 AP 进行 PoE 供电。

收集故障 AC、AP 的现场信息（如 AC 型号、AP 型号、网线类型、AP 与 AC 之间网线长度），在 AC 上执行以下命令。

```
<AC> display version              //查看AC的版本信息
<AC> display device               //查看设备的部件类型及状态信息
<AC> display elabel               //查看单板上的电子标签信息
<AC> display poe device           //查看支持PoE功能的设备信息
<AC> display poe information      //查看设备当前的PoE运行信息
<AC> display poe power-state       //查看设备的PoE供电状态信息
<AC> display poe power             //查看接口当前的功率信息
<AC> display poe power-state interface gigabitethernet 0/0/3 //查看设备端口
的PoE供电状态信息
<AC> display logbuffer             //查看Log缓冲区记录的信息
<AC> display trapbuffer            //查看信息中心Trap缓冲区记录的信息
<AC> display alarm history         //查看设备中的历史告警信息
```

第二小类：判断电源模块是否故障、是否支持 PoE 功能。

首先判断电源模块是否故障。观察 500W 电源模块（02130983）的外观指示灯是否正常，同时，需要技术支持人员分析 AC 的日志文件中是否有电源模块异常的记录。然后确认 AC PoE 的相关配置并调整。

在系统视图（以 3 端口为例）下输入以下命令。

```
<AC> display poe power-state interface gigabitethernet 0/0/3
```

如果 Port power enabled 显示为 Disable，则在端口视图下使能 PoE 功能。确认问题解决后检查故障是否排除。

另外，确认 AP 与 AC 之间的物理层（网线、配线架等）是否正常。通过交叉验证判断问题现场的网线是否有故障，排查网线质量是否达到 PoE 供电协议的要求，一般使用网线测试仪或者万用表作为测量工具。使用强制上电命令可以解决电源模块问题。强制上电命令主要涉及以下几个。

（1）使能接口强制供电功能，命令如下。

```
<AC> system-view
[AC] interface gigabitethernet 0/0/1
[AC-Ethernet0/0/1] poe force-power
Warning: Is there a valid PD connected to this interface? Yes or No?[Y/N]:y
```

（2）使能允许上电瞬间的高冲击电流，命令如下。

```
<AC> system-view
[AC] poe high-inrush enable
```

（3）使能接口 gigabitethernet 0/0/1 对受电端（PD）设备的兼容性检测功能，命令如下。

```
<AC> system-view
[AC] interface gigabitethernet 0/0/1
[AC-Ethernet0/0/1] poe legacy enable
```

其次判断电源模块是否支持 PoE 功能，具体如下：

- 通过观察电源标签，判断 AC 的 150W 直流电源模块（02310JFD）和 150W 交流电源模块（02310JFA）不支持 PoE 供电。AC 的 500W 电源模块（02130983）支持 PoE 供电。
- 查看电源模块上的条码，如果为 2102130983 开头的字段，那么该电源模块为 AC 的 500W PoE 电源模块。

登录到 AC 界面，执行以下命令。

```
<AC> display elabel
[Board Properties]
BoardType=W2PSA0500
BarCode=21021309838NCB000181
Item=02130983
Description=AC/DC power module--25degC-55degC-90V-264V-12V/10A,-53.5V/7.1A
Manufactured=2022-11-25
VendorName=Huawei
IssueNumber=
CLEICode=
//如果 Item 字段为 02130983，那么该电源为 PoE 电源
```

2．AP 硬件故障

经过对故障信息的分析，如果故障定位在 AP 硬件本身，则按照以下几种情况进行处理。

（1）通过观察 AP 电源指示灯的状态（或串口打印信息）判断是 AP 不上电问题还

是 AP 上电后无法启动问题。如果是 AP 能够上电，但是无法正常进入登录界面，则需联系技术支持人员协助处理。

（2）如果是使用电源适配器的 AP 不上电问题，首先确认电源适配器是否为华为 AP 配套的电源适配器。如果不是华为标配的电源适配器，则需要查看当前使用的电源适配器规格（如额定输出电压和电流）是否能够满足华为 AP 的要求。

（3）如果是使用 PoE 无法上电的情况，则需要排查供电设备与 AP 的 PoE 供电协议是否一致，确认供电设备的 PoE 供电协议（以下方法仅限在华为 PoE 交换机上使用）。使用命令 display poe power interface 查看供电协议，具体如下。

```
<HUAWEI> display poe power interface gigabitethernet 0/0/3
Port PD power(mW)              :    3710
Port PD class                 :    2
Port PD reference power(mW)   :    7000
Port user set max power(mW)   :    15400
Port PD peak power(mW)        :    3816
Port PD average power(mW)     :    3487
```

接口 PoE 供电参数说明见表 5-1。

表 5-1　接口 PoE 供电参数说明

参数	说明
Port PD power(mW)	接口输出功率
Port PD class	PD 的分级。 系统根据 PD 设备的最大功率自动分类，分为 0～4 级。接口没有接 PD 时，显示为-。PD 的最大功率超出当前设备所能输出的功率等级时，显示为 4 级
Port PD reference power(mW)	PD 的参考功率。 系统自动分析识别，根据 PD 的不同而不同。PD 的最大功率超出当前设备所能输出的功率等级时，显示为当前设备所能输出的最大功率。 PD 的分级和参考功率有以下的对应关系。 0 级：参考功率为 0～12.95W。 1 级：参考功率为 0～3.84W。 2 级：参考功率为 3.85～6.49W。 3 级：参考功率为 6.5～12.95W。 4 级：参考功率为 12.96～29.95W。 注意：0～3 级属于 802.3af 协议的分类等级；4 级属于 802.3at 协议的分类等级
Port user set max power(mW)	用户配置的接口输出最大功率
Port PD peak power(mW)	PD 的峰值功率。 这个是统计值，对应当前负载的实际最大消耗功率
Port PD average power(mW)	PD 的平均功率。 这个是统计值，对应当前负载从上电到现在的实际消耗功率的平均值

（4）适配器与 AP 进行交叉验证。如果确认是电源适配器问题，则更换电源适配器。

（5）供电电压是否达到 PoE 供电协议的要求。如果确认是 AP 无法获取足够电源电压而不能上电，则联系原厂商工程师协助处理。

5.2.2　软件故障

软件故障可分为两大类，具体如下。

1. 第一大类：AP 上线失败

AP 上线失败的现象是在 AC 中无法纳管。AP 上线失败的原因及处理方法如下。

（1）在 DHCP 分配地址的场景中，AP 未分配到 IP 地址、通过 option 43 未获取到 AC 地址。

处理方法：检查 DHCP 配置，确认 option 43 中 AC 地址正确，并确认路由是正常的。

（2）AP 静态地址配置有误。

处理方法：首先更改为正确的 IP 地址，其次通过 ping 测试 AP 到 AC 的可达性。

（3）配置不正确导致 AP 与 AC 之间网络不通。

处理方法：二层组网情况下需要检查 trunk 是否允许管理 VLAN 通过；三层组网情况下需要检查路由及路由协议。

（4）MAC 或系列号（SN）认证，AP 认证不通过。

处理方法：先关闭 MAC 或 SN 认证，AP 上线后再开启认证。

（5）授权没有激活或资源不够，导致 AP 不能上线。

处理方法：先激活授权，如果授权数量不够，需进行扩容。注意，AC 能接入的 AP 数量是有限制的，不能超过 AC 的最大容量。

（6）AP 的配置参数（MAC、SN、AP 类型）与真实 AP 不一致。

处理方法：核对配置文件，必须保持 AP 参数一致。

（7）AP 的 DTLS 加密使用的预共享密钥和 AC 配置不一致。

处理方法：配置 AC 和 AP 上的 CAPWAP 链路敏感信息加密使用相同的预共享密钥，或者允许 AP 以默认预共享密钥与 AC 进行 DTLS 会话。

（8）AC 不支持此 AP 类型。如果新增的 AP 类型比较新，而 AC 比较旧，将导致此 AP 类型不能正常上线被纳管；另外必须是 Fit 模式 AP 或者云管模式 AP 才可以被纳管，Fat 模式 AP 不能加入 AC。

AP 上线失败场景分析及处理具体如下。

场景一：option 43 配置错误导致 AP 跨网段上线失败。

故障现象：AC 旁挂在核心交换机上，核心交换机为 AP 分配 IP 地址，AP 跨网段上线失败。

原因分析：AP 跨三层上线，核心交换机作为 DHCP 服务器，配置的 option 43 未指向 AC 的源接口。

处理方法具体如下。

（1）在 AC 上执行以下命令检查 AP 上线相关内容。

执行命令 display ap all，检查发现已在线 AP 与 AC 的源接口不在同一网段，使用 ping 命令检查路由联通性。

执行命令 display ap offline-record all，检查发现没有 AP 下线记录。

执行命令 display ap global configuration，检查发现 AP 上线认证方式为不认证。

执行命令 display mac-address ap-mac，检查发现有未上线 AP 的 MAC 地址。

执行命令 display ip interface brief，检查发现本设备 AP 管理网段没有 VLANIF 接口，使用了物理接口作为 CAPWAP 的源接口。

（2）在核心交换机上检查 AP 的 MAC 地址来源接口是否正常，检查 AP 是否正常获取 IP 地址，具体如下。

执行命令 display mac-address ap-mac，检查发现 AP 的 MAC 地址来源接口正常。

执行命令 display arp all | include ap-mac，检查发现 AP 获取 IP 地址正常。

（3）测试网关到 AP 的连通性、AP 所在网段到 AC 源接口的连通性，具体如下。

执行命令 ping ap-ip，检查发现网关到 AP 的连通性正常。

执行命令 ping -a ap-gateway ac-capwap-ip，检查发现 AP 所在网段到 AC 源接口的连通性正常。

（4）在核心交换机上查看 DHCP 配置，具体如下。

执行命令 display cur interface vlanif X，检查发现有 option 43 配置。

（5）登录 AP，在 AP 诊断视图下排查 CAPWAP 链路，AP 获取 option 43 信息情况，具体如下。

执行命令 display capwap link all，检查发现 dst-ip 为 0.0.0.0。

执行命令 display ac-list，检查发现 ac-list 为空。

通过上述检查，确认问题为核心交换机上 DHCP option 43 配置不正确，未指定 AC 的 CAPWAP 源地址。解决该问题需要在核心交换机 DHCP 配置部分修改 option 43 配置，AP 重新发起地址请求，AC 成功获取参数，AP 进入注册过程。

场景二：配置 AP 管理 VLAN 后，AP 无法上线。

故障现象：配置了错误的管理 VLAN，AP 无法上线。

原因分析：默认情况下，AP 管理报文不带标签，由 AP 直连的接入交换机接口给 AP 管理报文打 VLAN 标签。执行 management-vlan vlan-id 命令配置管理 VLAN 后，AP 向 AC 发送的管理和控制报文中带有 Management-VLAN 的标签，造成中间网络不通，AP 无法上线。用户可以根据 AP 与 AC 间的组网，灵活选择是否配置 AP 的管理 VLAN。该配置重启 AP 后生效。

处理方法具体如下。

（1）执行 management-vlan vlan-id 命令后，在隧道转发模式下，AC 不管是直连组网还是旁挂组网，都需要创建管理 VLAN 和业务 VLAN。AC 与 AP 之间的网络需要放通管理 VLAN，AC 与上层网络需要放通业务 VLAN，以便 AP 使用新的管理 VLAN 和 AC 正常通信。

（2）执行 management-vlan vlan-id 命令后，在直接转发模式下，如果 AC 是旁挂组网，则需要创建管理 VLAN。AC 与 AP 之间的网络需要放通管理 VLAN，AP 与上层网络需要放通业务 VLAN。如果用户网关在 AC 上，则必须在 AC 上创建业务 VLAN。如果用户网关不在 AC 上，实际的业务数据就不会经过 AC，因此一般是不需要在 AC 本地创建业务 VLAN 的。但是，如果认证方式为 802.1x 认证，认证报文就需要通过 CAPWAP 隧道转发，因此 AC 上必须已存在业务 VLAN。

（3）在接入交换机上创建对应的管理 VLAN 并在指定接口放通该 VLAN 后，交换机可以查询学习到的 AP MAC 地址。

场景三：AP 认证方式为 MAC 认证时，AP 上线失败。

故障现象：AP 认证方式为 MAC 认证，AP 上线失败。

原因分析：AP 可以正常获取 IP 地址和 AC 地址。默认情况下，AC 启用 MAC 认证，通过 MAC 认证的 AP 才可以加入网络。添加新 AP 时输入的 MAC 地址要和设备本身的 MAC 地址一致，否则会导致 AP 在 AC 上认证失败，无法上线。

处理方法具体如下。

（1）检查离线添加 AP 时输入的 AP MAC 地址是否和设备实际 MAC 地址一致。

（2）如果认证服务器是第三方服务器，还需要检查第三方服务器的相关配置。

（3）可以先关闭 AC 上的 MAC 认证，等 AP 上线后再恢复认证。

2．第二大类：用户体验问题

场景一：无线用户获取 IP 地址失败或未获取到正确的 IP 地址。

故障现象：无线用户输入正确密码后，无法接入网络。

原因分析：

① 终端与 DHCP 服务器之间链路不正常；

② WLAN 配置不正确；

③ DHCP 配置不正确；

④ 未配置地址学习和严格地址学习功能；

⑤ 配置了 DHCP 安全选项，导致终端获取地址不正常。

处理方法具体如下。

（1）检查 AP 接入交换机接口相关 VLAN 是否放通，端口 VLAN 配置是否正确。

（2）检查网关能否学习到终端的 MAC 地址，若能够学习到终端的 MAC 地址，说明终端和网关之间的链路正常；若不能够学习到终端的 MAC 地址，说明终端和网关之间链路不正常。若存在 DHCP 中继，检查中继到 DHCP 服务器的路由条目；若不存在 DHCP 中继，排查 WLAN、DHCP 配置是否有误。

（3）如果是在直接转发模式下，检查 AP 和网关之间的设备是否创建业务 VLAN，若没有创建，则会导致转发业务 VLAN 的报文失败，需要创建业务 VLAN。检查 AP 和网关之间的设备是否允许业务 VLAN 通过，若没有允许业务 VLAN 通过，则会导致转发业务 VLAN 的报文失败，需要允许业务 VLAN 通过。

如果是在隧道转发模式下，AC 需要创建并透传业务 VLAN，否则会导致 AC 转发业务 VLAN 的报文失败。

（4）确认 DHCP 服务器配置正常。使用接口地址池正确配置的命令如下。

```
[HUAWEI] interface Vlanif 10
[HUAWEI-vlanif10] display this
    interface Vlanif 10
    ip address 192.168.1.1 255.255.255.0
    dhcp select interface
```

使用全局地址池正确配置的命令如下。

```
[HUAWEI] ip pool pool1
[HUAWEI-ip-pool-pool1] display this
    ip pool pool1
    gateway-list 192.168.1.1
```

```
    network 192.168.1.0 mask 255.255.255.0
    dns-list 114.114.114.114
[HUAWEI] interface Vlanif 10
[HUAWEI-vlanif10] display this
    interface Vlanif 10
    ip address 192.168.1.1 255.255.255.0
    dhcp select global
```

（5）如果客户端和 DHCP 服务器在同一个广播域，则检查 trunk 是否放行业务VLAN。如果存在 DHCP 中继，则需要检查中继到服务器之间链路是否正常，即在 DHCP中继设备上，使用中继 IP 作为源地址，ping DHCP 服务器进行测试。trunk 放行业务 VLAN的命令如下，这里 Vlan 100 是业务 VLAN。

```
interface GigabitEthernet0/0/1
port link-type trunk
port trunk allow-pass vlan 100
```

（6）检查地址池是否有空闲地址。执行 display ip pool 命令查看地址池中是否有可用的 IP 地址，具体如下。

```
[Huawei-Vlanif100]display ip pool
    Pool-name    : vlanif100
    Pool-No      : 0
    Position     : Interface      status          : Unlocked
    Gateway-0    : 192.168.1.254
    Mask         : 255.255.255.0
    VPN instance : --
    IP address statistic
    Total        :253
    Used         :0          Idle    :253
    Expired      :0          Conflict :0        Disable   :0
```

如果 Idle、Expired 数量为 0，说明服务器没有可用地址，需要扩充地址池的 IP 地址范围。

（7）用户可以获取地址，但是访问不正常，发现地址和 AP 管理网段地址相同。在直接转发模式下，如果 AP 配置管理 VLAN，接入交换机连接 AP 的接口对管理 VLAN不打 PVID，那么允许管理 VLAN 和业务 VLAN 相同（建议管理 VLAN 和业务 VLAN分别使用不同的 VLAN）。其他场景中的管理 VLAN 和业务 VLAN 相同会导致终端无法正常访问网络。

（8）用户可以获取地址，但是访问不正常，发现地址不是规划中无线业务网段的地址。如果交换机支持 DHCP Snooping 功能，可通过启用该功能，在交换机接口的"信任/非信任"工作模式下，将与合法 DHCP 服务器直接或间接连接的接口设置为信任接口，其他接口设置为非信任接口。之后，交换机的非信任接口直接丢弃 DHCP Offer 报文和 ACK 报文，交换机仅信任合法接口转发的 DHCP Offer 报文。

（9）检查是否配置地址学习和严格地址学习。在 vap-profile 视图下执行 display this |include dhcp-strict 命令查看是否有配置地址严格学习，这将导致没有 MAC 和 IP 对应表项的用户无法获取地址，具体如下。

```
[HUAWEI-wlan-vap-prof-xy] display this | include dhcp-strict
```

```
learn-client-address dhcp-strict
```

如果从 display 输出中看到 "learn-client-address dhcp-strict"，表明配置了严格地址学习，需要执行 undo learn-client-address dhcp-strict 命令取消配置地址严格学习。

（10）如果 AC 作为 DHCP 中继配置了 auto-defend action deny timer 60，终端将间歇性地无法获取 IP 地址，在确认 DHCP 请求报文不是攻击 DHCP 服务器的情况下，关闭自动防止 DHCP 攻击功能。

场景二：无线用户掉线。

故障现象：无线终端上线并获取到 IP 地址后，突然掉线或频繁上下线。

原因分析：

① 配置了低信号强制用户下线功能，某个时刻用户处于接收信号弱的区域，会被强制下线；

② 终端或者终端关联的 AP 被非法设备反制，非法的解除关联帧导致用户下线；

③ 终端上线后漫游失败，用户看到的现象就是下线再上线，业务有中断；

④ 射频信道利用率高或者相邻 AP 信道重合等信道干扰导致用户下线；

⑤ 频繁自动调优，导致功率变动和信道切换，使用户下线。

处理方法具体如下。

（1）检查是否配置了低信号强制用户下线功能。低信号强制用户下线是终端关联的 AP 检测到终端的信号过低时会主动强制用户下线，如果终端又快速（5s 内）关联到网络，是不记录下线原因的，但是终端可能感知到掉线。低信号强制用户下线功能一般在高密场景（如体育馆）使用，一是为了让终端快速漫游到其他 AP 上，二是为了保护其他接入终端的网络质量。对于非高密场景，不建议开启此功能。

执行命令 display rrm-profile name Huawei，查看名称为 Huawei 的 RRM 模板是否配置了低信号强制用户下线功能，具体如下。

```
<AC> display rrm-profile name Huawei
----------------------------------------------------------------
......
Smart-roam                                   : enable
Smart-roam check SNR                         : enable
Smart-roam standing SNR threshold(dB)        : 20
Smart-roam SNR quick-kickoff-threshold(dB)   : 15
Smart-roam check rate                        : disable
AMC policy                                   : auto-balance
Smart-roam rate threshold(%)                 : 20
Smart-roam rate quick-kickoff-threshold(%)   : 20
......
----------------------------------------------------------------
```

黑体字的输出内容表明启用了低信号强制用户下线功能。

（2）检查 STA 或 STA 关联的 AP 是否被反制。如果两台 AC 组成 AC 间漫游组网，并且配置了 WIDS 功能，那么需要将 AP 加入对应的 WIDS 白名单，否则可能会互相反制，导致 STA 异常下线。如果只有一台 AC 设备，也就是非法 AP 的反制导致用户下线，那么可以开启关联帧保护以防止非法 AP 干扰。

（3）如果 STA 上线成功，但发生漫游时 STA 异常掉线，则需要确认漫游前后的安全模板配置是一致的并开启了三层漫游功能。

检查 AP 布放点位是否合理，AP 如果不均匀，离终端较远时建议重新规划布放 AP。

如果安全认证方式配置了 802.1x 认证，那么 STA 发生频繁漫游可能会导致设备侧漫游检查失败，最终表现为 STA 掉线或接入困难。因此开启快速漫游功能即可，具体命令如下。

```
[AC-wlan-view]sid-profile name Huawei
[AC-wlan-view-ssid-prof-huawei]dot11r enable
[AC1-wlan-view]vap-profile name huawei
[AC-wlan-vap-prof-huawei] ssid-profile Huawei
```

（4）检查 STA 关联的射频状态是否正常，如果没有进行过射频调优，那么网络中可能会存在部分射频的信道利用率高或者相邻 AP 信道重合等信道干扰问题。执行命令 display radio all 查看射频状态是否异常（如信道利用率高、相邻 AP 信道相同等），具体如下。

```
<AC> display radio all
   CH/BW:Channel/Bandwidth
   CE:Current EIRP (dBm)
   ME:Max EIRP (dBm)
   CU:Channel utilization
   ST:Status
   WM:Working  Mode  (normal/monitor/monitor  dual-band-scan/monitor  proxy
dual-band-scan)
--------------------------------------------------------------------------
AP ID  Name           RfID  Band  Type   ST   CH/BW  CE/ME  STA CU  WM
--------------------------------------------------------------------------
1     60de-4474-9640  0    2.4G  bgn    on   6/20M  24/24   0   55%  normal
1     60de-4474-9640  1    5G    an     on   6/20M  25/25   0   3%   normal
--------------------------------------------------------------------------
Total:2
```

黑体字 55%表明当前信道利用率高。

（5）如果信道干扰问题严重导致用户下线，则可以通过射频调优功能来解决，建议配置定时调优。如果配置了自动调优，则需要确认调优周期的配置是否合理。在射频调优过程中，AC 重新下发信道和功率导致终端异常闪断。执行命令 display channel switch-record all，检查是否有信道切换的情况，具体如下。

```
<AC> display channel switch-record all
   Old/New: Old channel/New channel
   RfID  : Radio ID
   --------------------------------------------------------------------------
   AP ID   AP name RfID   Old/New Switch reason   Switch time
   --------------------------------------------------------------------------
   1      L2-4f    0     1/6     calibration     11:03:30 2014/9/28
   --------------------------------------------------------------------------
   Total : 1, printed : 1
```

如果从输出内容发现，AP 存在由于射频调优导致的信道切换，因此可以将默认自动调优策略修改为凌晨定时调优，以避免白天上班时间射频调优引起终端异常离线。

5.2.3　典型故障案例

1．AP 无法上线

故障案例：option 43 配置错误导致 AP 跨网段上线失败。AP 无法上线拓扑如图 5-2 所示。

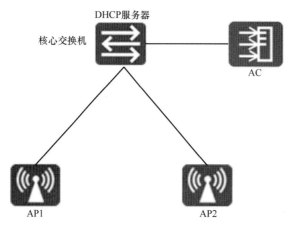

图 5-2　AP 无法上线拓扑

现象描述：在图 5-2 中，AC 以旁挂方式连接在核心交换机上，核心交换机为 AP 分配 IP 地址，AP 管理地址池和 AC 不在相同网段，AP 跨网段上线失败。

原因分析：AP 跨三层上线，核心交换机作为 DHCP 服务器。首先确保核心交换机的路由功能已经开启，去往 AC 的路由配置正确，其次确认 DHCP 的配置，重点观察 option 43 必须指向 AC 源接口。

操作步骤具体如下。

（1）在 AC 上执行以下命令，检查 AP 上线的相关内容。

执行命令 display ap all，发现已经在线 AP 与 AC 源接口不在同一网段，AC 源接口工作正常，未上线 AP 是 idle 状态。

```
<AC> display ap all
  Total AP information:
  idle   :   idle     [1]
  nor    :   normal   [2]
  ------------------------------------------------------------------------
  ID  MAC           Name        Group    IP                Type
State STA Uptime
  ------------------------------------------------------------------------
  0   60de-4476-e360  L1_003              default 192.168.109.254 AP6010DN-AGN
nor   0   2D:5H:48M:44S
  1   dcd2-fc04-b500  dcd2-fc04-b500 default -              AP7110DN-AGN
idle  0   -
  ------------------------------------------------------------------------
Total: 2
```

AP 常见的状态主要有以下几种。

① normal：表示 AP 在 AC 上成功注册。

② fault：表示 AP 未能在 AC 上成功注册，需执行下一步检查。

③ download：表示 AP 版本正在升级加载系统软件，请等待 AP 升级完成后再次查看 AP 状态。

④ committing：表示 AC 正在向 AP 下发业务。

⑤ config-failed：表示 AP 初始化配置失败，需检查网络连接是否正常。AC 和 AP 互 ping 是否丢包，ping 长度大于 1600 的报文的中间网络 MTU 值是否过小。如果中间网络配置了 NAT 穿越，需检查 NAT 通信是否正常。执行命令 display cpu-defend statistics wired，查看 cpu-defend 的统计信息中 capwap 项的丢包情况。如果丢包严重，需评估设置的阈值是否合理。如果长时间无法恢复，需收集相关信息，寻求技术支持。

⑥ name-conflicted：表示 AP 名称冲突，需在 WLAN 视图下执行命令 ap-rename ap-id ap-id new-name ap-name 更改 AP 名称。

⑦ ver-mismatch：表示 AP 软件类型与 AC 软件版本不匹配。先执行命令 display ap version all 检查 AP 的版本，再执行命令 display version 检查 AC 的版本，最后检查 AC 是否可以纳管 AP。

（2）登录未注册 AP，检查版本和获取的 AP，命令如下。

```
[AP-diagnose] display image
    Image Status          Version
    ============================================================
    Image A(Active)  AP8030DNV200R006C10SPC300B031(FAT)
    Image B(Backup)  AP8030DNV200R003C00SPCc00B100(FAT)
    ============================================================
```

以上输出内容显示 AP 为 FAT 模式，这种 AP 不能加入 AC，需要将 AP 切换为 FIT 模式才能加入 AC。

V200R019C10 及之后版本的 AP 在登录时会显示 AP 的模式，具体如下。

```
Info: Current mode: Fit (managed by the AC).
```

查看 AP 获取的 IP 地址、网关、AC 地址，具体如下。

```
<AP> display ap-address-info
    ============================================================
Active AP Address Info
    AP Mode      : dhcp
    ip Address   : 192.168.109.252
    ip Version   : 4
    Mask         : 255.255.255.0
    Gateway      : 192.168.109.1
    AC 0 ip      :
    AC 1 ip      :
    AC 2 ip      :
    AC 3 ip      :
    ------------------------------------------------------------
```

从命令输出内容看到，AC 列表为空，需要检查 DHCP 配置。

（3）登录核心交换机，检查 DHCP 配置，补充 option 配置，命令如下。

```
ip pool pool
gateway-list 192.168.109.1
network 19.168.109.0 mask 255.255.255.0
option 43 ip-address 192.168.1.1
```

（4）登录核心交换机，执行命令 display mac-address ap-mac，检查发现 AP 的 MAC 地址来源接口正常。再次测试网关到 AP 的连通性和 AP 所在网段到 AC 源接口的连通性。

（5）登录 AP，再次获取 IP 地址，在 AP 诊断视图下排查 CAPWAP 链路，AP 获取 option 43 信息情况，具体如下。

执行命令 display capwap link all，检查发现 dst-ip 为 192.168.1.1。

执行命令 ping，检查发现 AP 到网关的连通性正常，到 AC 源接口的连通性正常。

通过上述检查，确认问题为核心交换机上 option 43 配置不正确，未指定 AC 的 CAPWAP 源地址。通过在核心交换机修改 option 43 配置解决该问题。

2．用户无法上线

故障案例：中间设备未创建并透传业务 VLAN，导致无线终端获取不到 IP 地址而上线失败。用户无法上线拓扑如图 5-3 所示。

现象描述：无线终端连入 SSID 后获取不到 IP 地址，上线失败。

原因分析：无线终端可以通过认证关联 SSID，这说明管理 CAPWAP 隧道是正常的。在直接转发模式下，AC 与接入交换机之间三层互联，未透传业务 VLAN，导致无线终端获取不到 IP 地址。

直接转发模式报文示意如图 5-4 所示，业务数据需要直接通过交换机转发，交换机必须被放行才能实现业务互通。

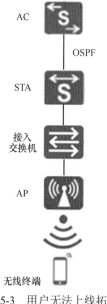

图 5-3　用户无法上线拓扑

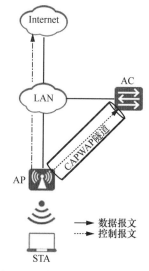

图 5-4　直接转发模式报文示意

操作步骤具体如下。

（1）在 AC 上查看设备无线业务的相关配置和下行互联接口的配置，命令如下。

```
vlan batch 105
vap-profile name webCreate_0
service-vlan vlan-id 105
ssid-profile webCreate_0
security-profile webCreate_0
ap-group name default
radio 0
vap-profile webCreate_0 wlan 1
radio 1
vap-profile webCreate_0 wlan 1
radio 2
vap-profile webCreate_0 wlan 1
interface GigabitEthernet0/0/1
port link-type trunk
port trunk pvid vlan 105
port trunk allow-pass vlan 105
```

（2）登录 STA，查看互联接口的相关配置，发现接口为 access 类型，且仅放行了互联 VLAN，未放通业务 VLAN。现在把上下互联的两个接口调整为 Trunk 并放行相关 VLAN，命令如下。

```
interface GigabitEthernet0/0/X
port link-type trunk
port trunk allow-pass vlan 100 105
```

（3）接入交换机连接 AP 接口，配置命令如下。

```
interface GigabitEthernet0/0/X
port link-type trunk
port trunk pvid vlan 100
port trunk allow-pass vlan 100 105
```

（4）接入交换机与 STA 互联接口的配置命令如下。

```
interface GigabitEthernet0/0/X
port link-type trunk
port trunk allow-pass vlan 100 105
```

（5）用户再次关联 SSID，成功获取 IP 地址。

3. 漫游失败

故障案例：STA 获取不到 IP 地址导致三层漫游失败。漫游失败拓扑如图 5-5 所示。

现象描述：在图 5-5 中，AC 管理 AP，业务数据采用直接转发模式。不同接入交换机使用不同的业务 VLAN，STA 从 A1 走到 A2 后，业务通信中断，漫游失败。

原因分析：接入交换机作为 AC 时，在直接转发模式下，漫游后的 AP 的上端网络需要透传漫游前的 AP 的业务 VLAN，交换机未正确透传 VLAN。

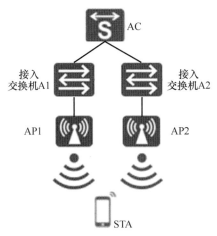

图 5-5   漫游失败拓扑

操作步骤具体如下。

（1）通过 station-trace 命令查看终端用户漫游过程，具体如下。

```
[AC-diagnose] station-trace sta-mac sta-mac
```

关键信息显示如下。

• 漫游记录如下。

```
A1_AP1 WSRV/7/BTRACE:(BTRACE)(WLAN_AP)(xxxx-xxxx-xxxx):station disassoc process:
ap id        :0
radio id     :0
wlan Id      :0
offReason    :The STA roams out of the AP (0x2000004)  //从 A1_AP1 漫游出去
A2_AP2 WSRV/7/BTRACE:(BTRACE)(WLAN_AP)(xxxx-xxxx-xxxx):Association request
new proc :
Ap id        :0
Radio id     :1
Assoc type   :reassociation   //重新关联 A2_AP2
A2_AP2 WSRV/7/BTRACE:(BTRACE)(WLAN_AP)(xxxx-xxxx-xxxx):reassociation
 response from ac :
quick roam between ap falg = 0
Force hand shake = 0
A2_AP2 WSRV/7/BTRACE:(BTRACE)(WLAN_AP)(xxxx-xxxx-xxxx):AC set the user vlan:
radio id     :1
vlan         :331
```

• 漫游至 A2_AP2 后，终端一直在发 ARP 请求和 DHCP 请求，均未得到回应，具体如下。

```
A2_AP2 WIFI/7/BTRACE:[BTRACE][WLAN_WIFI][xxxx-xxxx-xxxx]:SeqNo[539] [ARP]
ARP request : who has 10.10.10.1 ? tell 10.10.10.218 elapsed[0 ms] Success
to send pkt to software switch
A2_AP2 WIFI/7/BTRACE:[BTRACE][WLAN_WIFI][xxxx-xxxx-xxxx]:SeqNo[540] [DHCP]
DHCP request elapsed[0 ms] Success to send pkt to software switch
```

（2）综上分析，漫游至 A2_AP2 后的 AP 上端网络未放行对应的业务 VLAN，导致 STA 漫游后获取不到 IP 地址，漫游失败。为了解决不同接入交换机不同业务 VLAN 之间的漫游问题，trunk 上放行所有业务 VLAN。A1、A2 接入交换机的配置如下。

```
interface GigabitEthernet0/0/X
port link-type trunk
port trunk allow-pass vlan 330 331
```

第6章
无线局域网天线技术

本章主要内容

    本章首先介绍无线局域网的天线原理和属性，说明了天线的基本能力指标以及工作场景对这些指标的影响；其次对实际部署的天线进行分类说明，包括根据实际的应用场景选型不同的天线；最后对天线的安装进行详细说明。

6.1　天线的定义及作用

　　天线可以定义为能够有效地向空间某个特定方向辐射电磁波或接收空间某个特定方向的电磁波的装置。天线同时兼备发射和接收的功能，是不可或缺的无线局域网系统组件。

　　射频物理学原理告诉我们，利用电磁辐射源与电场的关系合理地设计无线天线，可使其携带数据信息的电磁能量有效地辐射到指定的空间区域，实现可靠的无线电通信。

　　电磁波在远场传播过程中，电场和磁场在空间上是相互垂直的，同时这两者都垂直于传播方向。有线传输的铜缆双绞线互相缠绕在一起，有效地减少电磁波对铜缆携带数据的干扰，但是无线携带数据传输需要在天线中加强电磁感应，于是将两根导线张开一定角度，原来双绞线中互相抵消的电磁波就沿导线张开的方向向外传播，两根导线的电流在垂直方向上分量相叠加，由此所产生的感应电动势方向相同，因而辐射较强。当两根导线张开 180°时，电磁能量对周围空间产生显著有效辐射，如图 6-1 所示。

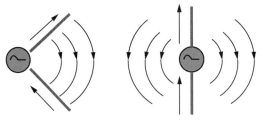

图 6-1　电磁能量辐射

　　天线一般由振子、馈电网络、外壳等部分构成：振子向空间发射电磁波；馈电网络连接无线发射机与振子，实现能量的分配；外壳用来保护天线内部器件。

　　一般情况下，导线长度等于半个波长时信号辐射效果最好，这种振子被称为半波振子。两根导线长度相等的振子被称为对称振子。集合半波和对称的特征，两根导线长度均为四分之一波长的振子被称为半波对称振子，如图 6-2 所示。半波对称振子是一种经典的、迄今为止使用最广泛的天线。

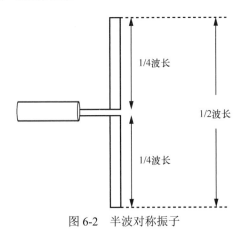

图 6-2　半波对称振子

天线通过与无向天线或偶极天线的比较进行评级。全向天线是具有均匀三维辐射图的理论上的天线，具有完美的 360°垂直和水平波束宽度，如图 6-3 所示。全向天线是一种理想天线，向所有方向发出辐射，且增益为 1（0dB），即零增益和零损耗，用于对给定天线的功率电平与理论上无向天线的功率电平进行比较。

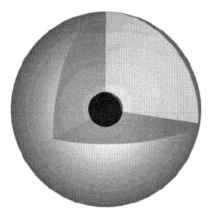

图 6-3　全向天线的辐射图

天线是无源设备，它不为信号增加任何功率，只对从发射器接收的能量进行重定向。能量的重定向会增加一个方向的能量，并减少其他方向的能量。波束宽度在水平和垂直平面分别进行定义，因此，一个天线既有水平波束宽度又有垂直波束宽度。

天线的作用有以下几个。

（1）定向辐射和接收信号：按一定方向辐射信号和接收信号。辐射信号和接收信号的过程就是能量转换，即在导行波和自由空间波之间进行转换，把传输线上传播的导行波转换成在无界媒介（通常是自由空间）中传播的电磁波，或者进行反向的转换。

（2）一般具有可逆性：同一根天线既可作为发射天线，又可作为接收天线。同一根天线用来发射或接收的基本特性参数是相同的。例如，室外 AP 输出的射频信号通过馈线（射频电缆）输送到天线，以电磁波形式辐射出去。电磁波到达接收点后，由天线接收并通过馈线送到 AP。

6.2　天线的基本介绍

6.2.1　天线的基本属性

天线为无线系统提供以下 3 个基本属性：方向性、增益和极化。天线方向性是射频传输覆盖的区域。天线增益是功率增加的测量值，是天线为射频信号增加的能量。随着定向天线的增益增加，辐射角度通常会减小，这样可以提供更远的覆盖距离，但会减小覆盖角度。覆盖面积或辐射图的测量以度为单位。另外，信号强度和信噪比也是与天线发射信号能力密切相关的无线网络性能指标。

方向性指天线对空间不同方向的信号具有不同的发送或接收能力。以半波对称振子为例，振子把电磁波源源不断地向空间传播，信号强度在空间上的分布是不均匀的。垂直放置的半波对称振子的信号辐射特点如图 6-4 所示。

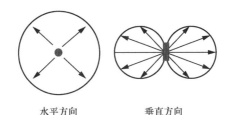

水平方向   垂直方向

图 6-4   垂直放置的半波对称振子的信号辐射特点

从图 6-4 我们可以看到，振子在垂直方向上辐射为零，最大辐射方向在水平方向上，而且同一个水平面上各个方向的辐射相同。这和实际应用需求是一致的，天线信号的覆盖一般需要在水平方向上更远一些，毕竟大部分信号接收端位于同一个水平面上。

波瓣是天线方向图中若干辐射区域的统称，其中一个主要的辐射区域被称为"主瓣"，若干个次要的辐射区域被称为"旁瓣"或"副瓣"。与主瓣的最大辐射方向完全相反的旁瓣称为"后瓣"。

波瓣宽度是天线方向图中旁瓣与低于主瓣峰值 3dB 处形成的夹角，又称为波束宽度、主瓣宽度，有水平方向和垂直方向之分。波瓣宽度是定向天线常用的一个重要指标，波瓣宽度越窄，辐射距离越远，方向性越好，抗干扰能力越强。一般应用中主要是增强主瓣，抑制旁瓣，但在天线近点位置也会考虑借助旁瓣来消除覆盖盲区。

波瓣与波瓣宽度如图 6-5 所示。

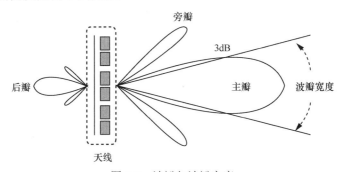

图 6-5   波瓣与波瓣宽度

增益是当输入功率相同时，天线在某个规定方向上的辐射功率密度与参考天线（通常采用理想辐射点源）辐射功率密度的比值。增益是一个相对的概念，用于衡量与参考天线对比的结果，即对比理想的参考天线。天线增益用来衡量天线在某个特定方向收发信号的能力，是选择天线最重要的参数之一。在天线方向图中，主瓣越窄，增益越大。在相同的条件下，增益越大，信号传播的距离越远。但是在实际应用中，应以与覆盖目标区域相匹配为前提，合理选择天线增益。如果接收端与发送端之间距离较近，为了保证近点的覆盖效果，应选择垂直波瓣较宽的小增益天线。天线增益如图 6-6 所示。

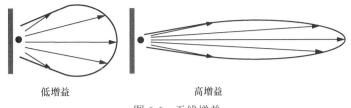

低增益　　　　　　　　　　　　高增益

图 6-6　天线增益

室内、室外 AP 产品的天线增益典型值存在不同，一般情况下，室内 AP 产品的天线增益为 2～5dBi，室外 AP 产品的天线增益为 6～14dBi。

信号强度也被称为场强，反映了信号质量的优劣。信号强度受到 AP 的射频发射功率、天线增益、路径损耗、障碍物衰减等多个因素的影响，可以表示为以下的公式。

信号强度=射频发射功率+发射端天线增益+接收端天线增益－路径损耗－障碍物衰减

从公式我们可以看到，减少路径损耗和障碍物衰减，增加射频发射功率和两端天线增益对信号强度有增强的作用。需要说明的是，射频发射功率受到各个国家（地区）的法规限制，不可能无限增加，实际的发射功率不能超出法规要求的最大功率值。

除了路径和障碍物会影响接收端对无线信号的识别外，噪声也会在一定程度上影响信号强度。噪声的来源分为内部和外部两种，内部噪声主要是由于设备自身的电路设计、制造工艺引起的；外部噪声是经过设备后产生的、在原信号中并不存在的无规则的额外信号，它与环境有关，来自附近频率相近的无线设备，不随原信号的变化而变化。通常使用信噪比（SNR）衡量噪声对信号的影响，计算公式如下。

$$SNR = 10lg(P_S / P_N)$$

其中，P_S 表示信号的有效功率，P_N 表示噪声的有效功率。

信噪比是度量通信质量的一个重要技术指标，值越大，通信质量越好。举个简单的例子来形象地说明信噪比的含义：两个人交谈，说话声音是信号，周边的嘈杂声是噪声，听者是否能接收到正确的信息，取决于说话者的声音是否大于噪声。如果两个人在一个安静的房间，小声就可以交谈；如果两个人在菜市场，就需要说话者提高音量。在 Wi-Fi 网络中，增加信噪比的手段也是类似的，一方面可以降低噪声，另一方面可以提高信号的强度，如增加天线增益、加大发送功率等。一般信噪比高于 25dB 表明信号质量较好，低于 10dB 表明信号质量较差。

长期以来，信噪比是无线局域网的一种标准测量指标。随着无线射频的普及，无线射频的运行环境愈来愈复杂，噪声随着时间推移趋于稳定和不变，但是来自其他射频系统的干扰变得频繁，如同频干扰、多径干扰，因此提出信号与干扰加噪声比（SINR），简称为信干噪比。信干噪比的单位为 dB，计算公式如下。

$$SINR = 10lg[P_S / (P_I + P_N)]$$

其中，P_S 为信号的有效功率，P_I 为干扰信号的有效功率，P_N 为噪声的有效功率。

信干噪比也是度量通信质量的一个重要技术指标，值越大，通信质量越好。为了减少干扰，可以选择干扰较少的信道；信道选定后，还可以通过提高设备能力来增加信干噪比，如增加天线增益和降低接收机等效噪声等。

6.2.2　天线的方向性和极化

　　天线的方向性指天线向一定方向辐射电磁波的能力。对于接收天线而言，方向性表示天线对不同方向传来的电磁波的接收能力。在水平方向上有一个或多个最大方向的天线称为定向天线。定向天线由于具有最大的辐射或接收方向，因此能量集中，抗干扰能力比较强，适合远距离通信。

　　无线电波在空间传播时，其电场方向是按一定的规律变化的，这种现象称为无线电波的极化。由于电场与磁场有恒定的关系，因此一般以电场矢量的空间指向作为天线辐射电磁波的极化方向。

　　电场矢量若在传播过程中始终平行于空间的一条直线，称为线极化。电场矢量若在传播过程中旋转且矢量幅度恒定，就构成圆极化。一般是椭圆极化，圆极化和线极化都可以被认为是椭圆极化的极限情况。如果线极化电波的电场方向垂直于地面，就称为垂直极化。如果电波的电场方向与地面平行，就称为水平极化。类似地，可以定义+45°极化和−45°极化。无线电波的极化如图 6-7 所示。

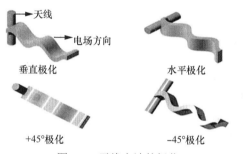

图 6-7　无线电波的极化

　　如果天线馈电后，在远场激发出某种极化方式的电场，那么这种方式也称为天线的极化。一般天线的接收和发射特性是互易的，即接收的极化特性和发射的极化特性是一致的。当接收天线的极化方向与发射天线的极化方向完全正交时，理论上接收天线完全接收不到发射天线的能量，这时发射天线与接收天线极化是完全失配的，即极化隔离。但是实际上，天线没有完全纯粹的极化特性，它有一个主极化方向，在交叉极化上也能接收到比较小的功率。

　　双极化天线是一种新型天线，两根极化方向互相垂直的天线组合为一个整体，可以得到最佳的分集增益，如组合+45°和−45°两根极化方向互相正交的天线，并同时工作在收发双工模式下。由于在双极化天线中，极化正交性可以保证两根天线之间的隔离度要求，双极化天线之间的空间间隔仅需 0.2～0.3m，因此其最突出的优点是减小了天线尺寸，并节省了安装空间。

6.2.3　天线方向图

　　不同的天线引导射频信号的方式不同，常用方位图和立面图表示不同模式的天线模型，也称为极坐标图或辐射方位图。图 6-8 为全向天线方位图–俯视图，标记为 H 平面。由于天线在水平方向的辐射都很平均，因此全向天线的俯视图接近标准圆形。图 6-9 为立面图，是全向天线方位图–侧视图，标记为 E 平面。

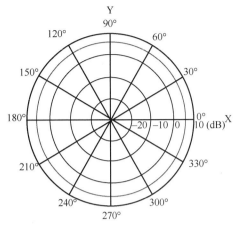
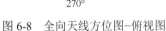
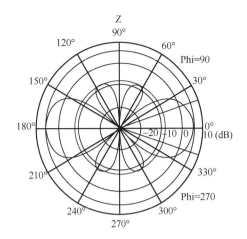

图 6-8 全向天线方位图–俯视图　　　　　　图 6-9 全向天线方位图–侧视图

图中的中心点代表天线所在的位置，波瓣显示了不同方向天线的增益。俯视图为由上而下的视角，侧视图为侧面的视角。方位图并不显示实际距离或信号强度的绝对值，只表示各方向之间的相对信号强度关系。通过天线方向图可以了解并比较不同天线的电磁波辐射特性，要注意的是，图的比例不代表相对覆盖范围。

为了准确反映天线覆盖范围和分贝映射的关系，采用极坐标图通过对数标度而非线性定量表示辐射的方向。全向天线极坐标图–侧视图如图 6-10 所示。

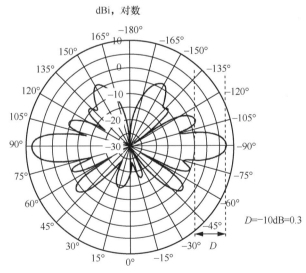

图 6-10 全向天线极坐标图–侧视图

在图 6-10 中，相邻两个同心圆的功率相差 5dB。−90°方向是天线主瓣。−105°和−120°之间为第一旁瓣，它们的增益差为 10dB 左右。也就是说，在与天线的距离相同时，主瓣接收到的信号强度是旁瓣的 10 倍。把图 6-10 转换成线性图，如图 6-11 所示。

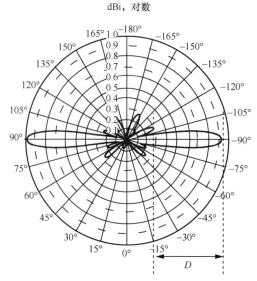

图 6-11　全向天线极坐标图–线性图

　　由线性图可以看出，旁瓣的功率是很小的，也就是说，全向天线在垂直方向上功率可以忽略不计。定向天线的极坐标图如图 6-12 所示。

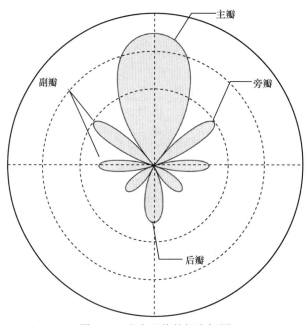

图 6-12　定向天线的极坐标图

6.2.4　天线角度

　　天线角度是天线分别与正北和水平两个方向形成的夹角，即方位角与下倾角。
　　天线按照方向性分为全向天线和定向天线。全向天线是在 360°发射或接收信号，因此一般情况下所说的天线角度是定向天线的方位角和下倾角，如图 6-13 所示。

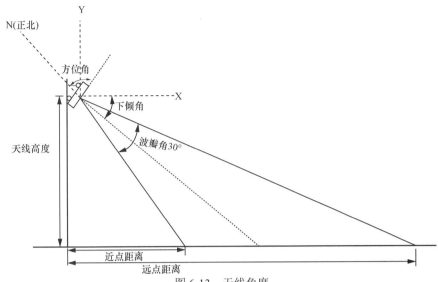

图 6-13　天线角度

- 方位角：是从正北方向水平顺时针旋至天线所在平面形成的角度。
- 下倾角：是天线和水平面的夹角。
- 波瓣角：在主瓣峰值场强的一半处，即主瓣峰值 3dB 处，作垂线交主瓣于两点，这两点分别与顶点连线所形成的夹角。

　　天线角度与天线增益有关：角度越小，增益越大。但增益指标并不是越大越好，关键在于满足信号覆盖要求。一般通过调节天线方位角和下倾角的方法，可以控制天线信号覆盖范围。

6.2.5　天线的形态

　　天线的形态可以分为以下几种。

1. 鞭状天线

　　鞭状天线体积小、外形美观、易安装，多用于独立放装型 AP。一些外置天线 AP 默认自带数根鞭状天线，如图 6-14 所示。

图 6-14　鞭状天线

　　鞭状天线一般提供超小型 A 版（SMA）接口，如图 6-15 所示，便于与 AP 连接。根据工作频段的不同，鞭状天线可分为 2.4GHz、5GHz 两种，天线的增益一般为 2～3.5dBi。

对应接头

图 6-15　SMA 接口

某些室内场景采用室内放装方式时，可以选用内置全向天线的 AP，也可以选用外置全向鞭状天线的 AP。

2. 定向天线

定向天线有室内定向天线和室外定向天线，如图 6-16 所示。

室内定向天线   室外定向天线

图 6-16   定向天线

室内定向天线具有结构轻巧、外形美观、增益大、扇形区方向图好、后瓣小、垂直面方向图俯角控制方便等优点，主要用于对建筑物内特定区域的某个方向进行无线覆盖补充。室内定向天线常见的增益为 7~8dBi，工作频段为 800~2500MHz。室内定向天线在防水、防潮等方面没有进行特殊处理，无法满足室外安装的要求。

室外定向天线由于其覆盖区域呈扇形分布，因此也被称为扇区天线或扇形天线。室外定向天线具有增益大、结构牢固、安装方便、防振动冲击和防水防腐能力良好等特点。WLAN 使用的室外板状天线一般工作于 2.4GHz 及以下频段。室外板状天线主要用于覆盖较大面积的开放、半开放环境。

3. 八木天线

八木天线是由一个有源振子、一个反射器和若干个引向器平行排列而成的端射式天线，称为"八木宇田天线"，简称"八木天线"，如图 6-17 所示。八木天线是一种定向天线，它不同于在所有水平方向上均匀辐射的全向天线。它在特定方向上增强信号，其他方向上的信号比较弱。

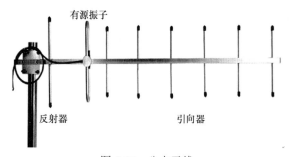

有源振子

反射器   引向器

图 6-17   八木天线

在图 6-17 中，有源振子连接天线馈线，有源振子后面的寄生振子（与主瓣的方向相反）称为反射器。有源振子前面的寄生振子（与主瓣的方向相同）称为引向器。除了有源振子外，八木天线可能只有一个反射器，或者一个反射器加上一个或多个引向器。这些寄生振子被设计为有特定的长度和间距，因此组合后天线的辐射在与主瓣相反的方向上减弱，但是在前进方向上增强，并在主瓣方向上产生更多功率。功率的多少与八木天线中寄生振子的间距和数量、辐射主瓣的形状息息相关。添加额外的引向器会使主瓣的辐射角变窄，从而增加八木天线的增益和方向性。

4. 扇形天线

扇形天线是一种特殊的大增益半定向天线，它有金属板式和金属导线式两种形式，如图 6-18 所示。扇形天线由于加大了天线垂直方向面积，因此加宽了天线频带。扇形天线的典型设计为 60°、90°和120°，可以提供饼状的覆盖范围，多个扇形天线组合在一起可以为某一个区域提供全覆盖。扇形天线的射频信号几乎不会从后瓣泄露，可以通过改变其下倾角来调整由辐射区域在地面上的投影以确定覆盖区域。

图 6-18　扇形天线

6.3　天线的分类

天线通常有以下 4 种分类方法。

第一种：按方向性分为全向天线、定向天线等。

第二种：按极化方式分为单极化天线、双极化天线等。

第三种：按外形分为鞭状天线、板状天线、面板天线等。

第四种：按安装位置分为外置天线、内置天线等。

下面对按方向性分类和按极化方式分类进行介绍。

6.3.1　按方向性分类

按方向性分类，天线可以分为全向天线、定向天线等。

1. 全向天线

（1）全向天线在水平面内的所有方向上辐射的电波能量是相同的，但在垂直面内不同方向上辐射的电波能量是不同的。

（2）全向天线在水平方向图上表现为 360°都均匀辐射，也就是无方向性，如图 6-19 所示。

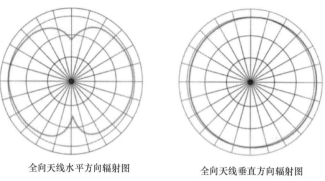

全向天线水平方向辐射图   全向天线垂直方向辐射图

图 6-19   全向天线的辐射图

2. 定向天线

（1）定向天线在水平面与垂直面的所有方向上辐射的电波能量都是不同的，如图 6-20 所示。

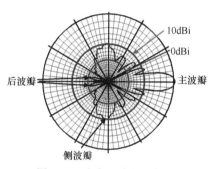

图 6-20   定向天线的辐射图

（2）定向天线在朝某一个特定方向定向辐射时，相同的射频能量下可以实现更远的覆盖距离，但是是以牺牲其他区域覆盖为代价的。

6.3.2   按极化方式分类

按极化方式分类，天线可以分为单极化天线、双极化天线等。单极化和双极化在本质上都是线极化方式，通常有水平极化和垂直极化两种。

（1）单极化天线：接收、发送是分开的两根天线，一根天线中只包含一种极化方式。无线信号是水平发射水平接收或垂直发射垂直接收，因此需要更多的安装空间，增加了维护工作量。

（2）双极化天线：接收、发送是一根天线，一根天线中包含垂直和水平两种极化方式。

6.4   华为智能天线

6.4.1   智能天线的产生

在介绍天线的方向性时，我们可以发现，无论是全向天线还是定向天线，功率不变的时候，其覆盖的范围是固定的。一旦接收端的位置发生变化，就可能发生接收端完全接收不到信号或者信号弱影响使用的情况。华为智能天线的产生正是基于这样的背景，即如何才能实现信号随着目标接收端的移动而移动？

随着 802.11 协议族的不断发展，Wi-Fi 的理论速率有了明显提升，到 802.11ax（Wi-Fi 6）协议时，理论速率已经高达 10Gbit/s。然而在实际环境中，用户体验到的速率往往与理论差异比较大，甚至会出现无信号或者信号弱无法使用 Wi-Fi 网络的现象。造成这个现象的主要原因之一是 Wi-Fi 网络环境变得越来越复杂，传统的全向和定向天线技术由于在覆盖距离或者覆盖角度上存在明显劣势，已经无法满足用户随时随地使用 Wi-Fi 网络的需求。需要解决的难题主要有以下 3 个。

（1）边缘覆盖：普通全向天线的增益有限，对于近距离用户可以提供较好的服务，对于中远距离接近覆盖边缘的用户则无法提供服务或者只能提供较低速率的服务。

（2）跨障碍物覆盖：实际环境中不可能空无一物，往往存在如木板、玻璃、墙体等障碍物。当天线和用户中间存在障碍物遮挡时，无线信号穿过障碍物会有不同程度衰减，导致用户体验变差。

（3）高密场景覆盖：在用户分布密集的环境中，多用户并发会导致空间内的干扰大大增加，即使 Wi-Fi 5 和 Wi-Fi 6 相继引入了 MU-MIMO 和 OFDMA 等技术，但接近覆盖边缘用户的体验提升并不明显。

为了解决上述信号覆盖难题，智能天线可以有效改善边缘覆盖、跨障碍物覆盖、高密场景覆盖中的用户体验。和普通天线对比，华为智能天线有以下优势。

（1）信号覆盖距离增加：华为采用多振子可调天线技术，单 AP 内 5GHz 天线振子最多可达 48 个。数量越多的振子可以产生角度越小的波束和越大的天线增益，从而使覆盖距离增加。华为智能天线可以实现覆盖距离比常规的全向天线远 20%。

（2）波随人动，信号方向更灵活：不同振子的组合可以形成不同的信号辐射方向。对于移动的用户，华为智能天线选择算法会根据移动过程中的误包率、接收信号强度等信息，触发训练机制，及时调整天线组合以确保用户体验。对于固定位置的用户，华为智能天线选择算法也会周期性地检查用户状态、周边环境等因素，确保用户信号的接收强度不降低。

（3）可靠性更高：华为智能天线通过选择算法能够及时发现当前天线工作模式下的性能变化。如果变化频繁，说明当前的空口环境已经恶化，此时智能天线算法会迅速通过训练找到此环境下最优的天线组合，保证在任何环境下都提供稳定的信号，为用户提供更佳的体验。

（4）吞吐量更大：在多用户并发下行的场景下，通过智能天线的定向波束选择，同方向的用户采用相同的定向波束传输，这不仅可以增加数据的吞吐量，还可以减少用户射频的干扰。

（5）高度集成：智能天线在蜂窝网络中应用时，由于基站一般在户外，因此用户对天线体积并不敏感。AP 产品则不同，其本身体积比较小，而且在企业办公、体育场馆等场合中，用户对 AP 产品的体积和美观度都有比较高的要求。智能天线可根据用户的位置调整信号波束的方向，降低不同方向用户间的干扰，从而提升用户的体验。

6.4.2　智能天线技术原理

　　智能天线可通过波束成形和天线阵列实现，这两种技术都是利用多天线的组合来改善发射信号的波束，从而改善无线用户的体验。将两种技术相结合能够同时发挥它们的优势，从而达到更好的效果。

　　波束成形或波束赋形是一种将信号以能量集中的方式定向发送给接收端的技术，智能天线的本质是一种波束成形技术。波束成形技术是信号发射端根据获取到的发射端和接收端之间的信道信息，调整发射端的发送参数，在接收端形成集中的能量，从而达到提高覆盖率和容量的目的。在业界，波束成形的实现分为两种，一种是在芯片中实现，即在天线部分使用普通的天线；另一种是通过天线阵列实现，配合天线选择算法，能够全面改善接收信号的质量。

　　天线阵列也被称为自适应波束切换技术。该技术通过智能天线算法从天线阵列中选择不同天线组合形成定向波束，从而为处于不同位置的接收端提供高质量的信号。华为产品通过天线选择算法从天线阵列中得到最佳天线组合，再利用波束成形对波束进行优化。这种技术组合比单独的天线阵列有更好的波束，比单独的波束成形有更灵活的方向性。

　　华为智能天线由多个小天线组成天线阵列。每个小天线由数个天线振子组成，天线振子可以独立开关，从而让小天线既可以做全向天线，也可以做定向天线。小天线的组合方式与小天线本身的增益、极化方式、方向图等都有关系，因此小天线和其天线振子的数量决定了最终形成的波束的数量。天线阵列通过智能算法能够选择不同的天线组合，形成不同的信号辐射方向，为处于不同位置的用户发射和接收信号，如图 6-21 所示，不同位置的用户收到形成的波束，从而提升用户的接收信号强度，以改善用户体验。

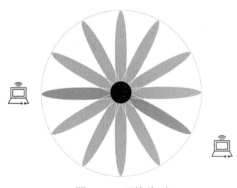

图 6-21　天线阵列

　　天线阵列可以实现多种天线组合，远多于普通天线的单一组合。华为的智能天线算法先根据终端位置选择最佳的天线组合，再进一步利用波束成形技术对波束进行优化。这种组合比单独使用天线阵列有更好的波束，比单独使用波束成形有更好的方向性，能够进一步增强用户的接收信号强度，抑制干扰，提升用户体验。波束成形和天线阵列组合如图 6-22 所示。

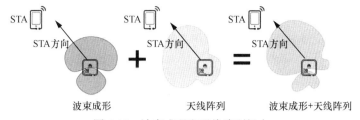

图 6-22 波束成形和天线阵列组合

华为智能天线从聚焦水平面调控转向垂直面调控，从增强边缘覆盖演进到降低干扰，用灵活性适应不同业务的需要。这种新的智能天线技术被称为动态变焦，每个动态变焦智能天线均具备全向和高密两种模式。在人群集中的高密场景中，终端在一个比较小的范围内大量存在，此时天线切换到高密模式，如图 6-23 中虚线区域所示。该模式下信号覆盖范围收缩，天线能量在垂直方向集中，从而增大了此范围内的信号强度，并降低了其他区域的能量泄露和干扰。对于人群分散需要广覆盖的场景，天线切换到全向模式，扩大覆盖范围，如图 6-23 中实线区域所示，能够提升更大范围内用户的使用体验。

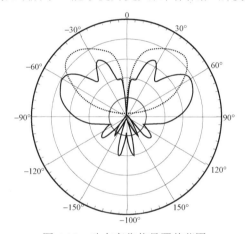

图 6-23 动态变焦信号覆盖范围

智能天线技术不依赖于终端，通过天线阵列与智能选择算法，为用户提供更好的覆盖效果。天线阵列的排列设计及天线选择算法的智能程度，决定了智能天线的效果。

6.4.3 天线选择算法

除了硬件创新外，华为智能天线在软件方面也进行了一系列改进。天线选择算法是一种试探式反馈训练算法，能够实现对环境变化的快速响应。该算法通过采集用户在不同天线组合下反馈的误包率（PER）和 RSSI 值，可以在极短的时间内，从多种天线组合中选取最佳组合并进行波束成形，从而达到精准覆盖的目的。天线选择算法具体有以下几种。

（1）首次关联进行天线选择。在终端首次与 AP 关联时，通过探测建立该终端的天线信息库，然后根据选择的最优天线和速率进行后续包的发送，具体流程如下。

① STA 关联后，使用默认天线进行速率选择。利用 AP 发送给 STA 的报文进行统计，选择发包成功数最多的速率作为初始探测速率。

② 使用初始探测速率探测不同的天线组合，选择当前速率下最佳的天线组合。遍历

所有天线组合，计算不同天线组合对应的 PER 和 RSSI，找到 PER 最小的天线组合。如果 PER 相同再根据信号强度选择，选择信号强度最好的组合。

③ 对速率进行修正，选择最佳的速率与天线组合。如果初始速率遍历得到的天线组合对应的 PER 能满足门限条件，则说明可能可以使用更高的速率。使用更高的速率进行②中的天线选择，直至选择到满足条件的最佳速率和天线组合。如果初始速率遍历得到的天线组合对应的 PER 不能满足门限条件，则说明需要使用更低的速率。使用更低的速率进行②中的天线选择，直至选择到满足条件的最佳速率和天线组合。

（2）事件触发进行天线选择。如果在设定的时间内，速率变化值大于门限值，则认为链路质量发生了剧烈变化。这说明无线环境已经发生了比较大的改变，如干扰增加或消失、无线终端位置移动等。此时需要及时触发天线探测，选择新的天线组合。天线选择算法与首次关联时相同，通过重新选择，选出最佳的天线组合和速率发送数据。

（3）周期触发进行天线选择。虽然吞吐量、误包率、信号强度没有明显的变化，但是由于无线信道的随机性或者经过一段时间后无线环境发生了变化，有可能存在更好的天线组合，因此需要周期性探测以发现更好的天线组合，如图 6-24 所示。

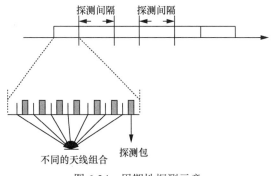

图 6-24　周期性探测示意

在探测时间内，AP 使用每个天线组合发送探测报文，以采集不同天线组合的工作情况，从而选出一个最佳的天线组合在之后的探测间隔时间内使用。探测间隔是针对无线终端的，探测间隔默认是 120s，即两分钟探测一次。最佳的天线组合的判断标准为 PER，当到达用户探测间隔后，AP 遍历所有天线组合，并根据 PER 比较结果刷新最优天线。

6.4.4　智能天线实际应用场景

1. 中远距离覆盖场景

当 AP 发送数据给终端时，智能天线算法需要根据终端的位置，选择最合适的定向波束取代全向波束，利用定向波束的大增益特性提升对中远距离用户的覆盖能力。

2. 无线环境复杂场景

智能天线的天线阵列可以在覆盖目标区域产生更好的覆盖效果。对于楼层、墙体，由于定向波束的大增益，智能天线具有明显的穿透优势；对于环境中存在无法穿越的障碍物遮挡，智能天线可以选择其他定向波束进行反射、绕射等多径方式克服障碍物，如图 6-25 所示。

图 6-25　多径方式克服障碍

3．多用户的下行并发传输场景

在高密场景中，多用户的下行并发传输（含下行多用户 MIMO）通过引入智能天线的定向波束选择，将同方向的用户聚合在一起采用相同定向波束传输，一方面提升终端接收信号的强度，另一方面减小不同方向终端数据之间的相互干扰。

6.5　天线功率的计算

6.5.1　功率单位

常见的功率单位是瓦特（W）、毫瓦（mW）、分贝毫瓦（dBm），它们代表实际的物理功率，在无线射频中常用来表示发射振幅或接收振幅。

在实际生产中还有一些单位，如分贝（dB）、全向同性分贝（dBi）、偶极子分贝（dBd），它们是比较单位，是相对值，常用来表示天线的功率值。如果两个功率之间的比值是 10:1，那么定义为 1 贝尔。一分贝是十分之一贝尔。

6.5.2　天线功率计算

天线功率常见的表示单位有 dB、dBm、dBi、dBd、dBc，那么它们之间是什么关系，怎样使用呢？

（1）"dB"是分贝，是功率增益的单位，表示的是一个相对值，只用来评价一个物理量和另一个物理量之间的比值关系。功率增益的计算公式如下。

功率增益（dB）=10lg（天线辐射功率/参考天线辐射功率）

示例 1：如果 A 功率是 B 功率的 2 倍，那么功率增益（dB）=10lg（A/B）= 10lg2 = 3dB。也就是说，A 功率是 B 功率的 2 倍时，功率增益是 3dB；反过来说，功率增益为 3dB 时，A 功率就是 B 功率的 2 倍。

示例 2：如果 A 功率是 B 功率的 10 倍，那么功率增益（dB）=10lg（A/B）= 10lg10= 10dB。也就是说，A 功率是 B 功率的 10 倍时，功率增益是 10dB；反过来说，功率增益为 10dB 时，A 功率就是 B 功率的 10 倍。

结合以上两个示例，得到以下经验。

每增加 3 dB，表示功率增加为 2 倍；每增加 10 dB，表示功率增加为 10 倍。

每减少 3 dB，表示功率减少为 1/2；每减少 10 dB，表示功率减少为 1/10。

这就是"10 与 3 规则"，对于网络工程师而言，在规划企业无线网络时可以快速方便地估算射频覆盖。

（2）dBm 是分贝毫瓦，表示功率绝对值。和 dBm 一样，dBW 也是一个表示功率绝对值的单位，dBm 基础公式如下。

$$dBm = 10lg(P_1 / 1)$$

其中，P_1 为实际功率值，单位是 mV；1 代表 1mW，是参考功率。

根据公式得到：0dBm=1mW，意思是一般以基础功率 1mW 的值表示为 0dBm。

与 dBm 不同的是，dBW 是以 1W 为参考功率的，0 dBW = 1 W = 1000 mW = 30 dBm，因此它们之间相差 30dB。

从公式上看，dBm 好像也是一个比较测量值。需要注意的是，dBm 比较的是与 1mW 功率之间的关系，而不是两个信号量之间的关系，因此 dBm 实际上属于绝对功率的测量值。mW 和 dBm 互相转换的公式如下。

$$dBm = 10 \times lg(P_1 / 1)$$

$$mW = 10^{(dBm/10)}$$

使用"10 与 3 规则"，类似的经验计算方法是：每增加 3dBm，意味着功率增加了一倍；每减少 3dBm，意味着功率变为原来的 1/2；每增加 10dBm，意味着功率增加为 10 倍；每减少 10dBm，意味着功率变为原来的 1/10。

由此，我们可以快速计算：

3dBm=0dBm + 3dBm = 1mW×2= 2mW；

6dBm = 3dBm + 3dBm= 2mW × 2 = 4mW；

10dBm = 0dBm + 10 dBm = 1mW×10=10mW；

20dBm = 10 dBm + 10 dBm =10 mW×10 = 100 mW。

例如，无线设备的数据功率大多是 27dBm 或 30dBm。即 10lg500/1=27dBm，也就是 500mW 等于 27 dBm；10lg1000/1=30dBm，也就是 1000mW 等于 30 dBm。

经推算：+10dBm=10mW，+20dBm=100mW，+30dBm=1000mW……以此类推，得到经验描述：每增加 10dB 就是增加十倍的功率 mW；每减少 10dB 就是将功率 mW 除以十。

计算技巧如下。

+1dBm = +10dBm−3dB−3dB−3dB = 10 × 1/2 × 1/2 × 1/2 = 1.25mW

+2dBm = −10dBm + 3dB + 3dB + 3dB + 3dB = 0.1 × 2 × 2 × 2 × 2 = 1.6mW

−1dBm = −10dBm + 3dB + 3dB + 3dB = 0.1 × 2 × 2 × 2 = 0.8mW

−2dBm = +10dBm−3dB−3dB−3dB−3dB =10 × 1/2 × 1/2 × 1/2 × 1/2 = 0.625mW

（3）"dBi"和"dBd"一般作为天线功率增益的单位，用来描述天线进行能量转化的效率，两者都是相对值，但参考基准不一样。"dBi"的参考基准为点源振子模型理想球状的全方向性辐射，即全向天线；"dBd"的参考基准为自由空间的半波偶极子天线。但是它们的计算公式一样。一般认为"dBi"和"dBd"表示同一个增益，用"dBi"表示的值比用"dBd"表示的值大 2.15 dBi。如果发射信号功率是 20dBm，天线提供 5dBi 增益，那么天线辐射的功率就是二者之和，即 25dBm。

（4）"dBc"也是一个表示功率相对值的单位，与"dB"的计算方法完全一样。"c"代表载波，"dBc"表示相对于载波功率的相对值，如度量同频干扰、互调干扰、交调干扰、带外干扰等，以及耦合、杂散等的相对量值。在采用"dBc"作为单位时，原则上也可以使用"dB"代替。

6.5.3 平方反比定律

回顾一下自由空间路径损耗公式。以 2.4GHz 信号为例，分别计算传输 100m（0.1km）和 200m（0.2km）的损耗，结果如下。

$$自由空间路径损耗=32.4+20×lg2400+20×lg0.1≈80.00422dB$$

$$自由空间路径损耗=32.4+20×lg2400+20×lg0.2≈86.02482dB$$

从计算结果看出，射频源到接收端的距离增加一倍，信号功率减少 6dB 左右。反之，如果发送功率增加 6dB，那么覆盖距离将增加一倍；如果信号变化−6dB，意味着可用距离减半，这就是平方反比定律。该定律指出功率与距离成反比，即接收端与信号源的距离增加一倍，信号强度减少为原来的四分之一。如果在距信号源某处接收到某个功率信号，当距离增加一倍，即距离为 2 时，新的功率变为原来功率的四分之一，即 2 的平方的倒数。利用平方反比定律可以计算指定距离的功率，公式为 $P/4\pi r^2$，其中 P 为原始功率，r 为指定距离。

6.6 天线选型

天线的发射功率和最大增益都必须严格遵守当地标准。对于采矿、轨道交通等场景，性能、环境适应性和防震、抗潮湿能力还必须符合相关部门的要求。

6.6.1 选型策略：使用场景类型和使用目的

室内场景：一般使用室内 AP 和室内天线实现信号覆盖。

室外场景：一般使用防护级别较高、具有一定防雷能力的室外 AP 和室外天线实现信号覆盖和网桥回传。

轨道交通场景：是一种高速移动状态下的车地传输场景，对速率、时延和丢包率要求比较高，可以按以下 4 个子场景考虑。

- 车地通信：车内空间紧凑，线路部署要求高，一般使用防护级别较高、具有一定防震能力的室外 AP 和天线。
- 车厢覆盖：一般使用具有一定防震能力的室内 AP 和天线实现信号覆盖，高铁场景中可在车窗玻璃上换装薄膜天线。
- 站台覆盖：与普通室内、室外场景相同，但是需要考虑现场绿化和障碍物情况、AP 安装点位高度限制，选用角度合适的定向天线。
- 隧道覆盖：一般使用具有一定防水、防潮能力的室外 AP 天线和设备，并装在弱电侧的墙上，必要时加装防护外壳。AP 开双频模式但是仅 5GHz 射频工作，两个天线朝向隧道左右两个方向。另外，需要注意人防门、广告牌、凹墙等影响回传质量的情况。

6.6.2　选型策略：覆盖和回传

覆盖：对于走廊、仓储通道等狭长地带，建议使用定向天线；对于广场等接近圆形或正方形的地带，建议使用全向天线。室内高密度覆盖还应该适当调整发射功率。

回传：一般使用定向天线。如果回传距离较远，应选用大增益的天线；如果回传目标集中，如点对点回传，应选用小角度的天线。

6.6.3　无线信号传输频段

覆盖区域实现 2.4GHz/5GHz 双频覆盖、2.4GHz/双 5GHz 三频覆盖，或者在同一片区域分别规划 2.4GHz 天线和 5GHz 天线，选用双频天线。尽可能地优先使用 5GHz 覆盖，以提高用户并发。

回传场景一般环境复杂，尤其要注意障碍物的遮挡会影响回传功能的实现。另外，人们对带宽的需求越来越高，由于使用 2.4GHz 频段的无线设备比较多，容易导致带宽拥塞；2.4GHz 信道少，无线回传很容易造成频道干扰，因此 2.4GHz 频段不用于回传。由于室外存在 Wi-Fi 或非 Wi-Fi 干扰，且回传场景对无线传输性能有一定要求，因此推荐使用 5GHz 回传。

6.6.4　施工成本和美观

外置定向天线一般尺寸较大，且通过馈线连接 AP 的射频口，需要一定的施工成本，美观程度不及内置天线和直接安装在 AP 上的鞭状天线。出于装潢美观的考虑，在满足信号传输的前提下，建议优先使用 AP 内置天线。AP 的面板可以按客户要求替换成与背景一致的颜色。

6.6.5　AP 和天线的配套关系

AP 和天线的配套关系需要仔细参照相关说明。下面从两个方面进行简单介绍。

1. 从室内覆盖面考虑

如果楼层不高，如普通办公楼层，且视野开阔，可以使用使用全向天线实现 360° 的 Wi-Fi 全向覆盖，且覆盖范围可达 $100m^2$，面积较大。

如果楼层太高，属于高层，可以使用定向天线从对面楼进行覆盖。距离远，穿透性强，但范围窄，适合小面积覆盖。

如果楼宇较多，面积大，如学校、小区等，需要使用扇形天线来覆盖。扇形天线是最专业的信号覆盖天线，水平角度是 120°，范围宽，信号强，各个运营商常采用这类天线。WLAN 的 Mesh 组网也是一种选择。

如果楼层较密，房间较多，不方便在室外架设天线，可以使用敏捷 AP 连接远端天线资源进行覆盖。敏捷 AP 布放到各个楼层，再由远端天线资源将射频信息延伸到每个房间，效果很理想。如果两个地点需要共享网络，就需要搭建局域网，一般是利用两台无线 AP 做网桥。

2. 从室外覆盖的范围和距离考虑

一般需要用到 3 种天线：定向 65°/90° 天线、平板定向天线、抛物面天线（也称栅格天线）。如果两个地点的距离为 100～300m，一般采用无线 AP+定向 65°/90°天线。如果两个地点的距离为 300m～5km，一般采用无线 AP+平板定向天线。如果两个地点的距离为 5～10km，一般采用无线 AP+抛物面天线。

平板定向天线的角度为 30°，抛物面天线的角度是 15°，所以，抛物面天线传输距离更远。

另外，室外安装的时候需要注意：定向天线需要高过楼顶约 3m，而且距离最近的障碍物需要有 30m 左右，这样才可以最大限度地绕过障碍物，保证信号的高速、稳定传输。而无线 AP 到大增益天线之间的距离一般不超过 3m。

6.7　天线的安装

6.7.1　全向天线吸顶或挂墙安装

全向天线吸顶或挂墙安装的步骤如下。

（1）在打开包装盒前，需确认包装盒外观完好，无严重损坏、浸水现象。如果在打开包装箱过程中发现设备被锈蚀或浸水，应立即停止开箱，与直接供应商或代理商联系。

（2）打开产品包装后，根据包装箱中的装箱清单对所要验收的货品进行仔细核对，逐件验收。如果数量不一致，需与直接供应商或代理商联系。

（3）AP 外置鞭状天线固定在 AP 螺口，吸顶安装在天花板下方，一般不放装在有屏蔽、反射强、强电磁干扰的地方即可，每个天线保持平行，垂直于地面；挂墙安装距离地面至少 2.5m 的地方，尽量避开承重立柱障碍物，同样每个天线保持平行，垂直于地面。全向天线安装要求如图 6-26 所示。

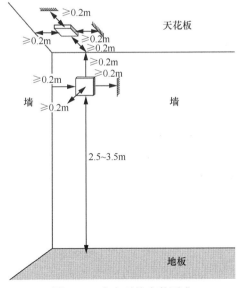

图 6-26　全向天线安装要求

6.7.2　定向天线挂墙安装

在准备好安装工具和安装辅助材料后就可以正式安装定向天线了。下面以华为27012134 型号定向天线为例，介绍安装方法。

（1）完成开箱工作，核对装箱清单和设备。

（2）取出安装板，放置在工勘定位的点位上，用记号笔提前标记安装板的 4 个孔定位。

（3）将天线安装片固定于天线背面，用平垫、弹垫和螺母锁紧，如图 6-27 所示。

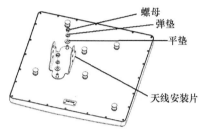

图 6-27　固定天线安装片

（4）将调节支架安装在天线安装片上。根据需要选择合适的方孔，将螺栓从天线与调节支架之间的狭小空间中伸出来，用平垫、弹垫和螺母轻轻固定（暂不锁紧），如图 6-28 所示。

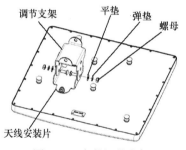

图 6-28　安装调节支架

（5）根据安装板 4 个孔定位的标记，在墙壁的相应位置钻 4 个直径为 8mm 的孔（孔深为 42mm），用于安装膨胀螺栓的塑胶膨胀管，如图 6-29 所示。

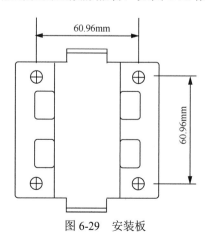

图 6-29　安装板

（6）把塑料膨胀管塞入钻好的小孔，使用自攻螺钉将天线支架固定于墙面，如图 6-30 所示。

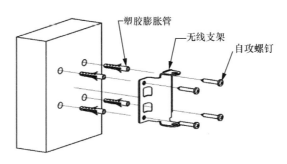

图 6-30　固定天线支架

（7）将天线安装在天线支架上。将调节支架和抱杆支架之间的螺栓轻轻固定（暂不锁紧），如图 6-31 所示。

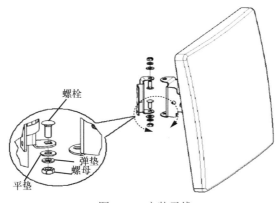

图 6-31　安装天线

（8）调节天线的角度，并锁紧所有螺母（共 4 处）。最大力矩为 6.2N·m，安装完成，如图 6-32 所示。

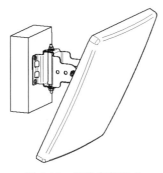

图 6-32　天线安装完成

6.7.3　定向天线抱杆安装

在没有固定墙壁的室外场地，可以选择抱杆安装。下面以华为 27012134 型号天线为例，介绍安装方法。

（1）将天线安装片固定于天线背面，用平垫、弹垫和螺母锁紧，如图 6-33 所示。

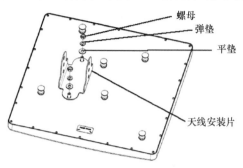

图 6-33　固定天线安装片

（2）将调节支架安装在天线安装片上。根据需要选择合适的方孔，将螺栓从天线与调节支架之间的狭小空间中伸出来，用平垫、弹垫和螺母轻轻固定（暂不锁紧），如图 6-34 所示。

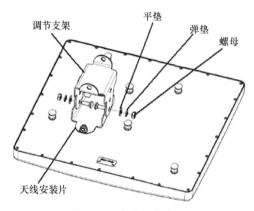

图 6-34　安装调节支架

（3）使用扎带将天线支架固定于抱杆上并绑紧，如图 6-35 所示。

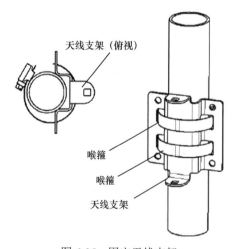

图 6-35　固定天线支架

（4）将天线安装在天线支架上。将调节支架和抱杆支架之间的螺栓轻轻固定（暂不锁紧），如图 6-36 所示。

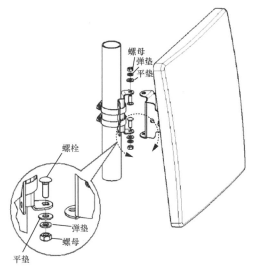

螺母
弹垫
平垫

螺栓

弹垫
螺母
平垫

图 6-36　安装天线

（5）调节天线的角度，并锁紧所有螺母（共 4 处）。最大力矩为 6.2N·m，安装完成。

出于安全的考虑，室外抱杆需要安装避雷针，这是不可省略的组件，具体安装步骤如下。

（1）将避雷针焊接在抱杆顶端。

（2）将抱杆安装在楼顶女儿墙或水泥墩上。

（3）采用 40mm×4mm 的扁钢将抱杆与防雷地网相连。

（4）将定向天线安装在抱杆上。安装时注意保证抱杆与地面垂直，如图 6-37 所示。

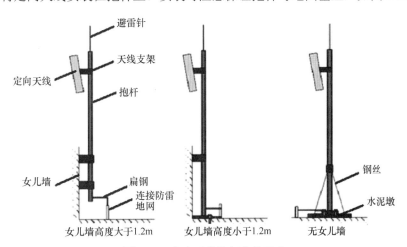

避雷针

天线支架

定向天线

抱杆

女儿墙

扁钢
连接防雷
地网

钢丝

水泥墩

女儿墙高度大于1.2m　　女儿墙高度小于1.2m　　无女儿墙

图 6-37　定向天线抱杆安装示意

定向天线抱杆安装需要注意以下几点。

（1）当楼顶四周有女儿墙，且墙的高度大于 1.2m 时，将抱杆用膨胀螺钉固定在墙上，然后将定向天线用天线支架固定在抱杆上。

（2）当楼顶四周有女儿墙，且墙的高度小于 1.2m 时，将抱杆的一个固定点用膨胀螺钉固定在墙上，另一个固定点与楼面固定，然后将定向天线用天线支架固定在抱杆上。

（3）当楼顶没有女儿墙时，将抱杆用膨胀螺钉垂直固定在楼顶的楼面或水泥墩上，并用钢丝固定，然后将定向天线用天线支架固定在抱杆上。

（4）避雷针的防护范围如图 6-38 所示，注意不要将天线任一部位暴露于避雷针 45°防雷保护角外。

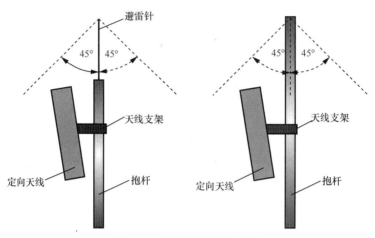

图 6-38　避雷针的防护范围

（5）室外 AP 安装定向天线，2.4GHz 天线与 5GHz 天线间距应在 0.5m 以上，如图 6-39 所示。

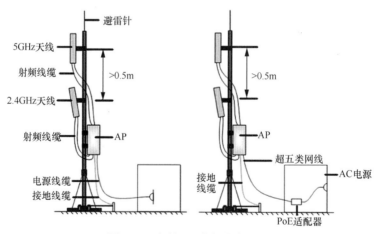

图 6-39　室外 AP 安装定向天线

6.7.4　射频线缆的连接和布放

射频线缆连接要求如下。

- 尽量使用短的天馈线连接天线和 AP。

- 未使用的天馈口建议接上 50Ω 的射频终结器，并用绝缘胶带和防水胶带缠紧。
- 射频线缆弯曲半径要求为：RG-8U 馈线大于 150mm，直径 1/2 英寸馈线大于 50mm，直径 7/8 英寸馈线大于 250mm（1 英寸=25.4mm）。
- 射频线缆防水处理：先缠绕一层 PVC 绝缘胶带，再缠绕三层防水胶带，然后再缠绕三层 PVC 绝缘胶带。缠绕防水胶带时先均匀拉伸胶带，使其长度变为原长度的 2 倍，缠绕时需保证上一层胶带覆盖下一层胶带的 50% 以上，每一层都要拉紧压实。缠绕三层胶带时，先从下往上缠绕，再从上往下，最后从下往上。

下面以 27012134 型号天线为例，介绍连接射频线缆的方法。AP 上的同频段射频接口名称分别为 A、B、C，如图 6-40 所示。

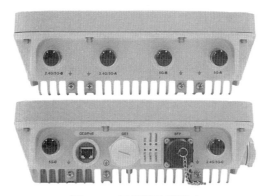

图 6-40　同频段射频接口

天线背面的馈线接口如图 6-41 所示。

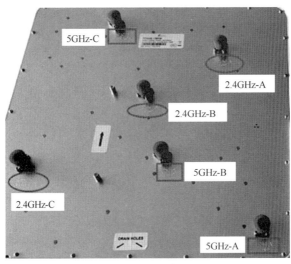

图 6-41　馈线接口

使用馈线连接 AP 和天线对应频段的射频接口并拧紧。同一个天线的馈线接口 A、B、C 必须依次连接同一台 AP 的同频段射频接口 A、B、C。

2.4GHz 射频接口的连线方法如图 6-42 所示。

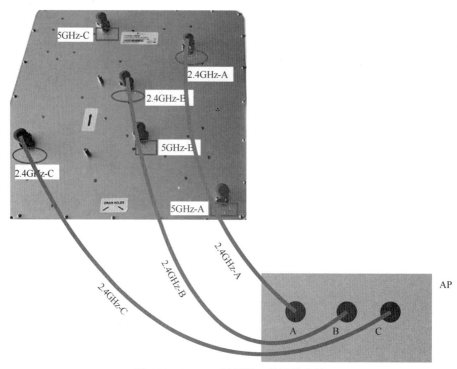

图 6-42　2.4GHz 射频接口的连线方法

5GHz 射频接口的连线方法如图 6-43 所示。

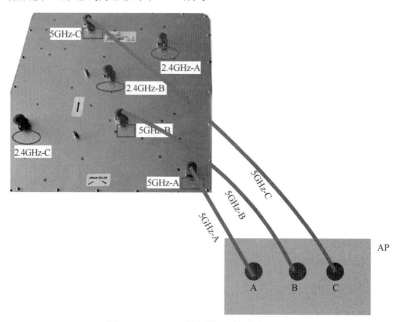

图 6-43　5GHz 射频接口的连线方法

室外射频线缆连接示意如下。

（1）室外 AP 设备的天馈口已具备 5KA 的防雷能力，一般情况下无须添加天馈防雷器。射频线缆直接连接 AP 设备的天馈口。室外 AP 天馈口支持内置防雷，但是防雷能力需要 AP 接地才能确保正常工作。室外 AP 射频线缆安装如图 6-44 所示。

图 6-44　室外 AP 射频线缆安装

（2）如果要求天馈口满足更高防雷等级，可以配置防雷器。安装防雷器需要连接接地线缆，如图 6-45 所示。

图 6-45　防雷器和接地线缆

6.8　射频相关配置示例

6.8.1　配置自动射频信道调整

业务需求：在办公楼部署多个 AP，AP 通过交换机和 AC 相连，为用户提供无线业务。由于 AP 数量较多，逐一手工配置信道等射频参数会非常烦琐，而且容易出现同频干扰和信道冲突，因此 IT 部门希望 AC 能够根据无线网络环境，自动为 AP 分配信道，提高网络部署的便捷性。

配置自动射频信道调整拓扑如图 6-46 所示。

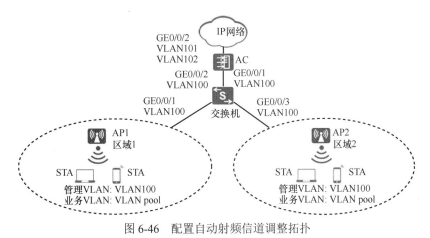

图 6-46　配置自动射频信道调整拓扑

数据规划见表 6-1。

表 6-1　数据规划

配置项	数据规划
5GHz 射频模板	名称：wlan-radio5g。 引用模板：空口扫描模板 wlan-airscan
2GHz 射频模板	名称：wlan-radio2g。 引用模板：空口扫描模板 wlan-airscan
空口扫描模板	名称：wlan-airscan。 信道集合：AP 对应国家（地区）码支持的所有信道如下。 空口扫描间隔时间：80000ms。 空口扫描持续时间：80ms

配置步骤具体如下。

（1）查看 WLAN 的基本配置，代码如下。

```
display ap all
```

查看 AP 组引用的所有模板，代码如下。

```
display ap-group name ap-group1
```

查看 VAP 模板下引用的所有模板，代码如下。

```
display vap-profile name wlan-net
```

SSID 模板：wlan-net

（2）配置射频调优功能，代码如下。

默认情况下，信道自动选择功能和发送功率自动选择功能都已经使能。创建空口扫描模板"wlan-airscan"，并配置信道集合、空口扫描间隔时间和持续时间进行调优。默认情况下，空口扫描信道集合为 AP 对应国家（地区）码支持的所有信道。

```
[AC-wlan-view] air-scan-profile name wlan-airscan
[AC-wlan-air-scan-prof-wlan-airscan] scan-channel-set country-channel
[AC-wlan-air-scan-prof-wlan-airscan] scan-period 80
[AC-wlan-air-scan-prof-wlan-airscan] scan-interval 80000
[AC-wlan-air-scan-prof-wlan-airscan] quit
```

（3）创建 2GHz 射频模板"wlan-radio2g"，并在该模板下引用空口扫描模板"wlan-airscan"，代码如下。

```
[AC-wlan-view] radio-2g-profile name wlan-radio2g
[AC-wlan-radio-2g-prof-wlan-radio2g] air-scan-profile wlan-airscan
[AC-wlan-radio-2g-prof-wlan-radio2g] quit
```

（4）创建 5GHz 射频模板"wlan-radio5g"，并在该模板下引用空口扫描模板"wlan-airscan"，代码如下。

```
[AC-wlan-view] radio-5g-profile name wlan-radio5g
[AC-wlan-radio-5g-prof-wlan-radio5g] air-scan-profile wlan-airscan
[AC-wlan-radio-5g-prof-wlan-radio5g] quit
```

（5）在名为"ap-group1"的 AP 组下引用 5GHz 射频模板"wlan-radio5g"和 2GHz 射频模板"wlan-radio2g"，代码如下。

```
[AC-wlan-view] ap-group name ap-group1
[AC-wlan-ap-group-ap-group1] radio-5g-profile wlan-radio5g radio 1
  Warning: This action may cause service interruption. Continue?[Y/N]y
[AC-wlan-ap-group-ap-group1] radio-2g-profile wlan-radio2g radio 0
  Warning: This action may cause service interruption. Continue?[Y/N]y
[AC-wlan-ap-group-ap-group1] quit
```

（6）手动触发射频调优，代码如下。

```
[AC-wlan-view] radio-5g-profile name wlan-radio5g
[AC-wlan-radio-5g-prof-wlan-radio5g] air-scan-profile wlan-airscan
[AC-wlan-radio-5g-prof-wlan-radio5g] quit
```

（7）验证配置结果。在 AC 上执行 display radio all 命令查看射频调优效果，代码如下。

```
[AC-wlan-view] display radio all
CH/BW:Channel/Bandwidth
CE:Current EIRP (dBm)
ME:Max EIRP (dBm)
CU:Channel utilization
ST:status
WM:Working Mode (normal/monitor/monitor dual-band-scan/monitor proxy dual-band-
scan)
-------------------------------------------------------------------------
AP ID Name    RfID     Band    Type ST CH/BW    CE/ME    sta CU   WM
-------------------------------------------------------------------------
1     area_2 0         2.4G    bgn  on 1/20M    28/28    1   10% normal
1     area_2 1         5G      an   on 149/20M  29/29    0   15% normal
0     area_1 0         2.4G    bgn  on 6/20M    28/28    1   15% normal
0     area_1 1         5G      an   on 153/20M  29/29    0   49% normal
-------------------------------------------------------------------------
Total:4
```

配置注意事项如下。

（1）执行手动调优半小时后，调优结束。后续运行时，将射频调优模式改为定时调优，并将调优时间定为用户业务空闲时段（如当地时间 00:00～06:00），代码如下。如果有新的 AP 加入，可以再次手工调优。

```
[AC-wlan-view] calibrate enable schedule time 03:00:00
```

（2）射频调优功能不适用于 AP 相互无法感知的场景，如 AP 使用定向天线、AP 相隔较远或者 AP 间被阻隔等。

（3）射频调优功能不适用于高密场景、WDS/Mesh 回传场景、轨交场景和室外定向天线的覆盖场景。如果射频的工作模式为监测模式，或者配置了 WDS 或 Mesh 业务，则该射频不参与调优。

6.8.2 配置智能天线功能

业务需求：客户无线终端位置比较分散，而且移动频繁。为了提升用户上网体验，使用智能天线功能根据用户位置调整 AP 发送信号时的天线模式，提高用户接收信号的强度。

智能天线选择算法的基本原理是采用不同天线的组合，通过发送训练包进行天线训练。在智能天线进行训练时，发送端（AP）会发送训练包给接收端（无线终端），接收端根据接收到的包测量 PER 和 RSSI，然后反馈给发送端，发送端收集所有的天线组合模式以及对应的 PER 和 RSSI 来确定接收端所对应的最佳天线组合。

用户需要查阅产品说明正确选用支持智能天线选择算法的天线，以支持智能天线功能的配置。

配置步骤具体如下。

（1）通过 2GHz 或 5GHz 射频模板，开启 AP 的智能天线选择算法，代码如下。

```
[AC]wlan
[AC-wlan-view]radio-2g-profile name 2g-profile
[AC-wlan-radio-2g-prof-2g-profile] smart-antenna enable
[AC-wlan-view]radio-5g-profile name 5g-profile
[AC-wlan-radio-5g-prof-2g-profile]smart-antenna enable
```

（2）配置智能天线选择算法中 PER 有效范围的阈值，代码如下。默认情况下，PER 有效范围的上限阈值为 80%，下限阈值为 20%。这里先保持默认，训练时再逐渐调整。

```
[AC-wlan-radio-2g-prof-2g-profile]smart-antenna
valid-per-scope { high-per-threshold high-per-threshold | low-per-threshold
low-per-threshold }
```

PER 是智能天线选择算法的重要依据，合理配置 PER 有效范围的阈值有利于智能天线选择合适的天线组合，从而提升室内覆盖场景下无线网络的覆盖距离和抗干扰能力。

（3）配置触发天线训练的性能突变阈值，代码如下。默认情况下，触发天线训练的性能突变阈值为 10 %，建议以 10 为步长进行训练。

```
[AC-wlan-radio-2g-prof-2g-profile]smart-antenna throughput-triggered-training
threshold threshold
```

（4）配置智能天线训练周期，代码如下。默认情况下，智能天线训练周期为 auto，即自适应模式。

```
[AC-wlan-radio-2g-prof-2g-profile]smart-antenna
training-interval training-interval auto
```

（5）配置智能天线训练时 AP 发送给终端的测试空口报文个数，代码如下。测试空口报文个数的范围是 10~1000。默认情况下，智能天线训练时 AP 发送给终端的测试空口报文个数为 640。

```
[AC-wlan-radio-2g-prof-2g-profile]smart-antenna
training-mpdu-number training-mpdu-number
```

如果接收端的流速、带宽、空口速率等较高时，可以减少发送报文的个数；反之，则需要增加发送报文的个数。

（6）将指定射频模板绑定到 AP 组或者指定 AP。

（7）验证配置结果。执行命令 display radio-2g-profile name profile-name 查看 2GHz 射频模板下 AP 的智能天线功能的配置信息，代码如下。

```
[AC] display radio-2g-profile name 2g-profile
   Smart-antenna                               : enable
   Agile-antenna-polarization                  : disable
   CCA threshold(dBm)                          : -
   High PER threshold(%)                       : 80
   Low PER threshold(%)                        : 20
   Training interval(s)                        : auto
   Training mpdu num                           : 640
   Throughput trigger training threshold (%)   : 10
```

配置注意事项如下。

（1）在智能天线系统中，设备对发射端的性能（吞吐量）进行监测。当监测到的性能超过配置的性能突变阈值时，则触发新一轮的天线训练。

（2）如果当前的空口环境良好，则可以提高天线训练的性能突变阈值，避免因为频繁的天线训练影响用户业务；如果当前的空口环境恶劣，则可以降低天线训练的性能突变阈值，从而提升无线网络的抗干扰能力。

（3）智能天线的训练周期需要根据实际情况进行配置。训练周期过低，导致天线训练频繁，影响用户业务；训练周期过高，导致设备无法及时地通过切换天线组合来应对变化的无线网络环境。当智能天线的训练周期恢复为默认值，即自适应模式时，表示设备会根据并发用户数自适应地计算训练周期。

6.8.3　配置 WLAN 频谱导航（5GHz 优先）示例

业务需求：企业用户通过 WLAN 接入网络，以满足移动办公的基本需求，同时移动端在覆盖区域内发生漫游时，不影响用户的业务使用。为了缓解 2.4GHz 频段的压力，需要让无线终端尽量接入 5GHz 频段。配置频谱导航功能，并通过调整频谱导航的参数，让用户尽量优先关联 5GHz 频段。

配置 WLAN 频谱导航拓扑如图 6-47 所示。

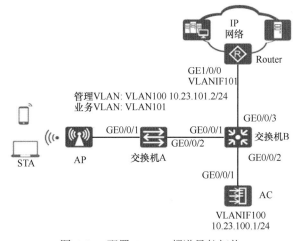

图 6-47　配置 WLAN 频谱导航拓扑

AC 数据规划见表 6-2。

表 6-2　AC 数据规划

配置项	数据规划
VAP 模板	引用模板：SSID 模板 wlan-net、安全模板 wlan-net。 名称：wlan-net。 频谱导航功能：开启
RRM 模板	名称：wlan-rrm。 射频间负载均衡起始门限：15。 射频间负载均衡差值门限：25
2GHz 射频模板	名称：wlan-radio2g。 引用模板：RRM 模板 wlan-rrm

配置步骤具体如下。

（1）查看当前 WLAN 的基本配置，代码如下。

```
display ap all
```

查看 AP 组引用的所有模板，代码如下。

```
display ap-group name ap-group1
```

查看 VAP 模板下引用的所有模板，代码如下。

```
display vap-profile name wlan-net
```

（2）配置频谱导航功能，代码如下。在 VAP 模板"wlan-net"下，使能频谱导航功能。默认情况下，已使能频谱导航功能。只要任意一个频段上已经使能频谱导航功能，该 SSID 就已经使能频谱导航功能。如果用户在 AP 两个射频上引用了不同的 VAP 模板，则仅需在任意一个 VAP 模板下使能频谱导航功能即可。

```
[AC] wlan
[AC-wlan-view] vap-profile name wlan-net
[AC-wlan-vap-prof-wlan-vap] undo band-steer disable
```

（3）创建 RRM 模板"wlan-rrm"，并在 RRM 模板视图下配置频谱导航射频间的负载均衡，以免某一频段负载过重。频谱导航射频间负载均衡的起始门限是 15 个，差值门限是 25%，代码如下。

```
[AC]wlan
[AC-wlan-view] rrm-profile name wlan-rrm
[AC-wlan-rrm-prof-wlan-rrm] band-steer balance start-threshold 15
[AC-wlan-rrm-prof-wlan-rrm] band-steer balance gap-threshold 25
```

（4）创建 2GHz 射频模板"wlan-radio2g"，并在该模板下引用 RRM 模板"wlan-rrm"，代码如下。

```
[AC-wlan-view] radio-2g-profile name wlan-radio2g
[AC-wlan-radio-2g-prof-radio2g] rrm-profile wlan-rrm
```

（5）在名为"ap-group1"的 AP 组下引用 2GHz 射频模板"wlan-radio2g"，代码如下。

```
[AC-wlan-view] ap-group name ap-group1
```

```
[AC-wlan-ap-group-ap-group1] radio-2g-profile wlan-radio2g radio 0
```

（6）验证配置结果。

在 AC 上执行命令 display vap-profile name wlan-net，可以看到 VAP 模板下已经使能频谱导航功能，具体如下。

```
[AC-wlan-view] display vap-profile name wlan-net
----------------------------------------------------------------------
    ...
    Band steer                              : enable
    ...
----------------------------------------------------------------------
```

在 AC 上执行命令 display rrm-profile name wlan-rrm，可以看到频谱导航的配置，具体如下。

```
[AC-wlan-view] display rrm-profile name wlan-rrm
-----------------------------------------------------------
...
Band balance start threshold     : 15
Band balance gap threshold(%)    : 25
...
-----------------------------------------------------------
```

新终端能够优先接入 5GHz 频段。5GHz 频段无干扰频段多，拥塞小，用户可以获得良好的使用体验。

配置注意事项如下。

（1）如果 2GHz 射频模板和 5GHz 射频模板下绑定不同的 RRM 模板，且 RRM 模板下配置的频谱导航相关参数不一致，则系统优先以 2GHz 射频模板下的参数生效。

（2）AP 同时支持 2.4GHz 频段和 5GHz 频段，且两个射频必须配置相同的 SSID 和安全策略，否则导致切换和漫游失败。

（3）如果配置无线终端优先接入 5GHz 频段，建议 AP 上 5GHz 射频配置的功率大于 2.4GHz 射频配置的功率，以达到较好的接入效果。

（4）由于协议要求，纯组播报文在无线空口没有 ACK 机制保障，且无线空口链路不稳定。为了纯组播报文能够稳定发送，通常会以低速报文形式发送。如果网络侧有大量异常组播流量涌入，则会造成无线空口拥堵。为了减小大量低速组播报文对无线网络造成的冲击，建议配置组播报文抑制功能。配置前需确认是否有组播业务，如果有，则谨慎配置限速值。

（5）业务数据转发方式采用直接转发时，建议在直连 AP 的交换机接口上配置组播报文抑制。业务数据转发方式采用隧道转发时，建议在 AC 的流量模板下配置组播报文抑制。

（6）建议在与 AP 直连的设备接口上配置端口隔离。如果不配置端口隔离，当业务数据转发方式采用直接转发时，可能会在 VLAN 内形成大量不必要的广播报文，导致网络阻塞，影响用户体验。

（7）在隧道转发模式下，管理 VLAN 和业务 VLAN 不能配置为同一个 VLAN，且 AP 和 AC 之间只能放通管理 VLAN，不能放通业务 VLAN。

第 7 章

无线局域网规划设计及案例

本章主要内容

　　本章主要介绍无线局域网规划设计，讲解无线网络设计的一般流程和方法，并结合实践应用的场景，说明通过合理的网络规划设计，可以大大降低 WLAN 信号覆盖盲区、信号干扰、网络拥塞等问题出现的概率，提供更好的网络体验。

7.1　无线局域网规划设计

一个良好的网络规划对网络未来的扩展、日常运维、优化是至关重要的。无线网络通过无线信号（高频电磁波）传输数据。随着传输距离的增加，无线信号强度会越来越弱，且相邻 AP 的无线信号会重叠干扰，导致无线网络信号的质量降低甚至无线网络无法使用。为了改善无线网络的信号质量，满足客户的建网标准要求，需要对无线局域网进行规划设计，包括使用的 AP 款型和数量、安装点位和方式、线缆部署方式等，以保障网络覆盖无盲区、高密度的接入用户体验好、漫游过程中应用不掉线等，避免后期投入使用后再整改，重新安装 AP、布放线缆返工。

无线局域网规划设计通常考虑以下几个因素。

（1）信号覆盖范围。如果设计无线网络时没有考虑 AP 的实际发射功率，那么信号覆盖就容易出现盲区。盲区的信号强度弱或没有信号，用户上网速度慢甚至无法接入，因此需要合理规划每个 AP 的信号覆盖范围，保障每个区域有足够强度的无线信号覆盖。

（2）信道规划。同频干扰指两个相邻 AP 的射频工作在相同信道上，同时收发数据时会有干扰和时延，大大降低网络性能。因此有重叠覆盖区域的 AP 需要规划互不干扰的工作信道，即同一个楼层和上下楼层之间需要做统一的信道规划。

（3）场景规划。不同应用场景的接入需求也不同，除了普通无线覆盖需求场景外，还有一些特殊的高密度接入场景需要重点考虑。WLAN 采用的是 CSMA/CA 机制，在高密场景中，无线用户密度大，AP 每个射频下接入用户数多，并发的无线用户数增加，无线报文相互冲突的概率增大，导致上网速度下降。通常选择部署三射频 AP 和高密小角度定向天线降低 AP 发射功率，控制每个射频下接入的用户数，减少报文的冲突概率。另外，还有一些接入用户较少的区域也需要保障基本的覆盖，而对转发性能有特殊要求的区域可以作为 VIP 区域规划。

（4）漫游规划。漫游的目的是保障无线接入的应用在用户移动过程中不中断，因此需要合理规划漫游区域。考虑到用户在漫游过程中，授权信息能够及时传递，并且网络 IP 不改变，那么 AP 之间需要有一定的信号重叠区域来保障信号切换。

7.1.1　无线局域网规划设计的步骤

无线局域网规划设计的步骤为：需求收集、现场工勘、网规设计、安装施工、验收测试。

需求收集即通过电话、面对面交流或者会议的形式向客户收集项目的基本信息和需求，明确建网目标。

现场工勘的主要目的是收集干扰源、障碍物等信息，并利用相关软件输出无线网规设计报告。

网规设计是根据现场工勘结果，结合用户的需求，借助专业的软件工具（如华为的 WLAN Planner 软件）完成网络规划方案的设计工作，并模拟无线网络覆盖效果。打开软件，导入实际图纸后，添加障碍物信息，软件会自动布放 AP，通过 3D 仿真模拟真实的空间，还可以根据设定的行走路线模拟路线上各点位的覆盖效果，用户可以直观地看出是否达到该区域的覆盖要求。

安装施工务必根据网规设计方案进行，方便以后运行维护。

施工结束后，还需要进行验收测试。测试内容包括是否达到网络覆盖、业务使用等要求，特殊情况可以再进行一次部署完成后的现场工勘，对前期的设计实施结果进行优化。

7.1.2 无线局域网需求收集

收集需求时，可以和网络管理员、信息主管负责人甚至财务人员进行沟通，收集完整、全面的项目信息和需求，减少因为前期了解的信息太少而出现重新设计的情况。为了方便需求收集人员有针对性地收集准确有效的信息，常见的需求说明见表 7-1。

表 7-1 常见的需求说明

需求	说明
法律法规限制	确认网络所在地的法律法规对无线射频的管理指导要求，确定 AP 的国家（地区）码、天线的增益功率和可用信道
网络部署现场的建筑图纸	从客户处获取含比例尺信息的图纸并确认图纸的完整性。推荐收集 CAD 图纸，也可以使用 PDF 图纸、PNG 或 JPG 格式的图片。如果没有图纸，需要到现场实际测量后重新绘制带比例尺信息的图纸
无线网络覆盖区域	确认客户要求的普通覆盖区域、高密度覆盖区域、特殊要求区域。 • 普通覆盖区域：典型区域如办公区、教室、宿舍、酒店房间等。 • 高密度覆盖区域：典型区域如会议室、体育场馆、阶梯教室等。 • 特殊要求区域：网络使用需求较少的区域，如过道、楼梯；VIP 用户使用的区域，网络质量要求高的区域
无线信号场强要求	确认客户对覆盖区域的信号强度是否有要求，通常 VIP 区域 > −60dBm，普通覆盖区域 > −65dBm（工程经验值），网络使用需求较少的区域 > −75dBm
接入人数	用于计算当前覆盖区域中的接入终端总数。例如，在无线办公场景下，一般按照每人一部手机和一台笔记本电脑考虑，则接入终端数为接入人数的 2 倍
终端类型	• 确认终端类型和数量，普通终端如手机、平板电脑、笔记本电脑，特殊终端如扫码枪、收银机等。 • 确认各终端 MIMO 类型的占比，用于估算 AP 性能。此项基于客户端的技术能力，如果能提供则收集，不能提供则按照 2×2 MIMO 计算
带宽要求	确认网络承载的主要业务类型和每个用户的带宽需求
覆盖方式	确认客户是否明确要求使用室内放装、敏捷分布式或室外覆盖
供电方式	确认客户是否明确要求供电方式，现场有哪些可以使用的供电区域和设施
交换机位置	WLAN 上行有线侧交换机的位置。确认 PoE 供电距离、供电功率是否符合要求

7.1.3 无线局域网现场工勘

现场工勘的主要目的是获取现场的实际环境信息，如干扰源、障碍物衰减、楼层高度、建筑材质、新增障碍物和弱电井等信息，配合建筑图纸来确定 AP 选型、安装位置、安装方式、供电走线等。工勘信息采集项见表 7-2。现场工勘需要一些辅助工具和软件。在工勘软件的支持下，部署现场测试 AP，模拟无线信号仿真，测试障碍物衰减，记录信号噪声比参数，进行现场工勘并输出网规报告。

表 7-2 工勘信息采集项

工勘信息	信息记录	说明
楼层高度	普通室内楼层高度为 3～5m	如存在镂空区域、大厅或者报告厅，需要使用测距仪测量层高信息并记录
建筑材质及衰减	240mm 砖墙 2.4GHz 频段 15dB 衰减，5GHz 频段 25dB 衰减	获取现场建筑材质的厚度及衰减值，如有条件可现场测试衰减
干扰源	有其他 Wi-Fi 干扰，干扰源是微波炉	检测现场是否有干扰，包括手机热点、其他厂家 Wi-Fi、非 Wi-Fi 干扰（如蓝牙、微波炉、雷达等）。可借助 CloudCampus App 记录干扰源信息
新增障碍物	有新增隔断障碍物，已在图纸上标注位置和衰减值	确认现场是否与建筑图纸完全一致，对于不一致的区域要重点标注，拍摄照片记录
现场照片	拍照记录全局照片	全面拍摄现场，用于记录环境、传递勘测信息
AP 选型	室内放装 AP	根据场景选用室内放装 AP、敏捷分布式 AP、室外款型 AP 或者高密款型 AP
AP 安装方式和位置	吸顶安装在天花板下，壁挂安装在墙上	确定是否能吸顶放装。无法吸顶安装时，考虑挂墙安装或面板安装
弱电井位置	已在图纸上标注弱电井位置	在图纸上标注弱电井位置，用于放置交换机
供电走线	已在图纸上绘制网络供电走线	在图纸上标注 PoE 的供电走线。建议 PoE 网线长度不超过 80m
特殊要求	漫游丢包率小于 1%，时延小于 20 ms	记录用户特殊需求
图纸	建筑平面图纸、装修图纸	打印建筑平面图纸，方便现场工勘使用。核实图纸与现场环境是否一致并记录信息
工勘工具	工勘软件、辅助硬件	工勘软件、AP、拍照工具、供电装置等
其他	记录其他信息	如有其他信息，收集并记录，如 AP 和装修一致，必要时替换 AP 面板，达到美观要求

7.1.4 无线局域网覆盖设计

覆盖设计是整个无线局域网的重点，既需要保障企业园区被信号全覆盖无死角，又需要保障没有过多的无线信号覆盖到企业园区外。布放 AP 需要保证每个覆盖范围内的信号强度能满足用户的要求，并且解决相邻 AP 间的同频干扰问题。下面介绍 AP 选型，其参考因素见表 7-3。

在 AP 选型确定后，再考虑无线覆盖的因素。全向天线通过覆盖半径、定向天线通过覆盖距离衡量网络覆盖范围，但不管是覆盖半径还是覆盖距离，都需要先确定信号的有效传输距离才能计算出来。

表 7-3　AP 选型参考因素

参考因素	说明
MIMO	空间流，一般为 4~16 条。AP 空间流越多，吞吐量越大，接入容量越大，需要根据实际应用场景和接入密度选择合适空间流的 AP
天线	室内 AP 的天线一般有 3 种：全向天线、定向天线、智能天线。室外 AP 的天线有 2 种：全向天线和定向天线。 室内场景：智能天线效果最好，尽可能选择带智能天线的产品；对于安装高度较高的场景，可以考虑定向天线。 室外场景：开阔区域一般采用全向天线，狭长区域、高密覆盖、无线回传一般采用定向天线
最大发射功率	不同国家（地区）对 Wi-Fi 的发射功率限制不一样，通过国家（地区）码控制。在选择时，发射功率越接近规定的上限值，发射的信号就越强，覆盖半径就越大
天线增益	天线增益越大，信号越强，覆盖距离越远，需要根据场景选择合适的天线
供电方式	供电方式与部署场景相关。目前，大部分室内场景选择 PoE 交换机供电，一般供电 PoE+为 30W，PoE++达到 90W，供电距离在 100m 以内；室外场景一般选择本地电源供电。不同的 AP 款型供电标准要求不一样，选择供电设备时需要重点关注
Wi-Fi 标准	Wi-Fi 标准目前已演进到第 6 代，且新一代的标准会兼容之前的标准。最新的 Wi-Fi 6 标准在速率和容量方面都有非常大的改善，吞吐量和容量都提升了 4 倍，因此，建议选择最新的 Wi-Fi 6 AP
其他特性	IoT 是趋势，单独部署 IoT 会带来重复布线。分开管理和运维，硬件投资和运维投资都较大，建议选择 Wi-Fi AP 时考虑 IoT 扩展能力

下面介绍如何计算有效传输距离。在不考虑干扰、线路损耗等因素时，接收信号强度的计算公式如下。

接收信号强度=射频发射功率+发射端天线增益−路径损耗−障碍物衰减+接收端天线增益

不同频段的路径损耗的计算公式可以近似为：2.4GHz 频段的路径损耗=46+25lg$d$；5GHz 频段的路径损耗=53+30lg$d$。d 表示信号传输距离。

示例：已知在室内半开放场景下，边缘场强信号要求为−65dBm，AP 射频发射功率为 20dBm，发射端 5GHz 天线的增益为 6dBi，障碍物衰减为 8dB。假设接收端为手机（通常天线增益为 0），计算 5GHz 射频信号有效传输距离。

将数据代入公式，其中接收信号强度取边缘场强信号的值。

$$-65 = 20 + 6 - (53 + 30\lg d) - 8 + 0$$

得出 $d=10$，即 5GHz 射频信号有效传输距离为 10m。

在射频发射功率、发射端天线增益符合国家（地区）法律法规要求和硬件设备的情况下，从接收信号强度的计算公式可以得知，通过增加射频发射功率、发射端天线增益，减少障碍物衰减可以有效增强信号强度。初步计算出单个 AP 的覆盖距离，设计多个 AP 共同组成完整的网络覆盖。AP 布放时应尽量避免或减少障碍物的遮挡，以减少障碍物引起的信号衰减。路径损耗直接影响 AP 的覆盖范围。通过网规软件可以直接设计网规方案，如图 7-1 所示。

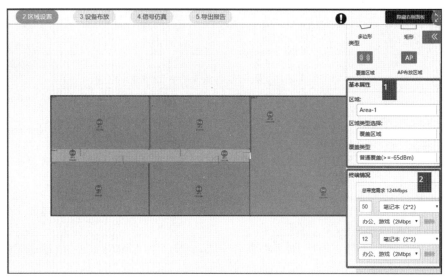

图 7-1　网规方案

网规方案具体说明如下

（1）室内 AP 支持吸顶（顶高不超过 6m）或者挂壁安装（安装高度为 3m 左右），推荐吸顶安装。

（2）尽量减少障碍物数量，一般建议信号最多穿透单层墙体（典型 120mm 砖墙），部分特殊场景（如石膏墙、玻璃墙体等）可考虑穿过两层墙体。

（3）240mm 厚砖墙、混凝土墙体和金属材质墙体不建议穿透覆盖，如在不满足约束条件时仍采用 AP 穿透覆盖方案，则会导致穿墙后信号弱和漫游不连续问题。针对此种情况，如需保障良好的信号覆盖和漫游，网规需要基于客户墙体结构新增部署 AP 点位。

（4）重点区域、VIP 区域尽量保证单独部署 AP，保障用户体验。

（5）路口或拐角单独部署 AP，保证信号覆盖连续性（大于−65dBm），相邻 AP 可建立邻居关系，保障良好漫游体验。

（6）AP 安装位置远离承重柱 3m 以上。

另外，室外定向天线与全向天线推荐安装高度为 3～5m。室外全向天线需要垂直安装，室外定向天线根据实际情况调整倾角。由于树木等遮挡影响，室外天线通常采用抱杆安装，与监控杆共杆，站点附近避免强电强磁及其他信号的干扰。

7.1.5　无线局域网信道规划

无线局域网覆盖设计中还需要考虑信道规划。由于需要使用多个 AP 组成完整的网络覆盖，相邻 AP 间网络会不可避免地会出现重叠覆盖区域，一般需保留 10%～15%的重叠缓冲区域，保障移动用户的漫游体验。为了避免无线局域网覆盖区域出现盲区，还需要灵活调整 AP 发射功率。由于 2.4GHz 频段资源有限，为了减少重叠区域内的同频干扰，需要规划相邻 AP 使用互不干扰的射频频段。同一楼层（即水平方向）通常使用蜂窝覆盖方式，信道规划如图 7-2 所示；多个楼层（即垂直方向）也要规划互不干扰的信道，如图 7-3 所示。对于 5GHz 频段，信道资源相对比较多且信道不重叠，手工调整信道反而不够灵活，建议使用控制器动态选择信道。

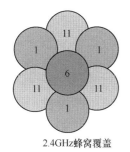

图 7-2　水平方向信道规划

楼层	规划信道		
五楼	1	6	11
四楼	11	1	6
三楼	6	11	1
二楼	1	6	11
一楼	11	1	6

图 7-3　垂直方向信道规划

对于 5GHz 频段，不同国家或地区的可用信道不同，有些地区会预留一些信道，所以规划前必须确认清楚。以中国为例，室内 5GHz 频段可选 40MHz 信道有 36、44、52、60、149、157，常规场景默认推荐采用 40MHz 组网。

未来 6GHz 频段拥有 1.2GHz 频谱资源，可以提供 7 个 160MHz 或者 14 个 80MHz 信道，支持 80MHz/160MHz 连续组网，能够满足超大带宽业务场景需求。

7.1.6　无线局域网容量设计

无线局域网容量设计是根据无线终端的带宽要求、数目、并发率、单 AP 性能等数据设计部署网络所需的 AP 数量，确保无线局域网性能可以满足所有终端的上网需求。

首先考虑单终端带宽，不同类型的终端或使用不同网络业务的终端对带宽的要求不一样，可理解为终端使用某业务需要的网络带宽，例如，播放高清视频的终端，其带宽要求大于仅浏览网页的终端。根据终端的业务和类型，合理规划足够使用的带宽，以免出现带宽不够用或者浪费的情况。以办公场景为例，单终端带宽需求见表 7-4。

表 7-4　单终端带宽需求

业务类型	单业务基线速率/Mbit·s^{-1}		办公场景下各业务占比							
	极好	好	会议室	高密办公区	普通办公区	休闲区	展厅	餐厅	停车场	卫生间
4K 视频	50	30	10%	10%	10%	10%	10%	10%	10%	10%
1080P 视频	16	12	10%	10%	10%	10%	10%	10%	10%	10%
720P 视频	8	4	10%	10%	10%	10%	10%	10%	10%	10%
电子白板无线投屏	32	16	10%	20%	0	0	0	0	0	0
电子邮件	32	16	10%	10%	10%	0	0	0	0	0
网页浏览	8	4	30%	20%	20%	30%	30%	30%	10%	30%
游戏	2	1	0	5%	10%	10%	0	10%	10%	10%
即时通信	0.512	0.256	10%	5%	20%	20%	30%	20%	30%	20%
VoIP（Voice）	0.256	0.128	10%	10%	10%	10%	10%	10%	20%	10%

如果用户未指定具体场景下的带宽需求，则可依据上表进行场景化带宽需求评估。不同场景所需的单终端平均带宽需求为：单业务基线速率与各场景下业务占比的乘积之和。

其次是终端数目。终端数目是网络计划容纳的终端总数，需要用户根据其网络规划提供准确的数目。以 Wi-Fi 6 单 AP 并发用户数作为参考，见表 7-5，在满足用户接入带宽的情况下，计算最大并发终端数，假设用户终端均支持双空间流和 Wi-Fi 6。

表 7-5　Wi-Fi 6 单 AP 并发用户数

序号	用户接入带宽 /Mbit·s^{-1}	单频（5GHz）最大并发终端数	双频（2.4GHz+5GHz）最大并发终端数	三频（2.4GHz+5GHz1+5GHz2）最大并发终端数	单频（6GHz）最大并发终端数	双频（5GHz+6GHz）最大并发终端数
1	2	56	85	141		
2	4	39	56	95		
3	6	27	38	65		
4	8	21	30	51		
5	16	12	18	30		
6	20	11			33	44
7	30	7			24	31
8	50	4			15	19
9	100	2			8	10

然后是并发率。并发率指同一时间内使用网络的终端占总终端数目的比例，通常和终端数目一起计算同一时间使用网络的平均终端数。

最后是单 AP 性能。不同款型的 AP 在不同场景下的并发终端数不一样。

综合以上 4 个因素，容量设计的计算公式如下。

$$AP 数=（终端数目×并发率×单终端带宽）/单 AP 性能$$

7.1.7　无线局域网 AP 布放设计

各个场景下 AP 布放原则基本一致，需考虑以下几点。

（1）减少无线信号穿越的障碍物数目。如果不能避免穿越，则尽量垂直穿越墙壁、天花板等障碍物。尤其避免金属障碍物遮挡。

（2）内置天线的 AP 尽量正面正对覆盖区域，外置天线的 AP 尽量垂直覆盖区域，不建议以随意的角度调整，特别注意 AP 不要使用金属网隔离保护。

（3）如果现场勘查发现干扰源，那么 AP 安装时尽量远离强电强磁。

（4）安装美观，融入背景，尤其对美观性要求较高的区域，可以增加美化面板或者安装在非金属天花板内部。

（5）尽量选择 PoE 供电方式为 AP 提供电源。如果没有 PoE 交换机，室内可以考虑直流电源适配器或者 PoE 电源适配器供电。

室内 AP 布放的一般方法。

（1）安装 AP 之前，准确记录 AP 的 MAC 地址或其他有效编号。

（2）安装场所应干燥、防尘、通风良好，严禁将设备安装在水房等潮湿、易滴漏地点，安装位置附近不得放置易燃品。

（3）AP 的安装位置需要便于网线、电源线、馈线的布线，以便维护和更换。AP 的安装位置距离地面的高度应不小于 1.5m。

（4）AP 安装在弱电井内、墙面时，为了防止被盗，建议安装高度在 2m 以上，并在固定架加锁。

（5）在安装 AP 时，要考虑以太网交换机和 AP 之间的距离限制。在实际项目中，AP 到 PoE 交换机的网线长度建议不超过 80m。

（6）如果 AP 安装位置的四周有特殊设备，如微波炉、无绳电话等干扰源，建议 AP 距离此类干扰源 3m。

（7）使用自带天线的 AP，需要注意天线位置和天线方向性等。AP 周围 2m 内不得有大的金属体阻挡。

（8）如果吊顶为石膏板或木质，可将 AP 安装在吊顶内，但必须做好固定，并在附近留有检修口，有条件的可以固定在金属龙骨上。

（9）室内 AP 宜接地，接地点应与连接的交换机连接至同一接地体。

7.1.8　无线局域网项目实施

无线局域网项目实施的一般技术原则如下。

（1）按照安全施工规范要求进行现场施工，预计危险点、高处作业点，制定相关预案和安全措施，结合实际补充完善安全措施，并经技术人员集体讨论，报相关部门批准。

（2）线缆敷设：严格按综合布线要求进行施工，缆线布放两端应贴有标签，标明起始和终端位置。标签书写应清晰、端正和正确，线缆的布放应平直，不得产生扭绞、打圈等现象，不应受到外力的挤压和损伤。

（3）新增无线涉及线槽、桥架敷设等，线缆桥架、线槽应距离地面 2.2m 以上安装，桥架顶部距离顶棚或其他障碍物（强电桥架、消防等）应不小于 0.3m。

（4）按照 AP 布放设计放装 AP。

现场施工规范如下。

（1）进场施工人员必须穿好工作服，戴安全帽，佩带有效工作证。

（2）施工中讲究科学，遵守工艺规范，杜绝野蛮施工。

（3）施工现场设置施工标牌和各类防护标志。

（4）及时回收余料、废料，施工现场应及时清扫，保证场地清洁和道路畅通。

现场施工结束后，通过通断性测试就进入功能调试阶段，按照客户需求设计的功能模块进行功能调试，调试成功，最后进入项目的验收交付。

7.1.9　无线局域网项目验收交付

验收无线局域网项目可以借助 CloudCampus App 相关功能来辅助完成。Cloud Campus App 支持本地管理和云管理两种方式的网络规划、配置及验收。本地管理是在 Fit AP 和 Leader AP 组网方案中，在本地进行多 AP 组网测试维护。登录云管理账号后可以使用云管理。另外，CloudCampus App 还拥有多种实用工具，主要包含 Wi-Fi 体检、测速、上网配置、项目交付、覆盖测试、业务测试、场景测试、厂商定制等。

在项目交付时，首先利用 CloudCampus App 进行施工后工勘，再次记录环境信息、测试衰减等，并将工勘信息同步到 WLAN Planner，检查是否符合前期的设计要求。然后再次从 WLAN Planner 获取工程信息，在 App 上随时查看 AP 点位及热图信息。最后对网络环境进行质量验收，在 App 上打点测试，同步数据到 WLAN Planner 上，导出验收报告。

项目交付前常用的测试有以下几种。

（1）信号覆盖测试：查看当前 Wi-Fi 的状态信息，如信号强度、信道、协商速率等，观察信号强度变化。通过图表表示信号强度变化的趋势，同时打印终端的 Wi-Fi 状态日志，结合控制器相应时间的日志定位某些连接不稳定问题等。

信号测试需要检测当前 Wi-Fi 的稳定性，通过检测所连接信号的实时信号强度和实时连接速率的变化趋势，查看周围的 Wi-Fi 详细信息，其中包括 SSID、信号强度、信道、带宽、BSSID、厂商信息等，按信号强度由强到弱排序导出报告。

查看信道分布：信道分布图可以直观地展示 Wi-Fi 信号的分布。

受干扰程度：查看受干扰强度以及推荐信道。CloudCampus App 对信道的受干扰程度进行打分，分数越低代表受干扰强度越小。

（2）业务测试：CloudCampus App 内置 ping 和 tracert 工具。设置常用地址，如网关、DNS、常用 URL，即可直接开始测试业务连通性。tracert 工具使用路由跟踪功能可以追踪数据到目的地址的路径。除了测试连通性外，CloudCampus App 还支持互联网和内网的网速测试。借助内置的 iPerf 工具，使用服务端或客户端两种模式进行网络连接速度测试。

（3）漫游测试：设置测试名称、SSID、ping 地址等参数，边走边测，用于监测移动终端漫游过程的 Wi-Fi 信息变化和漫游切换信息。通过图表实时显示 ping 值和 RSSI 的变化值。如果发生漫游，CloudCampus App 会弹出窗口显示 BSSID 变化以及漫游时丢包次数。结束测试后，自动跳转至漫游结果界面，并且分享同步报告。

另外，CloudCampus App 内置了厂商定制的一些测试，如硬件检测、智能诊断、收集序列号和硬件地址、校准天线等。内置测试是通过蓝牙或者 Wi-Fi 串口便捷地对不方便接触到的 AP 进行单独调测。

7.2　企业办公场景应用案例

7.2.1　背景

企业办公场景有一般企事业单位的日常办公区域，同时也有一些特殊区域，如会议室与领导办公室等。室内天花板高度一般不超过 4m，面积差异较大，从几平方米到上千平方米不等。在企业办公场景中，用户对无线网络的质量和稳定性敏感，要针对用户密度场景及网络容量专门考虑和设计，因此这样的场景以无线覆盖为主要目的进行设计。

7.2.2　业务需求

在企业办公场景下，无线接入的终端主要是笔记本电脑、个人使用的移动终端、无线打印机、会议室中的无线电子白板、无线投影仪等。企业内部通信应用主要分为办公软件、即时通信软件、文件传输、桌面共享和云桌面等，员工主要在笔记本电脑、移动终端上使用这些应用。另外，还有访问互联网的一些非办公类个人业务，如视频、游戏和社交软件等应用。现在许多企业办公场景还融合了一些物联网业务，如物品资产管理，远程控制空调、照明灯等，方便管理员远程管理达到节省能源的目的。

企业办公场景有两个重点需求，一个是大型会议室的终端密集并发，接入用户数量大；另一个是视频会议室高带宽大并发，不同业务有不同质量要求，实时应用对时延敏感，需要在 AP 部署时充分予以考虑。

7.2.3　无线侧网络规划设计

考虑到企业办公场景中人员流动、物品变化、业务量增长等因素和未来 3～5 年的变化需求，半开放、少障碍物的环境建议选用支持 Wi-Fi 6 标准的 AP。已有的旧的 AP 点位可以直接由 Wi-Fi 6 标准的 AP 替换，以获取更多空间流数和更多的 MIMO。支持 Wi-Fi 6 标准的 AP 在用户并发和抗干扰能力方面有明显提升。企业办公场景需求收集内容见表 7-6。

表 7-6　企业办公场景需求收集内容

需求类型	说明
图纸信息	收集图纸（CAD、PDF、JPG 格式）并确认包含比例尺信息的图纸是否完整
覆盖区域	确认客户要求的重点覆盖区域（如办公区、会议室等）、普通覆盖区域（如楼梯、卫生间等），并明确无须覆盖区域
场强要求	确认覆盖区域内的信号场强要求，例如，重点区域为-65～-40dBm
接入终端数	当前覆盖区域的接入终端总数。在无线办公场景下，一般按照每人一部手机和一台笔记本电脑考虑，则接入终端数=接入人数×2
带宽要求	确认主要业务类型和对每个用户的带宽要求
墙体类型	确认室内墙体的材质与厚度，包含隔断的材质与厚度
供电方式	确认客户对供电方式是否有明确要求，现场有哪些可用的供电设施和区域
交换机位置	WLAN 侧连到有线侧交换机的位置
干扰源	确认是否有微波炉、蓝牙、外部 Wi-Fi 等干扰源

7.2.4　无线覆盖方案描述

企业办公场景设计无线覆盖方案应从以下几个方面考虑。

1. 现场勘查和覆盖设计

空间：室内天花板高度一般不超过 4m，日常办公区域从几十平方米到几百平方米不等。办公室的障碍物比较普遍，如工位隔板、较大面积办公室的支撑柱及各种材质的隔离物等都会对信号有一定的阻挡，需要估算常见墙体的衰减。参考表 7-7 中常见障碍物的信号衰减值或者现场测试实际信号衰减，评估 AP 覆盖范围。如果层高大于 6m，那么普通全向 AP 无法在此处吸顶安装。为了保障覆盖范围，可以考虑挂墙或吊装。

表 7-7　常见障碍物的信号衰减值

典型障碍物	厚度/mm	2.4GHz 信号衰减/dB	5GHz 信号衰减/dB
普通砖墙	120	10	20
加厚砖墙	240	15	25
混凝土	240	25	30
石棉	8	3	4
泡沫板	8	3	4
空心木	20	2	3
普通木门	40	4	7
实木门	40	10	15
普通玻璃	8	4	7
加厚玻璃	12	8	10
防弹玻璃	30	25	35
承重柱	500	25	30
卷帘门	10	15	20
钢板	80	30	35
电梯	80	30	35

干扰：独立企业的办公区一般外来干扰较少，但如果多家公司在同一楼层办公，不同企业间的干扰就比较明显，需要在覆盖设计时充分考虑，其中特殊区域可以考虑降低发射功率。

基于企业办公场景的现场特点，一般 AP 以 10m 间隔放装，满足边缘场强信号为 $-65dBm$ 的要求，一个 AP 可以覆盖 $100m^2$。对于高密的会议室可以放装单独 AP，支持多人接入；对于经理办公室也可以放装单独 AP 满足高带宽的要求。

2. 容量设计

参考表 7-3 进行 AP 选型，参考表 7-5 设计单 AP 并发用户数。在当前企业办公场景下，50 人每人一个双频终端和一个单频终端接入网络，双频终端并发率为 100%，单频终端并发率为 50%，那么经估算，有 75 个终端并发产生业务。在 AP 和终端都支持 Wi-Fi 6 的情况下，单终端带宽需求按 16Mbit/s 计算，那么单个三频 AP 可支持 30 个终端并发，单个双频 AP 可支持 18 个终端并发，因此需要 2 个三频 AP 加一个双频 AP 满足容量需求。

3. AP 放装设计

根据企业办公场景房间障碍物较少、人员密度中等的情况，一般使用全向天线，AP 吸顶安装。对于宽度较大的连续半开放空间，采用图 7-1 所示的 W 形点位部署 AP，AP 间距为 10m 左右。另外，走廊区域可能也需要覆盖信号，一般使用定向天线进行覆盖。为了防止室内外的信号干扰，在走廊布放 AP 时，AP 的位置需远离办公室，要求与实体墙的间距为 3m、与非实体墙（如石膏板/玻璃）的间距为 6m。对于高密的会议室，需要根据座位数、带宽并发需求、层高、安装限制条件等，规划 AP 和放装，实现室内中心 AP 点位或者室内对角线 AP 点位的部署。

7.2.5　场景化建网标准

1.　办公室、会议室场景部署方案及建网标准

办公室、会议室场景的业务类型大多数为浏览网页、收发电子邮件、使用电子白板和即时通信等。办公室或小型会议室可以按 2.5m²/人、大型会议室按 3.4m²/人估算，室内层高为 3～5m。场景要求容量大、覆盖广，有一定的美观性，可以选室内内置全向天线 AP，空间流支持 2×4 及以上，T 型龙骨安装，按照 AP 覆盖半径为 10～12m 布放，点位如图 7-4 所示。

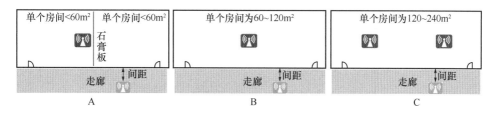

图 7-4　办公室、会议室场景 AP 布放点位

使用全向放装 AP 吊顶覆盖。若单个房间面积小于 60m²，且房间之间的墙体为石膏板（或易穿透墙体），则参考图 7-4 中的 A，每两个房间布放 1 个 AP；若单个房间面积为 60～120m²，则参考图 7-4 中的 B，每个房间单独布放 1 个 AP；若单个房间面积为 120～240m²，则参考图 7-4 中的 C，每个房间布放 2 个 AP。房间内的 AP 安装在远离门口的位置，均匀布放，参考图 7-4 中黑色 AP 点位，房间外的走廊 AP 需要离房间四周有一定间距，参考图 7-4 中灰色 AP 点位。房间的外墙为实体墙（砖墙或者混凝土墙）时，要求 AP 与墙的间距大于 3m；为非实体墙（石膏板/玻璃）时要求间距大于 6m。

办公室、会议室场景建网标准见表 7-8。

表 7-8　办公室、会议室场景建网标准

建网标准	说明
体验速率	100Mbit/s
续航速率	20Mbit/s
容量指标	单 AP 接入 40 个终端，并发率为 30%
覆盖指标	95%的区域 RSSI≥-65dBm
稳定指标	95%的区域时延<20ms，丢包率<1%
接入指标	802.1x 平均接入时长<3s
漫游指标	漫游成功率>97%，漫游平均时延<100ms，漫游丢包率<0.1%
其他	至少满足 2 台 teams 视频会议不卡顿，否则需扩容。满足传输游戏高清画面时，超过 150ms 时延报文的占比小于 1%

2.　高密办公区场景部署方案及建网标准

高密办公区场景的业务类型大多为无线办公，如进行视频语音会议、浏览网页、收发电子邮件，还有一些个人非办公业务，如观看视频、玩游戏、即时通信等。室内层高为 3～4m，分布人数为 4～5m²/人。场景要求容量大、覆盖广，可以选室内内置全向天

线 AP，空间流支持 2×6 及以上，T 型龙骨安装，按照 AP 覆盖半径为 10～12m 布放，点位如图 7-5 所示。

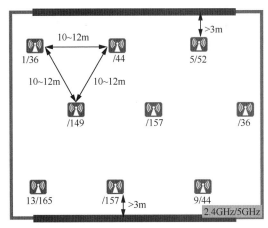

图 7-5　高密办公区场景 AP 布放点位

使用全向放装 AP 吊顶覆盖。AP 点位以等边三角形部署，AP 间距推荐 10～12m。对于两侧的中空玻璃墙，建议 AP 距离墙体＞3m。由于 2.4GHz 可用信道较少，因此需要关闭部分 2.4GHz 射频减少同频干扰。受限于硬件约束，全向天线 AP 的间距不能低于 6m，否则会导致邻频干扰，影响吞吐性能。

高密办公区场景建网标准与办公室、会议室场景建网标准相同，见表 7-8。

3. 休闲区场景部署方案及建网标准

休闲区场景的业务类型以浏览网页、观看高清视频、玩游戏、收发电子邮件与即时通信等为主。休闲区可以按 9～10 人/m² 估算，室内层高为 3～5m，室外为空旷地带。场景要求容量一般、覆盖广，室内可以选内置全向天线 AP，按照 AP 覆盖半径为 18～20m 部署，T 型龙骨安装；室外可以选内置定向天线 AP，挂墙或者挂杆安装。AP 布放点位如图 7-6 所示。

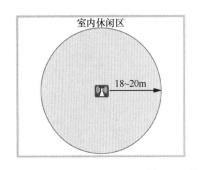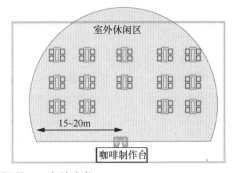

图 7-6　休闲区场景 AP 布放点位

室内场景使用全向放装 AP 进行 T 型龙骨安装，按照 AP 覆盖半径为 18～20m 部署。室外场景使用内置定向 AP，从休闲区侧面向座位区覆盖，AP 左右两侧覆盖距离各为 15～20m。

休闲区场景建网标准见表 7-9。

表 7-9 休闲区场景建网标准

建网标准	说明
体验速率	100Mbit/s
续航速率	10Mbit/s
容量指标	单 AP 接入 40 个终端，并发率为 40%
覆盖指标	95%的区域 RSSI≥−65dBm
稳定指标	95%的区域时延<20ms，丢包率<1%
接入指标	802.1x 平均接入时长<3s
漫游指标	漫游成功率>97%，漫游平均时延<100ms，漫游丢包率<0.1%
其他	满足传输游戏高清画面时，超过 150ms 时延报文的占比小于 1%

4. 餐厅场景部署方案及建网标准

餐厅场景的业务类型以浏览网页、观看高清视频与即时通信等为主。分布人数为 4～5m^2/人，室内层高为 3～5m。该场景可以选室内内置全向天线 AP，空间流支持 2×4 及以上，T 型龙骨安装，按照 AP 覆盖半径为 15～18m 布放，点位如图 7-7 所示。

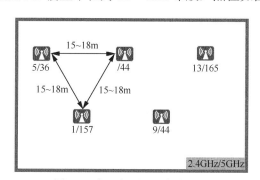

图 7-7 餐厅场景 AP 布放点位

使用全向放装 AP 吊顶覆盖。AP 推荐 15～18m 等间距部署。由于 2.4GHz 可用信道较少，因此建议关闭部分 2.4GHz 射频减少同频干扰。

餐厅场景建网标准见表 7-10。

表 7-10 餐厅场景建网标准

建网标准	说明
体验速率	100Mbit/s
续航速率	10Mbit/s
容量指标	单 AP 接入 60 个终端，并发率为 30%
覆盖指标	95%的区域 RSSI≥−65dBm
稳定指标	95%的区域时延<20ms，丢包率<1%
接入指标	802.1x 平均接入时长<3s
漫游指标	漫游成功率>97%，漫游平均时延<100ms，漫游丢包率<0.1%

5. 卫生间场景部署方案及建网标准

卫生间场景的业务类型以浏览网页、观看视频为主。分布人数约为 3m^2/人，室内层高为 3～4m。该场景可以选室内内置全向天线 AP，空间流支持 2×2 及以上，T 型龙骨安装，布放点位在卫生间中间区域即可，如图 7-8 所示。

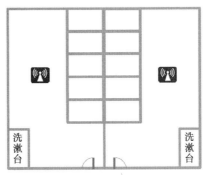

图 7-8　卫生间场景 AP 布放点位

使用全向放装 AP 吊顶覆盖。对美观有要求的区域，可以选取相应的美化方式进行安装。由于相邻卫生间之间的墙体较厚，不建议穿墙覆盖，因此每个卫生间放置 1 个 AP。卫生间场景建网标准见表 7-11。

表 7-11　卫生间场景建网标准

建网标准	说明
体验速率	100Mbit/s
续航速率	20Mbit/s
容量指标	单 AP 接入 10 个终端，并发率为 100%
覆盖指标	95%的区域 RSSI≥–65dBm
稳定指标	95%的区域时延<20ms，丢包率<1%
接入指标	802.1x 平均接入时长<3s
漫游指标	漫游成功率>97%，漫游平均时延<100ms，漫游丢包率<0.1%

7.3　医院场景应用案例

7.3.1　背景

医院场景主要有行政人员办公、医生诊疗办公及病人病房场景。除了行政人员办公场景外，医生诊疗办公及病人病房场景的特点是房间密集且每个房间终端数较少。无线网络主要提供基本的无线接入服务。对于病房区域，无线网络还涉及提供移动医疗业务、护士工作站业务等。

7.3.2　业务需求

医院无线网络通常区分内外网，内网主要供医务人员使用，外网供来院病人和家属使用。对于医生诊疗办公及病人病房场景，主要的无线接入终端是医生工作站、诊疗展示屏和一些个人使用的移动终端、无线打印机等，常见应用有移动查房、无线输液、网页浏览、即时通信等。医院内网应用的诊疗软件系统负责同步病人挂号信息、药房处方信息，有的还同步物流配送系统。在医护人员移动过程中，需要保证业务不中断，不会造成信息丢失以及影响医护人员的工作体验。另外还有一些物联网设备，辅助资产管理、人员定位、辅助医疗设备。护士工作站借助物联网系统，实时监控病人健康状况、定位病人位置及治疗状况。对于来院病人和家属，常见应用有视频软件、游戏和社交软件等，这些应用主要承载在病人和家属的个人设备上，访问的内容一般在互联网上。

7.3.3　无线侧网络规划设计

医院环境复杂，不同功能区的墙体结构差异大，多为普通层高场景。大厅区域层高可能超过 6m；医生诊疗办公及病人病房高度一般不超过 4m，面积一般在 20m² 左右。除了建筑墙体外，基本无阻挡，需要注意诊疗的仪器可能成为干扰源。医疗设备对漫游丢包比较敏感，要求丢包率低。有些设备需要电磁屏蔽，AP 需要单独放装。房间间隔比较密集，小房间较多，墙体结构复杂，穿墙损耗比较大，但是单个房间内终端数量不多，考虑到成本问题可以选择敏捷 AP 方案。

医院场景需求收集内容见表 7-12。

表 7-12　医院场景需求收集内容

需求类型	说明
图纸信息	收集设计图纸（CAD、PDF、JPG 格式）并确认包含比例尺信息的图纸是否完整，现场工勘后确认装修对图纸的改动
覆盖区域	确认客户要求的重点覆盖区域（如病房、就诊区、办公区等）、普通覆盖区域（如楼梯、卫生间等）和不需要覆盖区域（如机房、储藏室等）
场强要求	确认覆盖区域内的信号场强要求，例如，重点区域为–65～–40dBm
墙体类型	确认室内墙体的材质厚度和分布，如 240mm 砖墙、120mm 玻璃、240mm 混凝土、放射科室的屏蔽墙体等
接入终端类型	确认当前覆盖区域有哪些终端需要接入，比如手持医疗终端、手机、笔记本电脑等
物联网需求	明确是否有物联网需求，定位物品、人员的组件
配电方式	确认客户对供电方式是否有明确要求，现场有哪些可用供电设施和区域
交换机位置	WLAN 侧连到有线侧交换机的位置，首选 PoE 交换机
其他	确认医疗终端对漫游的指标要求；AP 安装的位置要求，客户可能会要求装在天花板内或使用美化罩，关闭 AP 状态闪烁灯

现场工勘参考企业办公场景，AP 选型需要注意在病房、诊室等实墙隔断的独立空间，常常选面板 AP 或者敏分 RU。

7.3.4　覆盖方案描述

医院场景覆盖方案具体如下。

1. 普通病房、诊室场景网规方案及建网标准

普通病房、诊室场景的业务类型为移动查房、浏览网页、观看高清视频、即时通信等，每间病房有 1～3 个床位，每个床位有 1～2 人；诊室有 2～6 人。室内面积最大为

$60m^2$。普通病房、诊室场景 AP 布放点位如图 7-9 所示。方案 A 是实体墙覆盖方案，方案 B 是石膏板隔断覆盖方案。

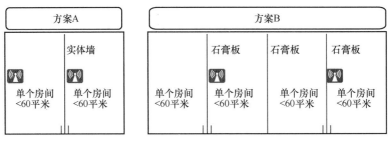

图 7-9　普通病房、诊室场景 AP 布放点位

使用面板 AP 或敏分 RU，空间流支持 2×2，以 86 盒内置、挂墙、吸顶方式安装。普通病房、诊室场景建网标准见表 7-13。

表 7-13　普通病房、诊室场景建网标准

建网标准	说明
体验速率	100Mbit/s
续航速率	16Mbit/s
容量指标	单 AP 接入 12 个终端，并发率为 50%
覆盖指标	95%的区域 RSSI≥−65dBm
稳定指标	95%的区域时延<20ms，丢包率<1%
接入指标	802.1x 平均接入时长<3s
漫游指标	漫游成功率>97%，漫游平均时延<100ms，漫游丢包率<0.1%

2. ICU 病房场景网规方案及建网标准

ICU 病房场景的业务类型为移动查房、即时通信、监测呼吸机和监护仪等。每个床位为 12～$16m^2$。ICU 病房场景 AP 布放点位如图 7-10 所示。

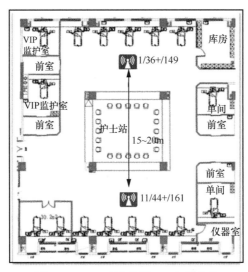

图 7-10　ICU 病房场景 AP 布放点位

　　建议使用三频 AP，AP 以吸顶方式安装，居中部署，避开承重柱 3m 以上，5GHz1（40MHz 带宽，36～64 信道）为手机和 PDA 等非受控终端提供业务，5GHz2（20MHz 带宽，149～165 信道）进行切片业务。信道采用手动规划方式，只允许受控终端接入。

　　ICU 病房场景建网标准见表 7-14。

表 7-14　ICU 病房场景建网标准

建网标准	说明
体验速率	100Mbit/s
续航速率	16Mbit/s，切片终端 0.1Mbit/s
容量指标	单 AP 接入 12 个终端，并发率为 50%
覆盖指标	95%的区域 RSSI≥−65dBm
稳定指标	95%的区域时延<20ms，丢包率<1%。 切片 8 个 CPE 固定时延<20ms，时延超 20ms 的占比<0.001%； 切片 16 个 CPE 固定时延<40ms，时延超 40ms 的占比<0.001%
接入指标	802.1x 平均接入时长<3s
漫游指标	漫游成功率>97%，漫游平均时延<100ms，漫游丢包率<0.1%。切片 CPE 漫游时延超 20ms 的占比<0.1%

3. 候诊区、输液大厅场景网规方案及建网标准

　　候诊区、输液大厅场景的业务类型为浏览网页、玩游戏、观看视频和即时通信等。该区域为 2m²/人，类似的区域还有取药区、休息区、挂号区等。室内层高为 3～5m，建议选用空间流支持 2×4 及以上，内置全向天线 AP，吸顶或挂墙安装，相对位置成等边三角形。候诊区、输液大厅场景 AP 布放点位如图 7-11 所示。

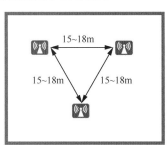

图 7-11　候诊区、输液大厅场景 AP 布放点位

　　候诊区、输液大厅场景建网标准见表 7-15。

表 7-15　候诊区、输液大厅场景建网标准

建网标准	说明
体验速率	100Mbit/s
续航速率	8Mbit/s
容量指标	单 AP 接入 60 个终端，并发率为 30%
覆盖指标	95%的区域 RSSI≥65dBm
稳定指标	95%的区域时延<20ms，丢包率<1%

（续表）

建网标准	说明
接入指标	802.1x 平均接入时长＜3s
漫游指标	漫游成功率＞97%，漫游平均时延＜100ms，漫游丢包率＜0.1%

4. 护士站、走廊场景网规方案及建网标准

护士站、走廊场景的业务类型为使用智慧医疗设备、浏览网页、玩游戏、观看视频和即时通信等。该区域为 8～10m²/人。室内层高为 3～5m，建议选用空间流支持 2×4 及以上内置全向天线 AP，吸顶或挂墙安装。护士站、走廊场景 AP 布放点位如图 7-12 所示。

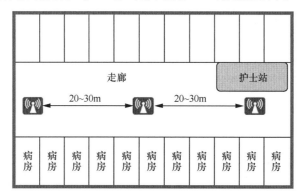

图 7-12　护士站、走廊场景 AP 布放点位

护士站部署 1 个 AP，走廊按照每隔 20～30m 部署 1 个 AP，保证护士移动查房时信号连续覆盖，漫游体验好。

护士站、走廊场景建网标准见表 7-16。

表 7-16　护士站、走廊场景建网标准

建网标准	说明
体验速率	100Mbit/s
续航速率	16Mbit/s
容量指标	单 AP 接入 20 个终端，并发率为 50%
覆盖指标	95%的区域 RSSI≥–65dBm
稳定指标	95%的区域时延＜20ms，丢包率＜1%
接入指标	802.1x 平均接入时长＜3s
漫游指标	漫游成功率＞97%，漫游平均时延＜100ms，漫游丢包率＜0.1%

7.4　学校场景应用案例

7.4.1　背景

目前，我国提倡依托教育信息化加快构建以学习者为中心的教学和学习方式。移动数字校园的提出对无线接入提出了更高的要求。无线校园的移动性已经从局部扩展至全局，从笔记本电脑扩展到掌上平板电脑，以及所有校园网上的无线终端设备。从教室到图书馆到礼堂再到体育馆，从多个数字孤岛走向融合，教学活动数字化，校园生活无线化是当今校园的特点。

7.4.2　业务需求

学校教室是教学的主要场地，电子化教学快速兴起，特别是电子教室，教师和学生都使用无线移动终端进行教学互动。办公学习软件、即时通信软件、电子邮件、文件传输、网上直播、桌面共享和桌面云等应用主要承载在笔记本电脑和平板电脑上，需要比较高的上行和下行带宽，还有一些高校的公共教室会为师生提供上网服务。

校园师生活动场所需要无线全覆盖。社团或协会组织活动、宣传工作在礼堂和体育馆等场所进行，这些都是高密度接入的典型场景，大容量、高并发、多用户部署场景需要比较高的带宽保障。

为了较好地进行资产管理、有效控制用电设备（空调、照明灯）进行能源节约，学校引入了物联网设备并融合到 WLAN 中。

7.4.3　覆盖方案描述

学校场景需求收集内容和现场工勘参考企业办公场景的相关内容，包括评估障碍物对无线信号衰减的影响。常见业务占用的平均带宽，AP 选型及单 AP 并发数参照企业办公场景的表 7-7。

1. 电子教室场景网规方案及建网标准

电子教室场景的业务类型以浏览网页、观看高清视频、使用电子白板、即时通信等为主。该场景的教师和学生在电子互动授课的高峰时段为 2 人/m²，室内层高为 3～5m，建议选用空间流支持 2×6 及以上内置全向天线三频 AP，吸顶或挂墙安装。电子教室场景 AP 布放点位如图 7-13 所示。

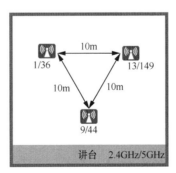

图 7-13　电子教室场景 AP 布放点位

对于长方形教室，讲台部署 1 个 AP，按照等腰三角形隔 10m 部署 2 个 AP，保证教师和学生通过平板电脑互动教学时信号能够覆盖、带宽能够保障，教师手持平板电脑漫游体验好。

电子教室场景建网标准见表 7-17。

表 7-17   电子教室场景建网标准

建网标准	说明
体验速率	100Mbit/s
续航速率	16Mbit/s
容量指标	单 AP 接入 30 个终端，并发率为 100%
覆盖指标	95%的区域 RSSI≥−65dBm
稳定指标	95%的区域时延＜20ms，丢包率＜1%
接入指标	802.1x 平均接入时长＜3s
漫游指标	漫游成功率＞97%，漫游平均时延＜100ms，漫游丢包率＜0.1%

2. 图书馆场景网规方案及建网标准

图书馆场景的业务类型为浏览网页、观看高清视频、使用电子白板、即时通信等，该区域的教师和学生在电子互动授课的高峰时段为 2 人/m²。室内层高为 3～5m，建议选用空间流支持 2×4 及以上内置全向天线双频 AP，吸顶或挂墙安装。图书馆场景 AP 布放点位如图 7-14 所示。

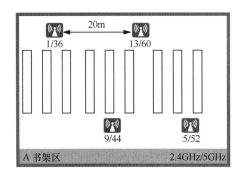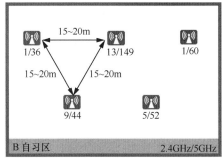

图 7-14   图书馆场景 AP 布放点位

书架区：吸顶安装，AP 间距为 20m 左右，W 型部署，书架周围有座位的，AP 点位应靠近座位。

自习区：吸顶安装，AP 间距为 15～20m，W 型部署，按照每台 AP 覆盖 100 人部署。图书馆场景建网标准见表 7-18。

表 7-18   图书馆场景建网标准

建网标准	说明
体验速率	100Mbit/s
续航速率	8Mbit/s
容量指标	单 AP 接入 60 个终端，并发率为 30%
覆盖指标	95%的区域 RSSI≥−65dBm
稳定指标	95%的区域时延＜20ms，丢包率＜1%
接入指标	802.1x 平均接入时长＜3s
漫游指标	漫游成功率＞97%，漫游平均时延＜100ms，漫游丢包率＜0.1%

3. 体育馆场景建网标准

体育馆场景的业务类型以浏览网页、观看高清视频和即时通信为主。该区域的教师和学生在活动高峰时段为 2 人/m²。室内层高为 10～12m，建议选用空间流支持 2×6 及以上三频 AP，配置室内外置天线、定向天线，采取吊装或挂墙安装。在运动区中，AP 需要吊装，使用室内外置 70°定向天线，AP 间距为 20～25m。由于 2.4GHz 可用信道较少，因此高密场景建议关闭部分 2.4GHz 射频，减少同频干扰。体育馆场景运动区 AP 布放点位如图 7-15 所示。

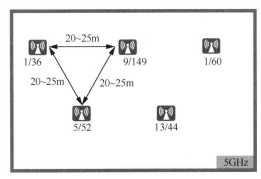

图 7-15　体育馆场景运动区 AP 布放点位

体育馆除了运动区外，还有看台区需要无线接入。看台区座位若为 10 排以内，建议使用室内内置全向天线 AP，壁挂安装，AP 间距为 15m 左右，等间距布放；看台区座位若超过 10 排，建议使用室内外置 35°定向天线，AP 壁挂或吸顶安装，AP 间距为 10～12m。高密场景建议关闭 2.4GHz 射频。体育馆场景看台区 AP 布放点位如图 7-16 所示。

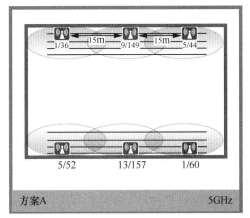 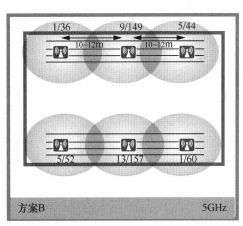

图 7-16　体育馆场景看台区 AP 布放点位

另外，考虑到主席台位置的信号需要特殊保障，可以采取顶棚覆盖方式。顶棚距离地面的高度低于 20m 时，AP 吊装在顶棚的马道上，5GHz AP 之间的间距大于 6m 时选用 15°（5GHz）的外置天线。体育馆场景主席台 AP 布放点位如图 7-17 所示。

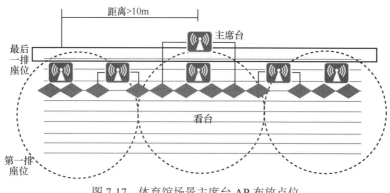

图 7-17　体育馆场景主席台 AP 布放点位

体育馆场景建网标准见表 7-19。

表 7-19　体育馆场景建网标准

建网标准	说明
体验速率	100Mbit/s
续航速率	8Mbit/s
容量指标	单 AP 接入 100 个终端，并发率为 30%
覆盖指标	95%的区域 RSSI≥−65dBm
稳定指标	95%的区域时延＜20ms，丢包率＜1%
接入指标	802.1x 平均接入时长＜3s
漫游指标	漫游成功率＞97%，漫游平均时延＜100ms，漫游丢包率＜0.1%

7.5　无线局域网综合应用

7.5.1　无线局域网在多场景的应用

随着物流运输业的快速发展，物联网技术应用在货物的存储和运输中。无线局域网和物联网设备可以共存和融合，仓储是典型的无线局域网和物联网共存的场景，其典型业务是自动导引车（AGV）扫码拣货。物联网场景对带宽需求不大，对时延和丢包比较敏感，对漫游的要求很高，因此主要关注信号覆盖、时延、可靠性以及快速漫游。

以 AGV 场景为例对网规方案进行说明。

AGV 场景主要是 AGV 在仓库内来回搬运货物。货架高度一般为 2.5m 左右。AGV 作为工业设备，要保证无线通信的可靠性，仓库全区域信号强度需大于−65 dBm，因此推荐使用外置全向天线放装式 AP，吊顶安装在 AGV 行驶路线上方，并且为了减少障碍物对信号的遮挡，AP 应尽量安装在过道正上方，要求 AP 安装高度为 6m，按等边三角形（间距为 15m）布放。为了保证良好的漫游效果，过道两端用定向天线 AP 补充覆盖，根据实际测量的信号强度判断是否需要在拐角处增补 AP。AGV 场景 AP 布放点位如图 7-18 所示。

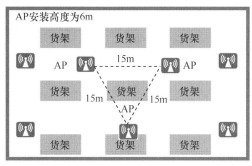

图 7-18　AGV 场景 AP 布放点位

　　拣货区域主要有高货架区、矮货架区、接货区、打包区等。高货架区供叉车取货，矮货架区和其他区域供拣货员取货。由于高货架区信号遮挡比较严重，因此高货架区和矮货架区的 AP 布放点位不同，如图 7-19 所示。该区域使用外置全向天线放装式 AP，AP 吸顶安装在仓库上方，高货架区参考图 7-19 中 A，单通道内 AP 间距 40m 布放；矮货架区参考图 7-19 中 B，AP 以等边三角形间距 30m 布放。

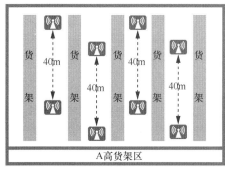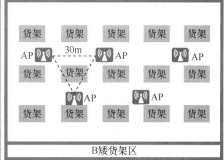

图 7-19　拣货区域 AP 布放点位

7.5.2　未来云园区网络无线应用场景

　　随着企业数字化转型，园区网云化成为企业的必经之路；与此同时，园区网络正在经历着从传统 PC 时代向云时代的转变。随着云时代的到来，越来越多的应用部署在云端，终端也越来越多地通过无线网络接入，网络不再只是 IT 基础设施，而是逐渐转变为生产和服务的基本载体，无线网络因此成为主流，有线网络则转变为无线网络的补充。华为云园区网络解决方案如图 7-20 所示。

　　华为云园区网络解决方案的特征如下。

　　第一，接入无线化。无线作为网络的第一接入点，用户可以随时随地接入网络，大幅提高工作生产效率。

　　园区传统无线网络存在覆盖有空洞、同频率干扰、漫游易掉线等问题，无法实现无线连续组网。此外，无线数据传输往往线缆距离远、传输速率低，导致传输画面不清晰。

Wi-Fi 6 连续组网实现全无线接入，在多 AP 同时组网的情况下，网络可以提供无缝的、连续的信号覆盖。华为云园区网络解决方案通过 Wi-Fi 6 连续覆盖技术，提供 Wi-Fi 6 连线组网；通过光电混合缆和拉远天线，提供远距离、高速率的 WLAN 数据传输。

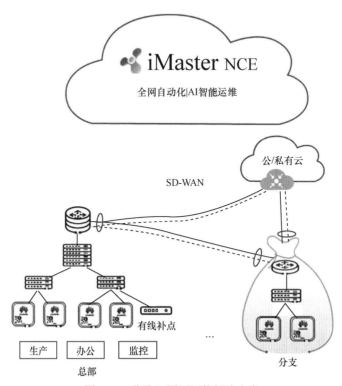

图 7-20　华为云园区网络解决方案

　　华为云园区网络解决方案采用智能天线、智能漫游技术和多媒体智能调度技术，解决传统 Wi-Fi 网络无法连续覆盖的问题，实现无线网络覆盖无盲点、覆盖零死角、漫游切换无中断的高密度连续组网，提供业界领先的漫游性能。

　　Wi-Fi 正在快速成为企业 IT 网络的基础架构。然而，传统 Wi-Fi 技术存在各种固有问题，如 Wi-Fi 网络难以实现连续覆盖，WLAN 的数据传输无法同时实现长距离PoE 供电和高速率数据传输等，难以满足当下和未来的应用需求。华为从无线侧和有线侧出发，采用领先的技术和独特的组网架构，打造体验连续的 Wi-Fi 6 网络。无线侧采用创新动态变焦智能天线、智能漫游引导技术、多媒体智能调度技术，实现 Wi-Fi 6 高密度连续覆盖，提供业界领先的漫游性能。通过动态变焦智能天线，实现 WLAN 信号零死角。智能天线相比于传统天线，能够实现信号"随人而动"，覆盖半径提高20%，使 WLAN 覆盖更精准，干扰更小，丢包更少。通过智能漫游引导技术，实现漫游切换零中断，大大提高漫游成功率，拐角不掉线，提升用户体验。通过多媒体智能调度技术，抑制贪婪应用对带宽的消耗，保障音视频应用的体验，降低拥塞场景音视频办公时延。

　　第二，全球一张网。无论分支大小、多少、遍布在全球哪个角落，都能够应该通过一张网络互连。

通过全无线接入体验，华为云园区网络解决方案为企业打造了一张无处不在、信号零死角、漫游零中断、拥有连续体验的全无线网络。无论是 AR/VR、4K 会议等大带宽办公应用，还是自动光学检测（AOI）系统智能质检、仓储 AGV 等低时延生产应用，都能稳定地运行在这张高品质的无线网络上。

通过 SD-WAN 技术将 LAN 与 WAN 融合，实现全球一张网，实现企业应用快速上云。启用应用级智能选路技术，自适应前向纠错（A-FEC）技术，可以满足不同企业应用对带宽和链路质量的要求。

第三，整网自动化。网络管理应该从本地转向云端，通过 SDN 技术和 SD-WAN 技术实现整网自动化管理。

全云化管理可以让企业通过智能管理控制系统 iMaster NCE-Campus 管理 WLAN、LAN、WAN 多张网络，真正实现业务快速开通和敏捷发放，并做到全生命周期的自动化，降低运维成本达 50%。

iMaster NCE-Campus 借助一系列关键技术，实现从 WLAN、LAN 到 WAN 的端到端自动化管理，LAN&WAN 一张网。

通过创新的意图开局技术实现网络自动部署。意图开局技术可以将用户输入的与业务相关、与网络无关的信息自动匹配生成网络设计方案，用户只需要简单修改就可以输出成熟的设计方案，从而实现网络自推荐、免配置、零等待部署。

通过终端智能管理技术，实现海量终端一键入网，零仿冒零私接。终端智能管理技术提供识别、准入、监控、异常检测等一站式管理方案。对于未知类型终端，管理控制系统通过人工标记和 AI 聚类学习进行自动识别，避免人工采集录入。当终端接入网络后，管理控制系统持续学习流量行为基线，自动识别异常行为，隔离非法仿冒，提供网络安全性。

通过领先的数据面校验（DPV）技术实现配置自动校验，将网络策略的配置校验时间从数小时减少为数分钟。

第四，运维智能化。网络应具备基于大数据的智能分析能力，准确定位网络中的潜在问题，并能给出预测性维护建议。智能运维平台如图 7-21 所示。

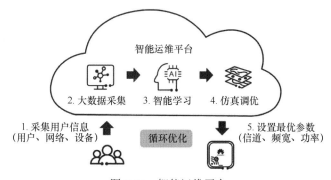

图 7-21　智能运维平台

智能运维平台循环采集用户信息、大数据采集和智能学习后，然后进行仿真调优，最后将无线网络的信道、带宽、功率设置最优参数，实现对无线网络的自动循环调优。

　　智能运维平台实时获取网络设备的关键指标、流量、应用等信息，经过大数据和人工智能分析，一方面对网络进行智能调优，另一方面识别网络潜在故障，以便故障发生时快速定界，对网络实现智能运维。

　　故障定界技术是将园区中每台设备的流量和报文转发时延定时上报到智能运维平台，智能运维平台将每台设备的数据经过对比分析等，判断网络中哪台设备存在丢包和转发时延，快速对故障定界，减少运维时间。